임상영양학

김미자 · 강은희 · 김지연 · 김지영 · 고영은 · 유경혜

창지사

머리말

최근 서구화된 식생활, 스트레스의 증가 및 운동부족 등의 환경요인으로 인해 비만, 당뇨병, 심혈관계질환 등 만성퇴행성질환이 증가하고 있다. 바람직한 식생활과 체계화된 영양관리를 통해 질병 발병과 치료과정에 도움을 주는 임상영양치료에 대한 이해와 기술 습득이 다양한 분야에서 요구되고 있다. 만성질환의 상당수는 영양치료를 통해 완화 또는 치료될 수 있으며, 영양치료는 의료적 약물치료에 비해 경제적이면서도 합병증의 우려도 적어서 그 역할에 관심이 증가되고 있다.

특히, 국민영양관리법에 의해 임상영양사 제도가 확립되었고 의료기관, 노인요양시설, 보건소, 사회복지시설 등을 포함하는 다양한 기관에서 질병에 대한 영양관리가 이루어지고 있다. 만성질환은 오랫동안 자각증상 없이 진전되다가 발병하므로 치료나 예방을 위해서는 많은 시간과 노력이 필요하다. 따라서 임상영양관리는 영양소의 조절 및 적절한 식품처방을 통해 질병을 치료하고 합병증을 예방하며, 이를 통하여 건강을 유지함으로써 궁극적으로는 환자의 삶의 질을 향상시키는 데 그 목적이 있다.

이 책은 잘못된 식습관에 의한 여러 질환의 임상적 특성을 설명하고 그 원인과 위험요인들을 밝히고자 하였으며, 환자가 식생활 개선을 통하여 치료할 수 있도록 지도하는 영양사의 역할에 필요한 기본적인 기술들을 수록하였다. 따라서 식품영양학을 전공하는 학생, 보건소나 병원에서 영양치료를 하고 있는 임상영양사, 이들과 협력하여 질병치료에 종사하는 의사, 간호사, 운동처방사들에게도 또한 필요하다. 이 책을 통하여 각 질환별 생리적 변화를 이해하고, 이에 적절한 영양관리를 시행함으로써 질병의 치료와 예방 및 건강유지에 도움이 되기를 바란다.

본 교재가 나오기까지 수고를 아끼지 않은 저자분들게 깊이 감사드리며, 아울러 이 책 출판을 지원해 주신 창지사 김기섭 사장님 이하 김상군 과장님과 편집부 여러 분께도 진심으로 감사드린다.

2020년 7월

대표저자 김미자

차례

CHAPTER 1

임상영양관리의 개요

1. 임상영양학의 의의

임상영양학(clinical nutrition)은 인체가 병적 상태가 되었을 때 영양관련 문제를 해결하고 예방차원에서 여러 가지 영양문제를 연구하고 질병을 예방, 치료하기 위한 방안으로 식생활을 어떻게 영위할지를 논하는 실천적인 학문이다. 식생활의 서구화, 스트레스 증가 및 운동 부족 등의 환경요인에 의해 비만, 당뇨병, 심혈관계질환 등 만성퇴행성질환이 증가하며 이러한 만성퇴행성질환은 임상영양치료를 통해 치료될 수 있다. 임상영양치료는 약물치료에 비해 경제적이면서 합병증도 적어서 관심이 증가되고 있으며 새로운 건강관리 수행체계로서 의학과 영양학, 두 학문의 공동 치료시스템이다. 최근에 증가하고 있는 질환들은 영양관리에 의해 완화되거나 치료가 될 수 있으므로 임상영양치료의 중요성이 강조되고 있다. 한편 임상영양관리는 주로 중·대형 병원에서만 이루어졌으나, 최근 개인병원, 보건소, 요양원 등 그 범위가 확대되고 있다. 따라서 임상영양사들은 영양상태선별검사(nutrition screening)를 통하여 영양위험도가 높은 환자에게 체계적인 영양판정을 실시하여 영양관리 계획을 수립하여야 한다.

2. 임상영양관리

임상영양관리(clinical nutrition care)는 환자로부터 영양과 관련된 지표를 수집하여, 기준치와 비교하고 영양지표를 평가하며, 각각의 지표평가를 바탕으로 영양적 문제를 판단하고, 해결방안을 모색해서 임상영양사 또는 영양전문가가 제공하는 영양관리과정(Nutrition Care Process, NCP)이다. 2002년 미국영양사협회에서 임상영양관리의 경쟁력을 높이고 임상영양사의 전문화된 작업을 위해 영양관리과정을 표준화하였으며, 미국을 중심으로 영양문제 해결에 관여하는 영양관리과정이 확산되고 있다. 국내에서도 임상영양사들이 전문적인 영양관리를 위해 체계적인 업무수행 절차를 어떻게 제공해야 하는지를 개인 또는 집단을 대상으로 임상 경과를 예측하고, 임상영양사들이 영양관리과정을 영양판정, 영양진단, 영양중재, 영양모니터링 및 평가의 네 단계로 구분하여 시행하고 있다[그림 1-1].

■ 영양관리과정
(Nutrition Care Process, NCP)

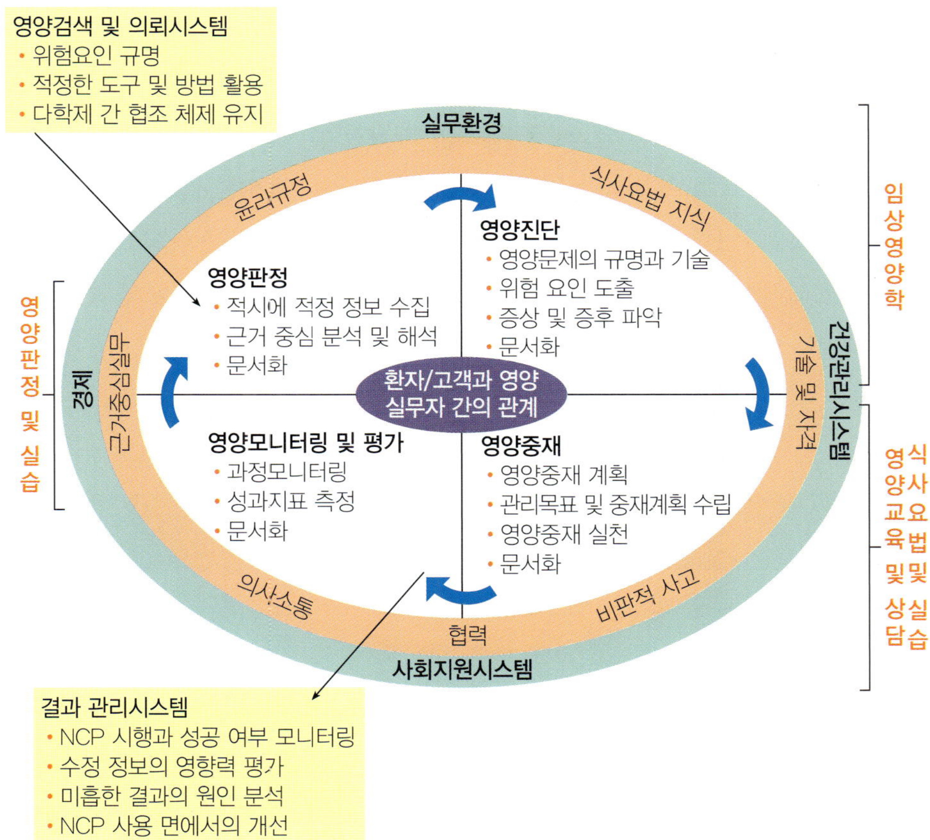

| 그림 1-1 | NCP 모델

1) 영양상태선별검사

영양상태선별검사(nutrition screening)는 영양평가 이전의 단계로서 병원에 입원한 모든 환자에게 임상영양관리를 실시하면 시간적, 경제적으로 어려움이 있으므로, 영양검색을 통해 영양위험도가 높은 환자를 중심으로 입원 후 24~72시간 내에 실시하는 것이 바람직하다.

영양상태선별검사는 초기 영양판정의 실시 여부를 결정하는 데 사용되며, 일반적으로 쉽게 활용이 가능한 지표, 측정비용이 적게 들고 유효한 지표들을 사용해야 한다. 최근 체중 감소율, 현재 영양지원 방법, 식욕 및 섭취량 감소, 식사요법 등이 지표로 이용되고 있다. 영양위험도 환자에게는 다시 초기 영양판정을 실행하고, 보다 깊은 대사영양프로필을 실시하여 증상을 악화시키거나 합병증을 초래하여 입원일수를 높일 수 있으므로 환자 개인에 적합한 영양치료 계획을 세운다〈표 1-1〉, 〈표 1-2〉.

| 표 1-1 | 영양선별 지표로 많이 사용되는 예

항목*	심한 영양불량 (위험요인)	중정도 영양불량 (위험요인)	양호
알부민(g/dℓ)	≤ 2.7	2.8~3.2	≥ 3.3
총 임파구 수 (total lymphocyte count) (mm^3)	< 800	800~1,500	> 1,501
혈청 콜레스테롤(mg/dℓ)	≥ 240	220~239	< 220
이상체중비(PIBW)	< 70 혹은 (≥ 130)	70~89 혹은 (110~129)	90~109
식품섭취량(%)	< 50	50~70	≥ 70
*불량 및 위험요인이 두 가지 이상인 경우를 영양불량으로 판정함			

출처: 삼성서울병원.

| 표 1-2 | 영양선별 평가지의 예(Nutrition Risk Screening, NRS)

항목	영양상태	항목	질병
0점	영양상태 정상	0점	영양상태 정상
Mild 1점	3개월 내 체중 감소가 5% 이상 또는 식사 섭취량이 지난 1주간 필요량의 50~75%	Mild 1점	골반 골절, 급성 합병증이 발생한 만성질환자: 간경변, 만성폐쇄성폐질환, 투석, 당뇨, 암 환자
Moderate 2점	2개월 내 체중 감소가 5% 이상 또는 BMI 18.5~20.5이면서 전반적인 신체상태 저하 또는 섭취량이 지난 1주간 필요량의 25~30%	Moderate 2점	주요 복부수술, 중증의 폐렴, 뇌졸중, 혈액암
Servere 3점	1개월 내 체중 감소가 5% 이상(≈3개월 내 체중 감소가 15% 이상) 또는 BMI <18.5이면서 전반적인 신체상태 저하 또는 섭취량이 지난 1주간 필요량의 0~25%	Servere 3점	두부 손상, 골수이식 APACHE* > 10의 중환자실 환자
점수 Ⅰ	-	점수 Ⅱ	-
평가	· 영양상태와 질병의 각 항목별 점수를 결정한다. · 두 항목의 점수를 합하여 총점을 계산한다(점수 Ⅰ + Ⅱ). · 대상자가 70세 이상인 경우 총점에 1을 더한다. · 연령을 고려한 총점이 3 이상인 경우 영양지원을 실시한다.		

*APACHE(Acute Physiology and Chronic Health Evaluation): 중환자실 환자를 대상으로 질병의 심각성 정도를 측정하는 점수제

2) 영양판정

영양판정(nutrition assessment)은 임상영양사가 영양문제와 그 원인을 알기 위해 영양과 관련이 있는 영양지표를 수집하고 객관적인 표준치와 비교하여 분석하는 체계적인 과정이다. 영양지표는 식품/영양소와 관련된 식사력, 생화학적 자료 및 의학적 검사, 신체계측, 환자 과거력 등으로 구분한다(〈표 1-3〉 영양판정 자료의 구성). 따라서 영양판정에 필요한 영양지표들이 결정되고 자료가 수집되면 과학적 근거가 있는 기준치나 개별화된 목표와 비교하여 판정한다. 환자의 영양판정은 영양상태 선별검사, 초기 영양판정, 심층영양판정의 3단계

로 구분하며 환자의 영양불량 위험도가 높을수록 포괄적이고 심도 있는 영양판정을 한다. [그림1-2]에는 입원환자의 전반적인 영양판정 단계를 제시하였다.

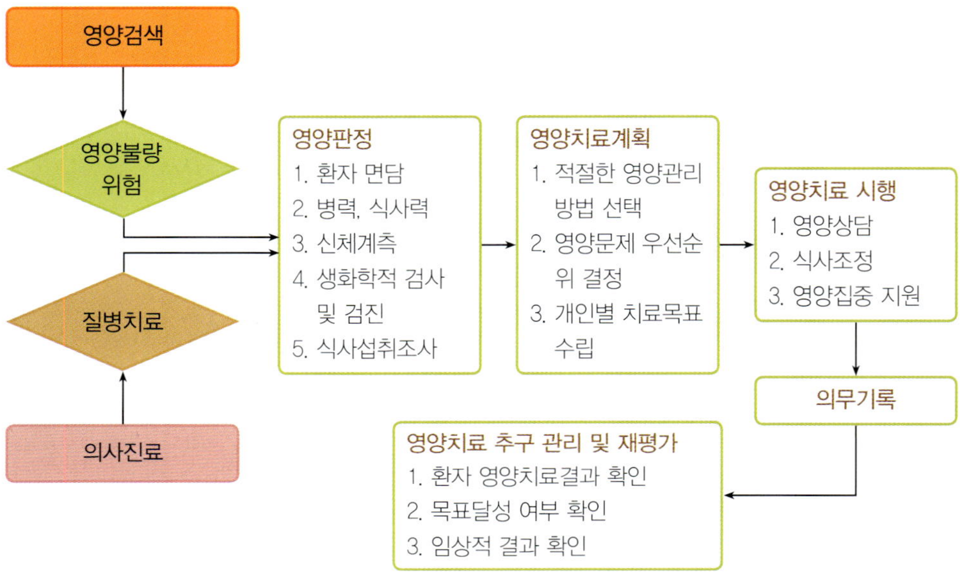

| 그림 1-2 | **입원환자의 영양판정 단계**

| 표 1-3 | 환자의 영양판정에 필요한 영양지표 영역과 관련 정보

<table>
<tr><th>영역</th><th colspan="2">관련 정보</th></tr>
<tr><td>식품영양소와 관련된 식사력</td><td colspan="2">· 과거와 현재의 식사 섭취 및 영양분석 자료
· 영양제·약·약용식물 섭취
· 식욕, 최근 입맛의 변화
· 식품기호, 평소 식사패턴, 식습관
· 영양지식·신념·태도
· 아동의 식행동·부모의 식행동</td></tr>
<tr><td rowspan="2">신체계측</td><td>일반신체계측</td><td>· 신장, 현재 체중, 평소체중, 이상체중, 체중 변화
· 성장률·백분위(아동의 경우)
· 이상체중에 대한 비율, 평소 체중에 대한 비율, 체중 변화의 비율</td></tr>
<tr><td>영양 관련 신체검사자료</td><td>· 활력증후(혈압, 체온)
· 신체관찰 시의 소견
· 근육과 지방 소모: 피부 두겹 두께(삼두근, 견갑골 하부), 표준과 비교한 피부 두겹 두께, 상완위·상완근육 면적, 표준에 대한 상완근육 면적의 비율
· 삼킴기능, 식욕부진
· 부종</td></tr>
<tr><td>생화학적 검사·의학적 검사와 처치</td><td colspan="2">· 내장단백 상태: 혈청알부민, 혈청트랜스페린, 프리알부민
· 체단백상태: 혈청크레아티닌, 크레아티닌-신장지수(CHI)
· 면역기능: 총림프구 수(TLC)
· 단백질 섭취 평가: 24시간 요소 질소(UUN)
· 기타 의학적 검사: 위 배출 속도, 안정 시 대사율</td></tr>
<tr><td>일반사항 및 과거력</td><td colspan="2">· 환자의 인적사항
· 출생(아동의 경우)
· 질병력, 가족력: 식품알레르기 등
· 합병증, 약물복용, 치료계획
· 환자가 호소하는 증상(피부, 눈, 머리카락, 점막 등 상피조직이나 기관에 나타나는 변화)
· 사회력 등</td></tr>
</table>

출처: 이보경 외(2016). 이해하기 쉬운 임상영양관리 및 실습.

(1) 초기 영양판정

초기 영양판정(initial nutrition assessment)은 영양 선별에서 영양위험도가 있는 환자를 대상으로 위험의 정도를 평가하여 환자의 질병 상태에 미치는 영향을 파악하여 판정결과에 따라 영양소 요구량을 설정하여 영양치료에 적용한다〈표 1-4〉, 〈표 1-5〉, [그림 1-3].

| 표 1-4 | 영양불량의 유형

유형	내용
쿼시오커 (kwashiorkor)	· 단백질 결핍, 피부와 모발의 탈색과 함께 영양성 부종(nutritional edema) · 정상 신체 계측치(체중>표준체중의 90%), 내장단백질 농도 저하(알부민 > 3.0 g/dℓ, 트랜스페린 < 180 mg/dℓ)
마라스무스 (marasmus)	· 영양적 위축(nutritional atrophy), 극심한 칼로리 결핍 및 영양불량 · 감소된 신체 계측치(체중 < 표준체중의 90%), 내장단백질 농도 저하(알부민 > 3.0 g/dℓ)
심한 단백질-에너지 영양불량 (sever P-C malnutrition)	· 심한 단백질-에너지 불량상태, 피부와 모발 탈색은 동반되지 않은 부종 · 감소된 신체 계측치(체중 < 표준체중의 60%), 내장단백질 농도 저하(알부민 < 3.0 g/dℓ)
중증도 영양불량 (malnutrition of moderate degree)	· 감소된 신체 계측치(체중 < 표준체중의 60~75%), 내장단백질 농도 저하(알부민 < 3.0~3.5 g/dℓ)
경도 영양불량 (malnutrition of mild degree)	· 감소된 신체 계측치(체중 < 표준체중의 75~90%), 내장단백질 농도 정상

출처: 권종숙 외(2012). 사례와 함께하는 임상영양학.

| 표 1-5 | 영양불량과 관련된 혈액지표

지표	참고범위	해석
알부민 (albumin, Alb)	3.5~5 g/dℓ	간에 의해 합성되고 총 혈청 단백질의 60%에 해당, 교질삼투압 유지, 3주간의 긴 반감기
트랜스페린 (transferrin, Trt)	(여) 250~380 mg/dℓ (남) 215~365 mg/dℓ	철분 운반단백질, 단백질과 철분상태 동시 반영, 8~10일의 비교적 짧은 반감기
프리알부민 (pre-albumin)	15~36 mg/dℓ	간에서 합성된 운반단백질, 레티놀 결합 단백질과 비타민 A와의 복합체로 혈장에서 운반됨, 티로신의 운반, 영양중재에 빠르게 반응, 2일간의 짧은 반감기
총 림프구 수 (total lymphocyte)	> 2,700	영양불량 시 감소 중증 결핍: 900~1,800, 심각한 결핍: < 900 바이러스 감염, 화학요법, 방사능, 약물(스테로이드, 페니실린 등)에 의해 감소, 조직괴사와 다른 종류의 감염에 의해 증가

출처: 권종숙 외(2012). 사례와 함께하는 임상영양학.

등록번호 ______________________
이름 ______________________
나이·성별 ______________________

초기 영양판정
(initial nutrition assessment)

날짜 __________ 진료과·병실 __________/__________ 혈압 __________
식사처방 ______________________
진단명 ______________________
약물 ______________________
신장 ________cm 체중 ________kg 표준체중 ________kg 평소체중 ________kg
신체증후: □몹시 여윔/근육소모 □비만 부종/복수 □기타

검사항목	결과	검사항목	결과	검사항목	결과
	/		/		/
Hb/Hct		FPG/PP2/HbAlc*			
Cholesterol/TG		Na/K			
HDL/LDL					
Cr/BUN					

병원식 섭취상태: □양호(≥ ⅔) □보통(⅓~⅔) □불량(< ⅓)
영양교육(경험) __________ 현재 식사요법 __________
건강식품/민간요법 __________ 식품 알레르기/불내증 __________
음주 __________ 흡연 __________ 운동 __________

영양상태 평가

척도	수치	영양불량 정도							
		없음		약함		중정도		심함	
%체중 감소	1개월	거의 없음		< 5%		5%		> 5%	
	3개월	< 7.5%		7.5%		7.5%		> 7.5%	
	6개월	< 10%		10%		10%		> 10%	
%표준체중		≥ 91%		90~85%		84~75%		> 74%	
알부민(g/dℓ)		≥ 3.3		2.8~3.2		2.1~2.7		< 2.1	
식욕·식사섭취상태 (밥, 죽, 미음)		양호하며 변화 없음		약간 감소 (< 2주)		불량(> 2주)		불량하고 계속 감소	
식사문제(메스꺼움, 변비, 구토, 설사, 연하·저작곤란)		없음		간간히 약간 있음		가끔 있음 (> 2주)		자주 매일 있음 (> 2주)	
피하지방		없음		약간 있음		보통 있음		심함	
근육소모									
기타									

영양상태: ________ 양호 ____ 약한 불량 ____ 중정도 불량 ____ 심한 불량 ____
기타 영양과 관련된 문제점: ______________________
약물과 관련된 문제점: ______________________

*FPG: Fasting Plasma Glucose(공복 시 혈당)
PP2: 2hour Postprandial Plasma Glucose(식후 2시간 혈당)

| 그림 1-3 | 초기 영양판정 평가지의 예

출처: 서울아산병원 영양실(초기영양판정 평가지).

(2) 대사영양 프로필

대사영양 프로필(metabolic/nutritional profile)은 심도 깊고 구체적인 영양판정으로 초기 영양판정에서 나타난 고위험도 환자를 대상으로 심층 영양판정이 필요한 환자를 대상으로 실시한다. 일반적으로 외상, 영양불량증, 패혈증, 대수술 등의 중환자, 경관급식 환자, 정맥영양지원을 받는 환자 등을 대상으로 구체적인 영양 요구량을 추정하고 실시한 후 결과를 평가하는 과정이다([그림1-4] 대사영양 프로필 평가지의 예 참조).

등록번호 __________ 이름 __________ 나이 · 성별 __________	대사영양 프로필 (Metabolic/Nutritional Profile)

날짜 ________ 진료과 · 병실 ________/________ 혈압 ________mmHg

진단명 ________________

약물 ________________

현재 영양요법 ________________

신장 ______cm 체중 ______kg 표준체중 ______kg 평소체중 ______kg

신체증후: ☐부종 ☐복수 ☐욕창 ☐비만

식사 문제점: ☐구토 ☐메스꺼움 ☐식욕부진 ☐연하곤란 ☐저작곤란

식사 문제점: ☐설사 ☐변비 ☐식품 알레르기__________

척도	수치	영양불량 정도							
		없음		약함		중정도		심함	
표준체중(현재/평소)		≥ 91%		91~81%		80~70%		< 70%	
%체중 감소		0~4%		5~9%		10~20%		> 20%	
알부민(g/dℓ)		≥ 3.3		3.2~2.8		2.7~2.1		< 2.1	
총 임파구 수(Count/㎣)		≥ 1,501		1,500~1,201		1,200~800		< 800	
TSF(% standard)*		≥ 91		90~51		50~30		< 30	
MAMC(% standard)**		≥ 91		90~81		80~70		< 70	
피하지방손실		없음		약간 있음		보통 있음		심함	
근육소모		없음		약간 있음		보통 있음		심함	
기타 검사항목									

평가

1. 영양상태: ☐Adequate ☐Kwashiorkor-type ☐Moderate malnutrition
   ☐Marasmus type ☐Mild malnutrition ☐Protein-calorie malnutrition
2. Metabolic Stress: ☐없음 ☐약간 ☐보통 ☐심함
3. 현재 영양 섭취량: ________ Kcal, ________ g Protein
4. Calorie: ☐적절 ☐과다 ☐부족 / Protein: ☐적절 ☐과다 ☐부족
5. 영양적 문제:
6. 영양목표:
7. 지원경로: ☐Oral ☐Tube Feeding ☐Parenteral
8. Enteral/Parenteral nutrition support가 필요한 경우:

____

____

*TSF: Tricep Skinfold Thickness
**MAMC: Mean Arm Muscle Circumference

| 그림 1-4 | 대사영양 프로필 평가지의 예

출처: 서울아산병원 영양실(대사영양 프로필 평가지).

등록번호: 20112048513
주치의: 김○○ 진료과: 흉부외과(심장우회수술을 위해 내원)
나이: 70세 성별: 남 신장: 177.8 cm 체중: 59 kg

판정
체중력: 3개월간 6.8 kg 감소 목표체중: 65.8 kg 이상체중: 70 kg
활동정도: 6개월간 앉아서 식사를 거의 못함 약물: inderal(교감신경 차단제) 복용
과거력: 고혈압, 갑상샘 기능부전, 천식, 전립샘 수술
검사결과: 혈당&전해질: 정상 수준, 알부민: 3.8 g/dℓ, Cholesterol/TG: 정상 수준
영양소 필요량: 1,800 kcal/day 영양소 섭취량: 1,200 kcal/day
현재 식이 처방: 교육·상담 요망: 영양교육 요망

영양진단
환자는 필요량보다 적게 섭취하며, 먹는 것에 관심이 없었음. 식품과 음료의 섭취가 부적당함
원치 않는 체중 감소(6.5 kg/3개월)가 있었고, 이는 끼니를 거르는 것과 관련됨
이런 체중 감소는 앞으로 할 수술로부터의 상처 치료에 영향을 끼칠 수 있음

영양중재
목표는 열량 섭취를 300 kcal/day 증가시켜 천천히 목표체중까지 체중이 증가되도록 촉진함
하루에 세 끼 식사와 자기 전 간식을 제공하며, 열량 섭취를 1,800 kcal/day까지 증가시킬 것임
환자가 그의 부족한 식욕이 체중과 영양상태에 끼치는 영향을 인식하도록 하며, 식욕이 없을 때는 식사와 함께 적어도 한 가지의 영양소 밀도가 높은 식품을 공급할 것임. 또한 퇴원 후에 사회화와 식욕개선을 위해 지역노인센터의 점심에 참여하도록 사회복지사업에 위탁될 것임

영양 모니터링/평가
병원에 있을 동안 매주 체중 측정 및 영양소 섭취량 분석과 퇴원 후 노인센터에서 2주에 한 번 체중 측정을 모니터링함. 환자의 영양상태가 개선되지 않거나(체중 기록의 근거) 목표를 충족시키지 못했으면 다시 재평가하여, 새로운 목표와 중재 계획을 정확하게 구성함

임상영양사 사인: 이○○ 날짜: 2011월 10월 5일

| 그림 1-5 | **영양판정지의 예**

3) 영양진단

영양판정이 끝나면 결과에 따라 영양진단(nutrition diagnosis)을 내린다. 영양진단은 임상영양사가 영양판정에서 나타난 영양 문제를 규명하고 문제를 일으키는 주요 원인이 무엇인지를 확인하여 중재를 위한 목표를 명시하는 과정이다. 영양진단은 임상적인 문제가 있는 경우 영양적인 문제를 일으킬 우려가 있는지를 알기 위해 영양평가나 상담이 이루어진다. 따라서 임상 의사들은 이와 같은 영양진단을 통해 영양사와 협진을 하고 있다.

영양진단은 섭취 영역, 임상 영역, 식행동-환경 영역이 포함된다〈표 1-6〉.

① 섭취 영역: 영양문제가 단순 섭취 문제인 경우, 의학적 혹은 신체적 문제로 인하여 진단된다.

② 임상 영역: 의학적·기능적·신체적 상태와 관련된 영양 영역으로 진단한다.

③ 행동-환경 영역: 식품에 대한 지식이나 신념, 태도, 식품의 안전과 관련된 영양 문제가 발생하므로 식행동이나 환경에 대한 평가와 진단이 이루어져야 한다.

| 표 1-6 | 영양진단의 영역

섭취 영역	임상 영역	행동-환경 영역
• 경구 또는 영양지원(경관·정맥영양)을 통해 섭취한 에너지, 영양소, 수분, 생리활성물질의 섭취와 관련된 영역 - 에너지평형 - 경구 또는 영양지원 섭취량 - 수분섭취 - 생리활성물질·식이보충제 등 - 영양소의 실제·추정 섭취량	• 의학적·기능적·신체적 상태와 관련된 영양문제 영역 - 영양 상태를 저해하는 신체적·기능적 변화 - 약물·수술 혹은 혈액검사 결과에 나타나는 영양소 대사 능력의 변화 - 평소 체중·이상 체중과 비교한 체중 또는 변화된 체중	• 지식, 태도·신념, 물리적 환경, 식품의 이용 또는 식품 안전과 관련된 영양문제 영역 - 지식과 신념 - 신체활동과 기능 - 식품안전과 이용

4) 영양중재

영양중재(nutrition intervention)는 영양문제를 해결하기 위해 목표와 구체적인 실행계획을 세우고 실천해 가는 과정이다. 영양과 관련된 행동이나 위험요인, 환경 및 건강과 영양적 측면을 변화시켜 영양진단에서 나타난 원인 제거를 통해 문제를 해결한다. 영양중재는 네 가지 영역으로 분류하여 시행되는데 식품/영양소 제공, 영양교육, 영양상담, 영양관리를 위한 협의 등으로 나뉜다〈표 1-7〉.

| 표 1-7 | 영양중재 영역

영양중재 영역		세부 내용
식품·영양소 제공	식품, 영양소를 제공하는 개별적 접근	· 식사와 간식 제공 · 장관 및 정맥영양 제공 · 보충제 제공
영양교육	스스로 식품을 선택하고 식생활을 관리할 수 있는 지식과 기술을 환자에게 일방적으로 전달	· 초기·기본 영양교육 · 포괄적인 영양교육
영양상담	환자와의 상호관계를 통해 문제를 해결하는 맞춤관리	· 개인 영양문제의 원인에 대한 개선 · 전략적 접근
영양관리를 위한 다분야 협의	영양관련 문제의 개선을 도울 수 있는 다른 분야의 전문가나 기관 등과 협조	· 의사와의 협조 · 아동발달전문가와 협조 · 심리전문가와 협조

5) 영양모니터링 및 평가

영양모니터링 및 평가(nutrition monitoring and evaluation)란 임상영양관리의 마지막 단계로 현재의 영양중재 및 영양진단의 결과를 영양중재의 목표치와 비교하여 평가하는 과정이다. 임상영양사는 영양모니터링을 통해 영양지표 수집 및 표준차에 대한 판정을 이행하고 사전에 평가하였던 자료와 비교분석하여 영양중재가 환자의 수용능력, 환자 개개인 맞춤형 중재방법 등을 고려하여 모니터링 및 평가를 실시한다〈표 1-8〉.

| 표 1-8 | 영양모니터링 및 평가 영역

식품/영양소와 관련된 식사력	식품과 영양소 섭취, 약물과 약용식물 보충제 섭취, 지식, 신념, 식품과 영양관련 자원 이용도, 신체활동, 영양적 측면에서의 삶의 질
생화학적 자료 및 의학적 검사와 처치	생화학적 자료(전해질, 혈당), 의학적 검사(위 배출 속도, 대사율)
신체 계측	신장, 체중, 체질량지수, 성장률/백분위, 체중력
영양관련 신체검사 자료	신체관찰 시의 소견, 근육과 지방 소모, 삼킴 기능, 식욕과 그 영향

6) 의무기록

영양치료의 전 과정은 의무기록(documentation, nutrition record)으로 남겨진다. 의무기록은 환자의 치료에 관한 자료를 지속적으로 기록하고, 철저히 관리 보존해야 한다. 의무기록을 하는 목적은 의료진들 사이에서 의사소통의 도구로 이용되며 의료서비스 질 평가 및 환자 중심의 의료행위 일련의 과정을 문서화한 것이다[그림 1-6].

S(subjective data): 환자와의 대화 중 얻는 정보 등 주관적 자료(식습관, 기호도, 식사요법의 시행 여부)

O(objective data): 영양적 치료에 영향을 미칠 수 있는 모든 객관적 자료(생화학 검사 결과, 신체계측 결과, 섭취량 조사 결과 등)

A(assessment): 주관적 및 객관적 정보의 평가(환자의 식사처방과 비교하여 식습관 평가, 현재의 섭취상황 및 문제점, 환자체중의 증감에 대한 평가)

P(plan): 계속적인 치료를 위한 계획 및 조언(영양관리 계획, 환자교육)

문제점: 식욕부진

S: 환자에 의하면 "음식에 불만은 없어요. 식욕이 없어서 먹을 수가 없어요."

O: 식사처방 – 일반식
신장 – 160 cm, 현재 체중 – 40.9 kg
평소 체중: 44.5 kg(2주 전), 표준체중–54 kg
%표준 체중 – 76%
현재 섭취량 – 600~800 kcal/day

A: 환자는 중정도의 저체중(76% IBW), 지난 2주 동안에 현저한 체중 감소(8%), 음식에 대한 무관심으로 입원기간 동안 영양소의 섭취 불량이 지속됨

P: 환자교육 – 환자를 매일 방문하여 영양소 섭취의 중요성 강조
처방(Rx) – 매일 종합 비타민제 복용이 바람직
진단·치료(Dx) – 환자의 식욕부진에 대한 원인(우울증, 치료 등) 진단이 바람직

임상영양사 ○○○

| 그림 1–6 | SOAP 작성의 예

7) 임상영양사

임상영양사는 영양치료(nutrition therapy)를 수행하기 위해 병원에서 환자들에게 영양판정과 식사교육을 통해 환자들에게 영양불균형 및 질병을 치료하는 데 도움을 주는 중요한 역할을 한다.

| 표 1-9 | 임상영양사의 업무

국민영양관리법 시행규칙 제22조(임상영양사의 업무)
법 제23조에 따른 임상영양사(이하 '임상영양사'라 한다)는 질병의 예방과 관리를 위하여 질병별로 전문화된 다음 각호의 업무를 수행한다. 1. 영양문제 수집·분석 및 영양 요구량 산정 등의 영양판정 2. 영양상담 및 교육 3. 영양관리상태 점검을 위한 영양모니터링 및 평가 4. 영양불량상태 개선을 위한 영양관리 5. 임상영양 자문 및 연구

CHAPTER 2

병원식과 영양지원

질병치료를 목적으로 병원에 입원한 환자는 질병치료에 적절한 영양공급을 필요로 한다. 이때 필요한 식사를 병원식사라 하고, 병원식사는 일반 병원식사와 특별 병원식사로 크게 구분할 수 있다. 일반 병원식사는 특별히 영양소의 조절을 필요로 하지 않으며 충분한 열량과 균형된 영양소를 공급할 수 있는 식사를 말한다. 특별 병원식사는 환자의 질병 상태에 따라 영양소를 조절하고, 점도를 조절하거나 에너지를 조정해서 제공하는 식사이다. 두 가지의 식사는 모두 각 질병을 빨리 회복시키고, 이차적인 다른 질병이 생기지 않도록 하는 것을 목표로 하고 밥(상식), 죽(연식), 미음(유동식) 형태로 제공할 수 있다. 이외에도 입으로 식사할 수 없는 경우에는 위나 장에 튜브를 삽입하여 식사를 제공하는 경장영양이 있고, 위장관을 이용하지 못하는 경우에는 대 혈관을 통해 영양액을 공급하는 정맥영양이 있다.

1. 일반병원식

일반병원식은 질병치료를 하기 위해 특별히 식사조절이나 영양소의 제한이 필요하지 않은 환자에게 제공된다. 한국인 영양 섭취 기준량을 기준으로 질병 회복에 도움이 되고 최적의 영양상태를 유지하기 위하여 제공되는 식사이다. 다섯 가지 기초 식품군을 고루 포함하고 영양균형식이 되도록 하고 식품을 특별하게 제한하지 않는다. 환자의 섭취량에 따라 선호하는 식품을 메뉴에 반영하거나, 그렇지 않은 식품을 제외하는 등의 개별식단을 제공하면 충분한 섭취량을 통해 질병의 빠른 회복을 도울 수 있다.

1) 밥

일반식 밥은 치아의 문제가 없는 환자에게 적용되고 약간은 단단하거나 질긴 것을 포함한 식품이나 메뉴로 구성된다. 또한 소화기관에 문제가 없고 충분히 소화할 수 있는 환자에게 적용되고 약간의 기름지거나 매운 메뉴가 포함되어 구성된다.

1일 식품 구성의 예

식품군	곡류군	어육류군	채소군	지방군	우유군	과일군
식품교환단위수	11	6	7	4	1	1

☞ 영양공급량: 열량 2,000 kcal, 탄수화물 296 g, 단백질 90 g, 지방 55 g

2) 죽

일반식 죽은 부드럽고 질기지 않아 씹고 삼키기 쉬운 식품으로 구성되며 영양적으로 균형된 식사이다. 회복기 환자에게 유동식에서 일반식 밥으로 넘어가기 전 단계에 적용되는 식사이다. 또한 신체적·정신적으로 밥에 적응하기 어려운 환자, 소화기능이 저하된 환자나 치아상태가 좋지 않은 환자에게 적용된다. 또한 고열이나 식욕부진 환자에게도 공급이 가능하다. 조리방법은 튀김이나 부침 형태의 기름이 많은 것은 제외하고 삶거나 찌는 형태로 조리한다. 섬유질이나 결체조직이 적은 식품으로 구성하고 향신료나 조미료는 최소한으로 사용한다.

1일 식품 구성의 예

식품군	곡류군	어육류군	채소군	지방군	우유군	과일군
식품교환단위	7	6	6	4	1	1

☞ 영양공급량: 열량 1,600 kcal, 탄수화물 200 g, 단백질 80 g, 지방 57 g

3) 반유동식

반유동식은 반찬을 부드럽게 조리하여 으깨거나 갈아 만든 식사이다. 소화 기능에는 문제가 없으나 얼굴 부상이 있거나 수술을 한 경우 그리고 치아 문제 등으로 씹거나 삼키는 구강의 기계적인 문제가 있는 환자에게 적용하는 식사이다. 치아가 전혀 없거나 치아나 틀니의 상태가 좋지 않아서 잘 씹지 못하는 환자, 구강 내의 염증이 있는 환자에게 적합하다. 또한 뇌혈관 사고나 무기력한 환자가 씹지 않고 삼킬 수 있도록 부드러운 음식으로 구성하여 충분한 영양을 섭취하는 데 적당한 식사이다.

1일 식품 구성의 예

식품군	곡류군	어육류군	채소군	지방군	우유군	과일군
식품교환단위	7*	6	3	5	2	1

☞ 영양공급량: 열량 1,700 kcal, 탄수화물 195 g, 단백질 70 g, 지방 65 g
*반찬을 갈 때 사용하는 죽량 포함

4) 일반 유동식

일반 유동식은 수술 후 회복기의 환자들이나 금식 후 식사를 시작하여 맑은 유동식에서 죽식으로 넘어가기 전 단계 식사로 이용된다. 즉, 구강섭취 적응을 위해 잠시 제공되는 식사인데 위장관 기능 감소, 급성감염, 고열, 구강, 인후, 식도장애 등이 있는 환자들에게도 이용된다. 위장관의 자극을 줄이고 쉽게 소화 흡수되도록 하기 위하여 상온에서 액체 혹은 반 액체 상태의 식품을 공급하는 식사이다. 일반 유동식은 수분이 많고 영양 밀도가 낮아서 3일 이상 장기간 공급할 경우 영양불량을 초래할 수 있으므로 고단백 고열량 유동식으로 변경하여 공급하거나 영양보충 음료를 보충한다. 또한 수분이 많고 에너지 밀도가 낮아서 한꺼번에 많은 양을 섭취하기 어려우므로 하루 5~6회로 나누어서 공급하는 것이 좋다.

1일 식품구성의 예

아침	점심	저녁
쌀미음 1공기(250 cc) 크림수프 ½대접(200 cc) 영양보충음료 1캔 물김치 국물 1찬기(100 cc)	조미음 1공기(250 cc) 크림수프 ½대접(200 cc) 영양보충음료 1캔 물김치 국물 1찬기(100 cc)	깨미음 1공기(250 cc) 크림수프 ½대접(200 cc) 오렌지주스 1캔 물김치 국물 1찬기(100 cc)

☞ 영양공급량: 열량 1,200 kcal, 탄수화물 200 g, 단백질 35 g, 지방 30 g

5) 맑은 유동식

맑은 유동식은 수술 전후나 장 검사 이후 수분과 전해질을 공급하기 위해 제공되는 유동식이다. 주로 당질과 물로 구성되며 위장관의 자극을 적게 하며 최소한의 잔사를 남기는 상온의 맑은 음료로 구성된다. 위장관에서 쉽게 흡수되며 자극이 거의 없고 잔여물이 거의 남지 않는다. 그러나 영양밀도가 너무 낮아 열량, 단백질을 비롯한 모든 영양소가 부족하기 때문에 별도의 영양보충 없이 3일 이상 이 식사만을 제공하는 것은 바람직하지 않다. 따라서 한 끼~3일 정도의 단기간만 사용이 가능하다. 탄산음료나 탄산주스는 일부 수술 환자에게 불편할 수 있으므로 제외하도록 한다.

1일 식품 구성의 예

식품군	곡류군	어육류군	채소군	지방군	우유군	과일군
식품교환단위	2	-	-	-	-	6

☞ 영양공급량: 열량 400 kcal, 탄수화물 90 g, 단백질 3 g, 지방 1 g

6) 산모식

산모식은 정상분만을 한 산모에게 적용되며 임신 중 소모된 체조직을 보수하고, 수유에 필요한 영양소를 공급하기 위한 식사로 1일 4회(야식포함)로 구성한다. 정상성인 여자의 하루 영양 권장량보다 열량은 400 kcal 이상, 단백질은 25 g 이상 제공한다. 자극적이지 않으며 부드러운 형태의 음식으로 구성한다.

1일 식품 구성의 예

식품군	곡류군	어육류군	채소군	지방군	우유군
식품교환단위	14	8	9	4	1

☞ 영양공급량: 열량 2,600 kcal, 탄수화물 370 g, 단백질 120 g, 지방 70 g

7) 소아식

소아식은 건강한 만 6~12세 소아에게 적용되는 식사이다. 이 식사는 정상적인 성장과 발달을 특징으로 하며, 소아의 영양적 특성과 기호를 고려하여 구성된다. 소아의 경우 영양기준량은 대사 및 신체 활동, 성장, 질병 치료 등을 위해 충분한 양으로 산정되어야 하고, 일반적인 에너지 및 단백질 필요량은 한국인 영양섭취기준량(2015년)을 기준으로 한다.

1일 식품 구성의 예

식품군	곡류군	어육류군	채소군	지방군	우유군
식품교환단위	11	6	7.5	4	1

☞ 영양공급량: 열량 2,000 kcal, 탄수화물 290 g, 단백질 90 g, 지방 55 g

8) 조유식

조유식은 출생 후 모유를 먹을 수 없거나 조제분유를 이용하여 조유식 보충이 필요한 영아에게 적용된다. 출생 후부터 12개월까지의 영아에게 적용되며, 정상적인 성장과 발육을 위하여 생리적·영양적 요구에 알맞게 계획된 식사이다. 조제분유란 모유의 대체 식품으로 개발된 식품으로서 모유를 기반으로 영양소 함량이 정해지며 일반 조제분유, 특수질환용 조제분유가 있다. 일반 조제분유는 보통 100 cc당 65~70 kcal의 열량을 공급할 수 있으며, 필요시 열량밀도를 높인 고열량 분유(80~130 kcal/100 cc)가 제공된다.

또한 특수 조제분유는 개별관리가 필요하고 환아의 영양상태, 성장정도, 섭취량 등에 따라 처방량을 달리한다.

(1) 조제분유의 종류와 특징

- 일반 조제분유: 만삭아로 태어난 환아용 분유, 생후 12개월까지 처방하고, 경구용/관급용으로 처방할 수 있고 100 cc당 13 g의 일반 조제분유를 첨가하여 조제한다.
- 특수 조제분유: 특수한 질환이 있는 경우 제공되는 분유이다.
  - 미숙아 분유: 37주 이전에 태어나거나 저체중으로 출생한 환아를 위한 특수분유이고 유당은 당질 중 60%이고, 엠씨티(Medium Chain Triglyceride, MCT) 오일은 지방 중 30%이다. 물 100 cc당 16 g의 미숙아분유를 첨가하여 조제한다.
  - 에이치에이(HA) 분유: 단백질 알레르기, 만성설사로 입원한 환아용 특수분유로 단백질을 가수분해(펩티드형태)해 놓은 분유다. 물 100 cc당 14 g의 에이치에이 분유를 첨가하여 조제한다.
  - 엠씨티(MCT) 분유: 담도 폐쇄증, 유미흉증/유미복수증이 있는 환아용 특수 분유로 지방 중 85%를 MCT 오일로 대체한 분유이다. 100 cc당 14 g

의 MCT 분유를 첨가하여 조제한다.

- 엘피(LP)분유: 저칼슘혈증, 고인 혈증, 만성신부전으로 입원한 환아용 특수 분유로 일반조제유보다 인(P)의 함량이 적고 칼슘과 인의 비율은 4:1이다. 물 100 cc당 14 g의 엘피분유를 첨가하여 조제한다.
- 소이분유: 우유단백질 알레르기, 갈락토스혈증, 유당불내증으로 입원한 환아용 특수 분유로 우유 대신 식물성 대두(분리대두단백)로 대체한 분유다. 물 100 cc당 13 g의 소이분유를 첨가하여 조제한다.

• 고열량 분유: 일반 조제분유 또는 특수 조제분유에 당질, 지방, 단백질 성분의 모듈라를 첨가함으로써 영양밀도를 조정하여 특수 조제한 분유로 수분 제한이 필요하거나 성장부전으로 영양밀도의 조정이 필요할 때 도움이 된다.

- 열량 조정: 일반조제분유 또는 미숙아분유 또는 특수분유에 당질 모듈라(폴리코즈 또는, 맥시줄 등)와 지방 모듈라(MCT 오일)를 믹스해서 100 cc당 80~130 kcal까지 열량밀도를 올릴 수 있다.
- 단백질 증량: 모유를 충분히 먹지 못하거나 미숙아 또는 성장부전인 경우 단백질 증량이 필요하며, 단백질파우더(프로맥스 등)를 조제분유 100 cc당 1 g 첨가한다.

(2) 1일 조유식 공급의 예

• 일반분유(표준농도) 120 cc×6회(2, 2, 2)
- 영양공급량: 열량 482 kcal, 탄수화물 53 g, 단백질 11 g, 지방 25 g

• 미숙아분유(표준농도) 30 cc×8회(3, 2, 3)
- 영양공급량: 열량 192 kcal, 탄수화물 20 g, 단백질 5.8 g, 지방 10 g

• 고열량분유(80 kcal/cc) 120 cc×6회(2, 2, 2)
- 영양공급량: 열량 576 kcal, 탄수화물 62 g, 단백질 13 g, 지방 31 g

2. 특별 치료식

환자의 질병 상태에 따라 특정 영양소의 양을 제한하거나 조절하여 질병을 치료하거나 예방을 하기 위해 제공되는 식사이다. 질병의 종류와 상태에 따라, 복합된 질병의 상황에 따라 섭취해야 하는 영양소의 양과 에너지의 양이 다르기 때문에 이를 충족하는 식품의 구성과 식사의 형태는 매우 다양하다. 특별 치료식사는 환자를 치료하는 주치의가 식사처방 시 상세 내역을 처방하고, 필요한 경우에는 임상영양사의 의견에 따라 변경하기도 한다. 특별 치료식사는 의료기관마다 그 다양성에 많은 차이가 있다. 3차 종합 병원일수록, 그리고 병상 규모가 클수록 더욱 다양한 특별 치료식사가 처방되고 의료기관의 특성에 따라 다빈도 특별 치료식사가 다양하다. 특별 치료식을 처방받은 환자에게는 임상영양사가 특별 치료식사에 대해서 설명하고, 병원식 이외의 식품 섭취를 제한하거나, 섭취 시 주의사항에 대하여 설명하여 입원기간의 치료성과에 기여한다.

| 표 2-1 | 특별 치료식의 종류

당뇨식	이식후식	무기질조절식
당뇨식	간이식후	저포타슘식
소아당뇨식	신장이식후	저칼슘식
당뇨고단백식	심장이식후-성인	저요드식
당뇨저단백식	심장이식후-소아	인제한식
당뇨저염식	췌장이식후식	고칼슘식
간장질환식	신장췌장이식후식	수분제한저포타슘식
간성혼수식	**염분조절식**	**균조절식**
간장질환식	무염식	저균식
알코올성간장질환식	저염식	멸균식
콩팥질환식	고염식	BMT식
신부전식(투석전)	고염고단백식	멸균저염식
혈액투석식	저염고단백식	저균저염식
복막투석식	고염수분제한식	**점도 및 질감 조절식**
당뇨신부전식(투석전)	저염수분제한식	**연하보조1
당뇨혈액투석식	저염저단백식	연하보조2
당뇨복막투석식	저염저지방식	연하보조3
심장질환식	저염저칼슘식	반유동식
심장질환식	저염저포타슘식	치아보조식
DASH Diet	저염퓨린제한식	과도기식
수술전후식	**단백질조절식**	농축유동식
위절제후식	저단백식	맑은유동식
저잔사식	고단백식	**유전자대사질환식**
췌장수술후식	**지방조절식**	당원병식
유방암수술후식	이상지질혈증식	윌슨병(구리제한)식
두경부수술후식	저장쇄중성지방식	**기타**
식도절제후식	저지방식	저알러지식
	케톤식	채식
	열량조절식	고섬유식
	열량조절식	퓨린제한식
	열량조절저염식	수분제한식

*3차 종합 병원에서 처방되는 대부분의 특별 치료식사를 나타내었다. 상기 치료식사 중에는 자주 처방되는 특별 치료식사가 있고, 수개월에 한두 번씩 처방되는 특별 치료식사도 있다.

**의료기관에 따라 연하장애식으로 명명하기도 한다.

3. 경장영양

1) 특징

경구(입)로 음식 섭취가 불가능한 환자, 경구섭취가 요구량보다 현저히 부족한 환자에게 관(tube)을 통해 영양을 공급하는 식사이다. 경구섭취가 불가능한 경우에 영양공급 경로는 장을 이용한 경장영양과, 혈관을 이용한 정맥영양이 있는데, 경장영양은 정맥영양에 비해 생리적이고 대사적인 장점이 있으며 영양공급 시 안전하고 비용이 저렴하다는 장점이 있다. 장을 통한 영양공급은 장 점막에 직접 영양을 공급하고 자극을 주게 되어 장 점막의 장력이 강해지고 영양소의 효율성이 증가될 뿐 아니라 경장영양액을 이용해 장세포에서 면역 물질이 생산되도록 하여 면역 기능이 향상된다. 그러나 경장영양 공급을 위해서는 코를 통하거나, 장에 직접 관을 삽입해야 하는 문제를 환자나 환자 가족이 꺼려 하기도 하고 일부의 경우에는 의료진이 적극적으로 권하지 않아 적용 가능한 환자가 금식을 하거나 정맥영양을 공급받는 경우가 있다. 이러한 업무와 지침을 관장하는 NST(Nutrition Support Team, 영양집중지원팀)의 활성화와 KSPEN(the Korean Society of Parenteral and Enteral Nutrition, 한국정맥경장영양학회)의 활동으로 영양공급의 중요성과, 장을 이용한 경장영양 공급의 장점을 충분히 인식하여 많이 향상되고 있다. 이 식사는 수술 후 또는 중환자실에서 장기간 금식을 한 환자가 경구섭취를 위한 과도기식으로도 사용하기도 하며 기저질환이 있어 영양소의 조절이 필요한 경우에는 경장영양액의 조성이 적합한 것으로 공급한다.

2) 경장영양의 적용지침(indications)

소화흡수 기능은 정상이나 적절한 영양상태를 유지하는 데 필요한 영양소를 환자가 충분히 먹을 수 없거나 먹으려 하지 않는 경우에 사용된다.

① 영양결핍증 환자가 5~7일 이상 먹을 수 없을 것으로 예상될 때
② 영양상태가 양호한 환자가 7~9일 이상 먹을 수 없을 것으로 예상될 때(입으로 충분히 먹을 수 없거나 먹으려고 하지 않는 경우-식품 섭취 능력의 장애)
: 혼수상태, 정신질환, 심한 연하곤란증이나 식도폐쇄, 기계적 환기치료, 신경과적장애, 장기부전, 에이즈(AIDS), 항암치료(약물이나 방사선)
③ 영양소 요구량의 증가: 심한 화상이나 외상, 저분비루공(low-output fistula)
④ 소화 흡수능력의 저하: 단장증후군의 적응기

3) 경장영양의 금기지침(contraindications)

소화기관의 기능장애가 있거나 장기간의 장 휴식이 필요한 경우 혹은 경장영양의 이익보다 문제점이 많은 경우에는 경장영양을 사용하지 말아야 한다.

① 영양결핍증 환자가 5~7일 이내에 먹을 수 있을 것으로 예상될 때
② 영양상태가 양호한 환자가 7~9일 이내에 먹을 수 있을 것으로 예상될 때
③ 장내 영양공급이 불가능한 심한 급성췌장염, 고분비 루공(>500 mℓ/day), 장출혈, 장허혈, 단장증후군(초기단계), 장폐색, 마비성 일레우스(ileus), 미만성복막염 접근통로의 확보 불능, 난치성 구토나 설사
④ 적극적인 영양요법이 입증되지 않은 경우

4) 경장영양 공급 경로(enteral access sites)

식도, 위장, 소장(십이지장, 공장 등)의 상태와 경장영양 공급 기간 등에 따라 공급 경로를 결정하게 되는데 경장영양액을 공급하는 경로와 특징은 〈표 2-2〉와 같다.

| 표 2-2 | 경장영양 공급 경로

경장영양 투입부위	적응증	장점	단점
비 위	· 소화 기능이 정상	· 정상적인 소화기능을 사용하고 자극한다. · 유연성 있게 공급할 수 있다. · 급식튜브를 이용해서 약물을 공급할 수 있다. · 침상에서 튜브삽입이 가능하다.	· 흡인위험이 있고 환자가 불편하다. · 코를 자극한다. · 튜브의 위치가 변할 수 있다.
비 십이지장	· 정상적인 소장기능 · 급식의 주요 부위로 위의 우회를 필요로 함	· 침상에서 튜브 삽입이 가능	· 환자가 불편하다. · 튜브의 위치가 변할 수 있다.
비 공장	· 정상적인 소장기능 · 급식의 주요 부위로 위의 우회를 필요로 함	· 침상에서 튜브 삽입이 가능	· 환자가 불편하다. · 튜브의 위치가 변할 수 있다.
위루	· 정상적인 소장기능 · 그러나 상부위장관의 우회를 필요로 하지 않음 · 장기간 급식을 위한 경로	· 장기간 급식을 위한 경로 · 튜브 위치의 변경 위험을 줄일 수 있다. · 볼루스 급식이 가능	· 수술과정 필요 · 튜브 삽입 부위에 감염과 자극의 위험이 있다.
경피적 위루	· 정상적인 소장기능 · 그러나 상부위장관의 우회를 필요로 하지 않음 · 장기간 급식을 위한 경로	· 마취절차 없이 외래에서 시술 가능 · 수술적 방법보다 가격이 싸다. · 튜브 위치의 변경 위험을 줄일 수 있다. · 볼루스 급식이 가능	· 튜브 삽입 부위에 감염과 자극의 위험이 있다.
경피적 공장루	· 정상적인 소장기능 · 그러나 상부위장관의 우회를 필요로 하지 않음 · 장기간 급식을 위한 경로	· 경장영양의 조기 시작을 위해 적응성을 증가시킨다.	· 수술과정 필요 · 튜브 삽입 부위에 감염과 자극의 위험이 있다. · 굵기가 가는 것을 필요로 한다. · 관 막힘의 위험이 더 크다.

5) 경장영양 용액의 성분

(1) 탄수화물

가장 흔히 사용되는 탄수화물 급원은 말토덱스트린이며 이 밖에도 변성전분이나 콘 시럽이 사용되고 대부분의 상업용액에는 유당이 제외되었다. 총열량 중 탄수화물이 차지하는 비율은 30~90%이며 대부분의 한국제품들은 50~60% 정도이다.

(2) 지방

대부분 경장영양 용액의 지방은 옥수수유, 대두유, 해바라기유 등의 식물성 기름이며, 주로 장쇄중성지방(Long-Chain Triglycerides, LCT)로 되어 있어 필수 지방산을 공급하고 맛을 증진시킨다. 지방소화흡수를 용이하도록 소량의 중쇄중성지방(Medium-Chain Triglycerides, MCT) 오일을 사용한 용액도 있고 일부 제품(외국)은 어유(오메가-3 지방산)를 포함하기도 한다. 총열량 중 지방이 차지하는 비율은 1~55%이며 대부분의 한국제품은 20~30% 정도이다.

(3) 단백질

총열량 중 단백질이 차지하는 비율은 4~32%이고 단백질의 가수분해 정도에 따라서 세 가지 종류로 분류된다.

① 고분자(polymeric) 용액: 가수분해되지 않는 단백질인, 카세인염이나 대두단백 추출물을 사용한다.

② 반성분(semi-elemental) 용액: 소화효소에 의해서 가수분해된 카세인이나 유청을 사용하며 'peptide-based' 용액이라고도 하고 우리나라에는 판매 중인 제품이 없다.

③ 성분(elemental) 용액: 소화효소에 의해서 완전히 가수분해된 유리아미노산을 사용하며 단량체(monomeric)용액이라고도 한다. 우리나라에서 사용 중인 제품은 없고, 필요한 경우 수입한 제품을 구매하여 사용한다.

(4) 수분

수분함량에 따라서 용액의 열량밀도가 결정되고 농축용액은 수분제한을 필요로 하는 환자에게 사용되는데 1 kcal/mℓ 용액은 약 85%, 2 kcal/mℓ 용액은 약 70%의 수분을 함유한다.

(5) 섬유소

가장 흔히 사용되는 섬유소는 불용성 섬유소인 대두 다당류(soy polysaccharide)로서 변비 예방, 대변용적 증가, 위장 이동시간 감소에 도움이 될 수 있다. 아라비아 고무(gum arabic), 구아검(guar gum), 펙틴(pectin) 등의 수용성 섬유소를 사용한 일부 외국 제품이 있으나 점도를 상승시키므로 많은 양을 사용할 수 없다. 중환자의 경우 과한 섬유소가 장폐색의 원인이 될 수 있으므로 섬유소를 제거한 용액을 사용하고 상태 회복에 따라 점진적으로 섬유소 함량을 증가시킨다. 우리나라에서도 일부 제품에 섬유소를 제거한 제품을 출시하여 판매하고 있다.

(6) 비타민과 무기질

대부분의 상업용 제품은 하루 1,500~2,000 mℓ를 공급했을 때 영양 권장량의 100%를 충족시킬 수 있다. 화상이나, 외상이 심한 환자 등과 대사상태의 환자에게 사용할 수 있는 항산화 비타민이 과량 함유된 제품이 외국에서는 생산되고 있으나 우리나라에는 일반적으로 권장량 범위를 충족하고 있다.

6) 경장영양 용액의 종류

(1) 분자 형태별 분류

- 고분자(polymeric)
- 반성분(oligomeric)
- 성분(monomeric)

(2) 전반적 특징에 따른 분류

- 조제용액: 몇 가지 식품을 이용하여 직접 조제
- 표준용액: 상품화된 1 cc/1 kcal용액
- 가수분해 용액: 단백질 가수분해 용액
- 농축용액(1.5배, 2배): 1 cc/1.5 kcal, 1 cc/2 kcal
- 고단백용액: 고단백
- 질환별 특수 용액(콩팥질환, 간장질환, 전해질조절, 당분조절 등)
- 재수화용액: 수분과 전해질 공급
- 모듈라: 단백질, 지방, 탄수화물 또는 두세 가지가 혼합된 모듈라

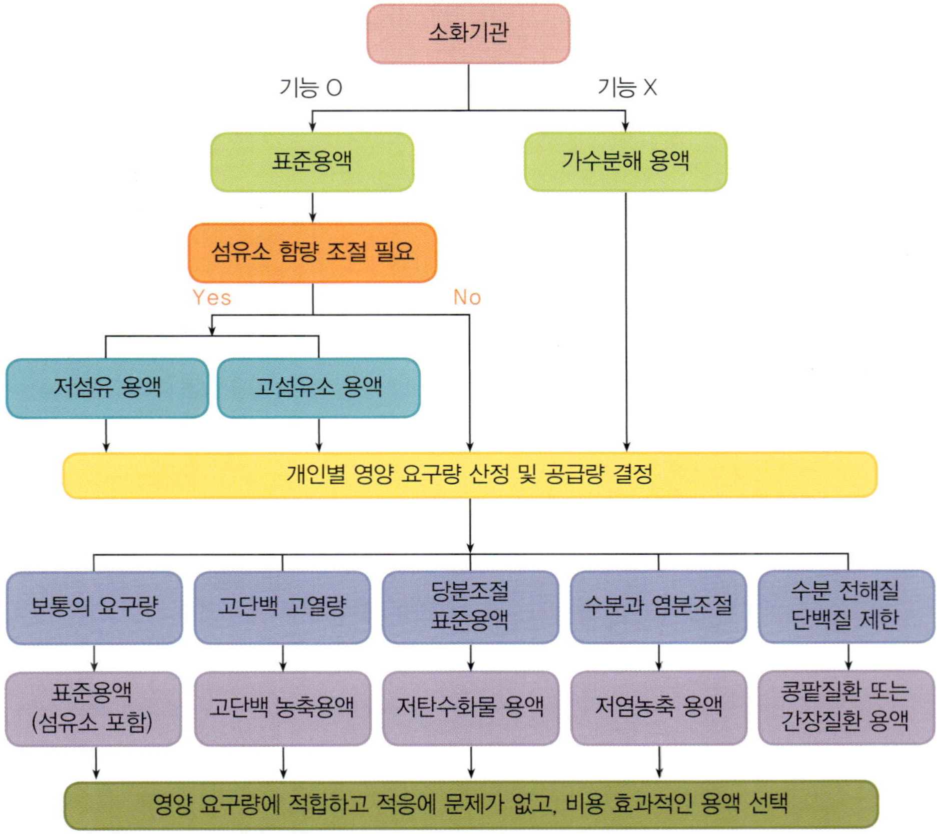

| 그림 2-1 | **경장영양 용액 선택**

| 표 2-3 | 경장영양의 급식 방법

지속적 급식 (continuous feeding)	펌프나 중력(gravity)에 의해서 계속적으로 투여하는 방법이다.
적용환자	관급식을 처음 시작하는 환자, 중환자, 소장급식을 요하는 환자, 간헐적 혹은 볼루스 급식에 적응하지 못하는 환자
장점	위 잔여물의 과다축적과 폐 흡인의 위험도를 최소화할 수 있다.
단점	24시간 동안 계속적으로 투여하므로 보행이나 다른 활동에 제약을 받는다.
간헐적 급식 (intermittent feeding)	펌프나 중력을 이용할 수 있고, 4~6시간을 간격으로 매회 60~120분 정도에 걸쳐 주입하는 방법이다.
적용환자	일반환자(중환이 아닌), 재택환자, 재활환자
장점	주입 속도에 따라 급식을 융통성 있게 조절할 수 있다. 급식 사이에 자유시간을 가질 수 있다.
단점	흡인, 구토, 복통, 복부 팽만, 설사 등의 부작용의 위험이 높다. 목표량에 도달하는 데 있어 소화기관의 적응불량 가능성이 있다.
볼루스 급식 (bolus feeding)	급식용 주사기를 사용하여 튜브에 밀어 넣어 주입하는 방법으로 5~10분 동안에 400~500 mℓ를 한꺼번에 투여하는 방법이다.
적용환자	일반환자(중환이 아닌), 재택환자, 재활환자가 위장으로 주입하는 경우에만 사용한다.
장점	주입하기 쉽고 시간이 짧게 걸린다.
단점	흡인, 설사, 구토, 복통 등이 위험이 아주 높다.
주기적 급식 (cyclic feeding)	주로 야간에 펌프나 중력에 의해 주입하는 방법이다.
적용환자	일반환자(중환이 아닌), 재택환자, 재활환자가 관급식에서 경구섭취로 전환하는 과도기에 사용된다.
장점	신체적·심리적 자유를 허용한다.
단점	야간에 단시간 동안 많은 양을 주입해야 하므로, 소화관의 부적응을 초래할 가능성이 있다.

7) 경장영양의 실시의 예

지속적 급식 방법으로 경장영양 공급의 예를 [그림 2-2]에 나타내었다. 의료기관마다 주입 프로토콜이 다소 다를 수 있고 병원의 여러 부서(영양부서, 영양

집중지원팀, 간호부서 등)의 협의하에 결정하게 된다.

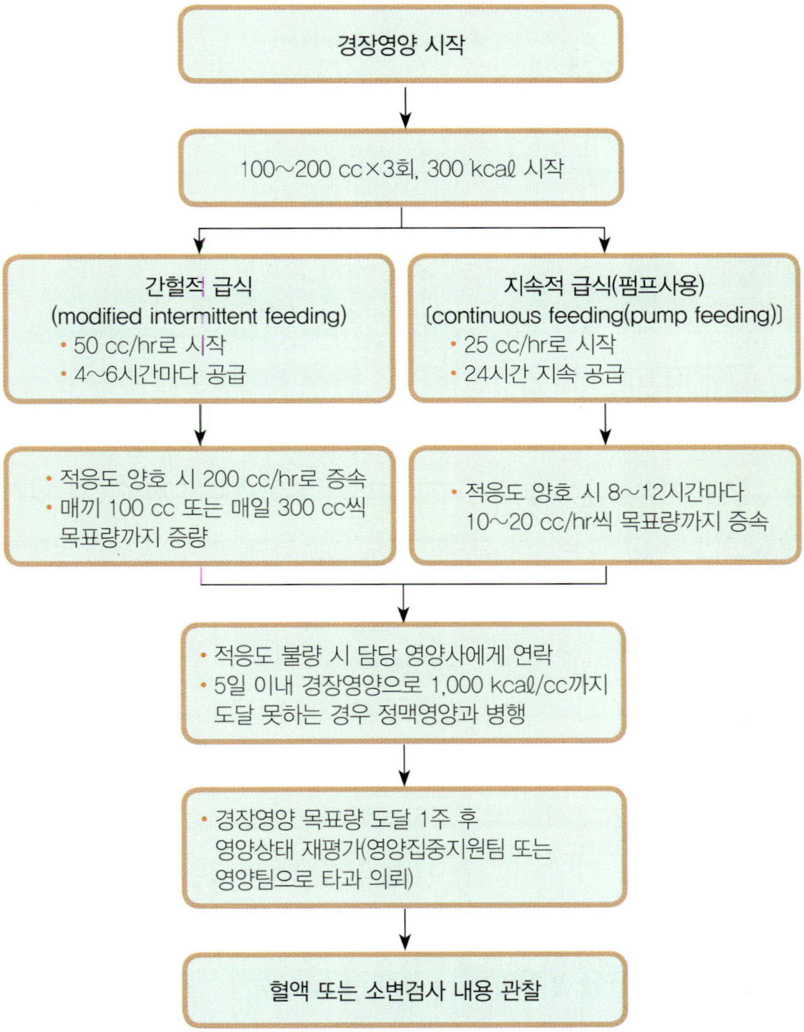

| 그림 2-2 | **경장영양 공급의 예**

출처: Nelms et al.(2011). Nutrition Therapy and Pathophysiology.

4. 정맥영양

1) 특징

정맥영양이란 경구섭취나 경장영양을 할 수 없는 경우에 소화관을 이용하지 않고 정맥혈관을 이용하여 영양을 공급하는 것을 말한다. 중환자나 영양불량이 심각한 상태의 환자에게 가능한 한 빨리 영양공급을 시작함으로써 감염 등의 다양한 합병증을 예방하고, 치료에 도움을 준다. 그러나 혈류역학적으로 상태가 불안정해서 경구섭취나 경장영양으로 안전한 영양공급을 할 수 없다고 판단되면 정맥을 통해 영양공급을 시작할 수 있다. 심한 설사가 있거나, 장의 많은 부분을 절제한 경우, 심한 항암치료로 소화기 부적응증이 심하거나 심한 중환자는 장을 이용할 수 없으므로 정맥영양을 공급한다. 주로 중환자에게 공급하는 정맥영양과 경장영양은 선택에 있어서 어느 한 가지의 장점만 고려하기보다는 영양공급의 효율성, 생리적, 경제적, 면역학적인 면을 고려하여 적절히 선택한다.

2) 정맥영양의 종류

정맥영양은 수분, 포도당(dextrose), 아미노산, 지방, 전해질, 비타민, 그외 미량 영양성분으로 구성되며 용액의 삼투압 농도가 높다. 일반적으로는 상업용으로 판매되는 것을 사용하지만, 특별한 조성을 필요로 하는 경우에는 병원 약제 부서에서 조제하여 사용하기도 한다. 정맥영양액 조성은 포도당, 아미노산, 전해질, 비타민과 지방 유화액을 분리해서 공급하는 2-in-1 형태와 지방까지 모두 포함시켜서 한꺼번에 공급하는 3-in-1 형태, 다른 용어로는 TNA(Total Nutrient Admixture)로 구분된다. 각각의 특징은 아래 정맥영양 용액의 조성방법을 참고한다. 이러한 정맥영양액을 공급하는 경로는 중심정맥과, 말초정맥 두 가지로 구분할 수 있다.

(1) 중심정맥영양(Total Parenteral Nutrition, TPN)

영양액의 삼투압이 900 mOsmol/ℓ 이상인 영양액은 중심정맥을 통해 공급해야 한다. 중심정맥으로는 1,800 mOsmol/ℓ 이상의 고농도 영양액을 공급할 수 있으므로, 고농도의 영양을 함유한 영양액 공급을 통해 충분한 영양공급이 가능하다. 그러나 중심정맥을 확보하는 것은 말초정맥 확보에 비해 위험이 있을 수 있으므로 영양불량이 심하거나 장기간 정맥영양 공급을 해야 하는 경우에 이용하는 것이 좋다.

(2) 말초정맥영양(Peripheral Parenteral Nutrition, PPN)

주로 팔에 있는 말초정맥을 통해 영양소를 공급하는 방법으로 영양액의 삼투압이 900 mOsmol/ℓ 이하인 경우만 공급이 가능하다. 삼투압을 900 mOsmol/ℓ 이하로 만들기 위해서는 영양소를 충분히 함유하기 어렵고, 따라서 충분한 영양을 공급하기 어려우므로 단기적으로 또는 일시적으로 정맥영양을 공급해야 하는 경우에 이용한다. 만약 2주 이상 말초정맥영양액을 동일한 정맥으로 공급할 경우 말초정맥염 발생의 위험이 있으므로 사용기간이 제한되어 있으며, 2~3일에 한 번 주입 부위를 교체하도록 한다.

| 표 2-4 | 정맥영양 용액의 조성방법

	2-in-1 용액(two-in-one formulation)	3-in-1 용액(three-in-one formulation)
특징	재래식 정맥영양 용액 제조방법으로서 포도당, 아미노산, 전해질, 미량원소, 비타민 등을 혼합하고 지방유화액은 별도로 '피기 백(piggy back)' 형태로 주입하는 것을 말한다.	포도당, 아미노산, 지방, 전해질, 비타민, 미량원소 등 모두 영양소가 한 용기 내에 혼합된 용액을 말한다.
장점	공급할 수 있는 포도당과 아미노산량의 융통성이 크고 용액이 투명하여 침전물을 관찰할 수 있다. 또한 0.22 ㎛ 크기의 필터를 사용하므로 박테리아를 걸러낼 수 있다.	간호시간과 조제시간이 감소할 수 있고 접촉감염과 카테터 감염의 위험이 감소할 수 있다. 또한 가정간호환자의 중심정맥영양 용액 주입 시 용이할 뿐 아니라 지방을 24시간 동안 지속적으로 주입하므로 이용률을 증진시킬 수 있다.
단점	시간과 비용이 3-in-1 용액보다 많이 소요되고 접촉감염(touch-contamination)의 위험이 높다.	지방이 다른 성분들로부터 분리될 가능성 때문에 안정성이 감소하고 지방용액에 혼합할 수 있는 영양소량이 제한되어 있다. 또한 용액이 불투명하기 때문에, 침전물이나 불순물을 육안으로 감식하기 어렵다. 그뿐만 아니라 TNA 입자는 크기 때문에 박테리아를 걸러 낼 수 있는 0.22 ㎛ 필터를 사용할 수 없고 대신 1.2 ㎛ 필터를 사용해야 하므로 박테리아 오염을 제거할 수 없다.

출처: ASPEN(1998).

3) 정맥영양 용액의 성분

정맥영양에 사용되는 화학물질들은 각각 독특한 생리 화학적 특성을 갖고 있기 때문에 이들을 모두 같은 용기에 혼합할 때 서로 영향을 미친다. 따라서 안전하고 임상적으로 적절한 정맥영양 용액을 조성하기 위해서는 사용되는 각 영양소에 대한 이해가 필요하다.

(1) 탄수화물

탄수화물은 주로 에너지원으로 사용되는데, 정맥영양 용액에 사용되는 상업용 탄수화물은 거의 모두가 3.4 kcal/g를 제공하며 농도는 5%에서부터 70%까지 다양하다. 탄수화물 필요량은 환자의 열량 요구량, 포도당 산화율, 그리고 비단백질 열량원으로서 탄수화물과 지방의 적정 균형에 따라 결정된다. 탄수화물의 최소 요구량은 100 g/day이다.

(2) 단백질

정맥영양에서 단백질의 주요 기능은 질소평형을 유지함으로써 골격근이 열량원으로 이용되는 것을 방지하는 것이다. 정맥영양에 공급되는 단백질은 결정 아미노산 형태로 되어 있으며 농도는 3~15%로 다양하다. 대부분의 환자들을 위한 단백질 요구량은 1.2~2 g/kg/day이나 신부전, 간부전의 경우에는 단백질 요구량이 감소된다.

(3) 지방

정맥으로 주입되는 지방은 유화액의 형태로 되어 있으며 필수지방산과 농축 열량을 공급한다. 정맥지방(parenteral lipid)은 당불내증이 있는 환자에게 포도당 대신 열량원으로 사용되거나 수분제한을 요하는 환자에게 농축 열량 원으로 사용될 수 있다. 지방 유화액은 대두유나 해바라기유로 된 장쇄중성지방(Long Chain Triglycerides, LCT)과 글리세롤 유화제와 난황 인지질로 되어 있다. 최근에는 오메가-3, 오메가-9 지방산을 함유한 제품이 다양화되어 있다. 정맥지방의 농도는 10%, 20%, 30%의 세 가지가 있으며 각각 1.1 kcal/mℓ, 2 kcal/mℓ, 3 kcal/mℓ를 공급한다.

(4) 전해질(electrolytes)

전해질은 체내에서 여러 가지 중요한 생리학적 기능을 수행하는 필수 영양소들이다. TPN을 공급받는 환자의 전해질 요구량은 체중, 영양상태, 이화작용, 전해질 부족 정도, 장기기능의 변화, 전해질의 지속적 손실 및 질환의 진전상태 등에 따라 조절한다.

(5) 비타민과 무기질

대부분의 경우 정맥영양 공급 용도로 조성된 종합비타민제제를 사용하게 되는데, 주로 상처회복과 중환자에게 사용되므로 경구섭취 환자의 요구량과는 다르게 조성이 된다. 정맥영양 시 비타민 요구량은 아래 표와 같다.

| 표 2-5 | 정맥영양 시 비타민 요구량

비타민	요구량
Vitamin B_1	6 mg
Vitamin B_2	3.6 mg
Niacin	40 mg
Folic acid	600 mcg
Pantothenic acid	15 mg
Pyridoxine(B_6)	6 mg
Cyanocobalamin(B_{12})	5 mcg
Biotin	60 mcg
Ascorbic Acid	200 mg
Vitamin A	3300 IU
Vitamin D	200 IU
Vitamin E	10 IU
Vitamin K	150 mcg

| 표 2-6 | 중심정맥 통로 종류

종류	특징
비터널형 카테터 (non-tunneled catheters)	· 입원환자에게 가장 흔하게 사용. 쇄골하정맥, 경정맥, 대퇴정맥 등을 이용하여 경피적 정맥 천자 · 비용이 저렴하고, 제거하기 쉽고, 가이드 와이어로 교환이 가능 · 헤파린 세척과 무균 드레싱 교환 등의 주기적 관리 요함
터널형 카테터 (tunneled catheters)	· 쇄골하정맥이나 경정맥에서 정맥 천자하며, 데크론 커프(Dacron cuff)를 이용하여 카테터를 피하에 고정시키며 피하조직에 터널을 만든다. · 장기간 안전하게 사용 가능, 감염 적고, 환자 스스로 관리 가능, 카테터의 이탈 위험이 적다. · 카테터 삽입 시 수술을 요하고, 헤파린 세척 필요, 제거 어려움
말초로 삽입한 중심카테터 (Peripherally Inserted Central Catheters, PICC)	· 카테터를 경피적으로 전완혈관(antecubital vessels) 내로 삽입하여 카테터 끝이 대정맥(vena cava)에 위치하도록 함 · 입원실이나, 외래에서도 시행 가능, 수개월 사용 가능 · 주기적 세척과 부위 관리 필요, 환자의 자기 관리 어려움
이식형 포트(implanted port)	· 특수바늘을 사용하여 천자 · 장기간 사용 가능, 자기관리 용이, 감염과 혈전증 발생률 낮음

| 표 2-7 | 각종 중심정맥 통로에 대한 치료기간

종류	치료기간
비터널형 카테터	수 주일
터널형 카테터	수 개월 내지 수 년
PICC	수 개월
이식형 카테터	수 개월 내지 수 년

출처: Merritt, R. J.(ed)(1998). The A.S.P.E.N. Nutrition Support Practice Manual.

4) 정맥영양의 합병증

- 카테터 관련 합병증: 기흉, 카테터 색전증, 카테터 끝의 위치 이상, 카테터 폐쇄, 정맥혈전증, 패혈증 등
- 간담도 합병증: 지방간, 담즙울체, 지방성 간염, 담석

- 원인: 경장금식, 패혈증, 정맥영양기간, 소장절제, 영양과다공급, 필수 지방산 또는 콜린, 단백질 등의 부족

• 위장관 합병증: 위장관 위축, 박테리아 증식
• 대사적 합병증: 3대 영양소 관련 합병증, 수분 및 전해질 불균형

| 표 2-8 | 정맥영양과 관련된 대사적 합병증

3대 영양소-관련 합병증	수분 및 전해질 불균형
과식	저혈량증 · 고혈량증
재급식증후군	저나트륨혈증 · 고나트륨혈증
고혈당 · 저혈당	저포타슘혈증 · 고포타슘혈증
전신성 고질소혈증	저칼슘혈증 · 고칼슘혈증
필수지방산 결핍증	저인산혈증 · 고인산혈증
고중성지방혈증	저마그네슘혈증 · 고마그네슘혈증

5) 경장영양과 정맥영양의 비교

영양지원의 경로를 결정할 때 경장영양이나 정맥영양의 선택은 환자의 임상적 상태와 소화기관의 기능에 따라 결정되어야 하며 대체적으로 위장관을 통한 영양지원이 우선적으로 고려되어야 한다. 그러나 경장영양이 적합하지 않을 경우에는 환자의 영양 요구량을 충족시키기 위하여 정맥영양이 사용되어야 한다. 경장영양과 정맥영양은 각각 고유의 이점과 제한점을 내포하고 있으므로 서로 배제하기보다는 상호보완적으로 사용되어야 한다.

| 표 2-9 | 경장 및 정맥영양 공급 시 모니터링

지표		의학적·영양적으로 불안정 시	의학적·영양적으로 안정 시
영양공급의 충분 정도	섭취/배출	매일	매주
	전해질, BUN, creatinine	주 3회보다는 매일	주 3회
	마그네슘, 인산, 칼슘	주 3회보다는 매일	주 3회
	간기능 검사	매주	필요에 따라
	중성지방	매주	1~2주에 한번
	체중	매일	매주
수분상태	피부의 탄력 정도, 부종 여부 체온, 구강상태 (색깔, 질감, 촉촉한 정도)	매일	주 3회
생명 징후	혈압, 호흡, 맥박	매일	주 3회
장 기능		매일	필요에 따라
혈당		안정 시까지 하루 3회	1~2주에 한 번
질소평형		필요시	필요시

식사의 점도를 조절하고 식사 적응도에 따라서 점진적으로 진전시킴으로써 흡인의 위험을 방지하고 적절한 영양상태를 유지하기 위하여 계획된 식사이다. 연하능력 평가를 통해 경구섭취가 가능하다고 판정된 환자의 경우 환자의 연하능력에 따라 연하장애식사의 단계를 결정한다. 의료기관에 따라 단계 결정 방법이 다소 다를 수 있다. 보통은 연하기능검사 중 가장 정확하고 효과적인 방법인 비디오 투시 연하 검사(Video Fluoro Swallowing Study, VFSS)를 통해 환자의 연하단계에서의 이상 유무를 검사하여 연하능력에 따라 식사 단계를 결정한다. 그러나 이러한 설비가 없는 경우에는 구토반사(gag reflex), 즉 혀 안쪽을 눌러 구역질을 하는지 여부를 확인한 후 반응을 하면 연하장애식 1단계 식사를 시도해 보고 환자의 적응도를 판정한다. 환자의 적응도에 따라 적절한 단계의 연하장애 식사를 제공한 후 1, 2, 3단계 식사를 거쳐 정상식사로 복귀할 수 있다. 물이나 음료는 점도증진제를 이용하여 점도를 조절하여 안전하게 섭취할 수 있다.

(3) 연하장애식사의 원칙

① 연하장애식 1단계는 죽과 반찬을 곱게 갈아서 걸쭉하고 부드러운 상태로, 연하장애식 2단계는 갈지 않은 죽에 반찬은 다져서, 그리고 연하장애식 3단계는 갈지 않은 죽에 부드러운 반찬을 원형으로 제공하며 국물음식은 제한한다. 1단계, 2단계, 3단계는 환자의 임상상태에 따라 처방한다.

② 묽은 액체(물, 주스, 우유, 홍차, 커피, 콜라, 사이다 등), 기름진 음식, 매운 음식, 입천장에 달라붙는 음식(땅콩버터, 캐러멜), 지나치게 차갑거나 뜨거운 음식, 파, 마늘 등의 자극적인 향신료, 점도나 질감이 서로 다른 식품들이 혼합된 음식(예: 야채 건더기가 있는 국, 과일조각이 있는 젤리 등) 포함하지 않는다.

(4) 점도증진제(thickeners)

연하장애가 있는 환자가 액체 음료를 마실 때 삼키는 데 도움이 되도록 상업용 점도증진제(토로미 퍼펙트, 티크앤이지 등)를 사용하며, 1회 분량만큼 만들어서 먹도록 한다.

어육류나 채소를 갈아서 만든 음식에 점도를 조절하기 위해 점도증진제를 사용하기도 하지만, 음식을 갈 때 흰죽을 함께 넣어 곱게 갈아서 만드는 방법을 국내에서는 주로 사용한다.

- 티크앤이지
- 전분 · 덱스트린

- 토로미업a
- 전분 · 구아검 · 덱스트린

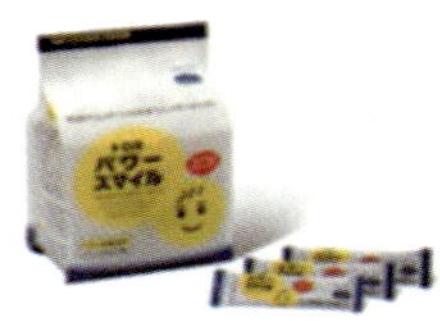

- 토로미파워스마일
- 잔탄검 · 덱스트린

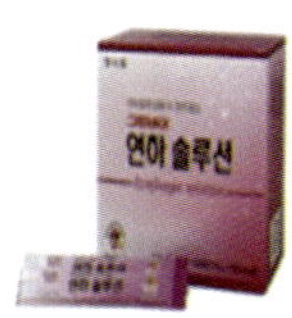

- 그린비아연하솔루션
- 잔탄검 · 덱스트린

- 토로미퍼펙트
- 잔탄검 · 덱스트린

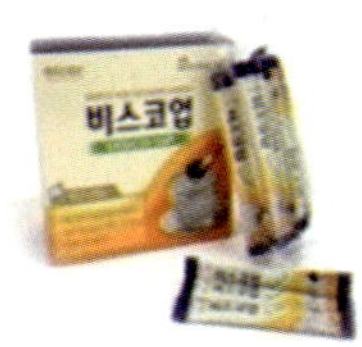

- 비스코업
- 잔탄검 · 덱스트린

| 그림 3-4 | 국내에서 주로 사용하는 점도증진제

2) 식도정맥류(Esophageal Varices, EV)

(1) 원인 및 특징

식도정맥류는 간경변증 환자의 합병 증상 중 한 가지이다. 간이 경화된 상태이므로 간으로 들어오는 혈관인 문맥의 압력이 증가하여 하부식도 말단 정맥이 오랫동안 압력증가로 확장된 상태를 말하며 이것이 어느 순간 파열할 때 혈액을 토하게 되고 혼수, 쇼크, 또는 구토물의 기도흡인 등을 초래하여 사망에 이를 수 있다. 간 경변증환자의 절반 정도에서 식도정맥류가 관찰되는데, 한번 정맥류가 생기면 시간이 지나면서 계속 크기가 커지고 결국 출혈하게 된다. 식도정맥류의 출혈 시 사망률은 6주 이내에 30~50%로 알려져 있다.

(2) 영양치료

식도정맥류가 있는 환자는 평소에 점막의 손상과 출혈을 방지하는 것이 중요하다. 그러기 위하여 딱딱하거나 거친 음식과, 고섬유식품을 피하고 부드러운 식품을 선택하며 변비가 생기지 않도록 주의해야 한다. 치료식사는 저섬유소식사 또는 일반식 죽으로 제공하여 확장된 정맥에 자극을 줄여서 증상의 악화를 방지하고, 변비를 예방하고 간성혼수를 예방하는 것을 목표로 한다. 혼수상태가 아니면 부드럽고 섬유질이 적은 음식을 소량씩 자주 공급하고 간 기능에 따라 단백질과 염분 등 영양소의 섭취량을 조절하고 수분을 적절히 공급한다. 식도정맥류 출혈 급성기에는 경장영양을 공급할 수 없다. 만약 환자가 적어도 5일 이상 경구섭취가 불가능할 것으로 예상되면 정맥영양을 공급해야 한다. 반복적인 내시경적 치료로 인하여 식도협착이나 연하장애가 초래될 수 있는데 이 경우에는 점도를 조절한 연하장애식사가 도움이 된다.

3) 위식도 역류질환(Gastroesophageal Reflux Disease, GERD)

(1) 원인 및 특징

위식도 역류질환은 하부식도괄약근(Lower Esophageal Sphincter, LES)의 수축능력이 약화되어 위산을 함유한 위내용물이 식도로 역류되어 발생한다. 일반적으로 식도와 위의 연결 부위에 있는 하부식도괄약근이 식도와 위 사이의 관문 역할을 하여 위 내용물의 식도 역류를 막는다. 정상적인 상황에서는 식도 내의 압력이 위보다 더 크고, 이 압력차이에 의해 위 내용물이 식도로 역류되는 것을 막는다. 위식도 역류질환의 증상은 하부식도괄약근이 이완되는 동안 위산과 펩신이 역류하여 생기는데, 음식물을 삼킨 후 시작되어 위장으로 음식물이 유입되면서 더욱 심해진다. 위산이나 펩신이 오랫동안 식도에 머물면서 식도가 허는 식도염이 발생하고, 가슴 안쪽으로 타는 듯한 통증이 있다. 이러한 위식도역류질환은 식도열공헤르니아(hiatal hernia)나 하부식도괄약근 기능 이상, 위 배출 기능저하, 식도운동기능이 저하된 환자에게서 발생될 수 있다.

증상은 속쓰림, 가슴앓이(heartburn), 연하장애, 타액과다분비, 트림 등이 있다. 등이나 턱, 목부위에 심한 통증이 수반되기도 하는데, 위 식도 역류질환의 통증은 발생부위로부터 다른 부위로 퍼져 나가는 특징을 가지므로 심장 통증과 혼동되기도 한다. 많은 환자들은 밤에 누워 있을 때 통증이 더 심해진다. 조기에 치료하지 않으면 연하장애, 폐 흡인, 식도염, 식도궤양, 식도출혈, 식도협착 등의 합병증이 생길 수 있다. 만성적 위식도 역류는 바렛식도와 관련이 있는데, 이는 위산에 만성노출로 손상된 세포가 위 또는 소장세포 등으로 교체되는 것을 말한다. 이러한 세포 변화는 식도암의 발병위험을 높인다. 하부식도괄약근의 압력을 저하시켜서 위식도 역류를 악화시키는 요인들은 가스트린, 에스트로젠, 프로제스테론 분비증가, 흡연, 도파민, 모르핀 등과 같은 약물 사용, 알코올, 기름진 음식, 초콜릿, 가스발생식품(마늘, 양파, 계피, 민트)이 있다. 이 밖에도 과식, 비만, 임신, 가로누운 자세, 몸에 꽉 끼는 의복 등은 복부 내의 압력을 증가시켜서 위식도 역류를 유발시킬 수 있다.

(2) 영양치료

식도에 물리적이고 화학적인 자극을 최소화하는 식사를 섭취하여 역류와 관련된 증상을 최소화한다. 또한 과식과 폭식을 피하고 열량보충이 필요한 경우에는 여러 끼(하루 5~6회)로 나누어 먹는 것이 좋다. 식품으로는 탄산음료, 커피, 후춧가루, 토마토, 오렌지, 매우 뜨겁거나 찬 음식 등의 자극성 음식을 피한다. 알코올, 가스형성식품, 초콜릿, 기름진 음식 등은 하부식도괄약근을 이완시킬 수 있으므로 제한한다. 그러나 정상체중과 좋은 영양상태를 유지하고 기타 합병증의 위험을 줄이기 위해서는 하부식도괄약근에 영향을 미치지 않으면서 3대 영양소가 균형된 식사를 충분히 섭취하는 것이 좋다. 또한 위식도 역류질환 환자는 식사 후 바로 몸을 굽히지 않는 것이 좋고, 취침 3~4시간 전부터는 식사나 간식 등 먹는 것을 피하는 것이 좋다. 침대의 머리 쪽을 10~15cm 정도 높여서 야간에 역류하는 것을 예방한다. 술과 흡연은 하부괄약근을 이완시키므로 금연과 금주가 필요하고 너무 꽉 끼는 의복은 피하고, 비만인은 체중을 조절하며 스트레스를 줄이고 규칙적인 생활이 도움이 된다.

3. 위질환

1) 위염

위염은 위점막에 발생하는 염증이다. 일반적으로 위 점막은 점액에 의해 외부자극으로부터 보호된다. 그러나 위에서 산이 과다하게 분비되거나 상피 표면을 보호하기 위한 점액이 불충분할 때 위 점막이 손상되고 위 기능이 저하되어 발생하는데, 위염은 급성 위염과 만성위염으로 분류할 수 있다.

(1) 급성 위염

① 원인 및 특징

급성위염은 갑작스러운 위 점막의 국부적인 자극에 의해 발생하고, 심각성의 정도가 다양하다. 가장 심각한 형태는 급성 출혈성 위염인데, 위의 상피표면이 대사성 과정에서 염증반응에 의해 파괴되면서 발생한다. 이 과정에 체내의 산도가 증가하여 세포가 수소 이온을 흡수하고 위액에 노출되게 된다. 급성위염은 헬리코박터 파일로리균에 의한 감염, 음식 중독(예: 황색포도상구균, 장티푸스균, 바이러스), 과다한 알코올, 아스피린, 비스테로이드성 염증치료제와 같은 약물, 자극적인 음식, 상한 음식 섭취를 했을 때, 위 내로 쓸개즙이 역류했을 때, 스트레스, 흡연 등에 의해 발생한다. 대부분 원인이 제거되고, 적절한 식사요법에 의해 1주일 정도면 회복이 되지만, 급성위염이 수 주간 지속되면 만성위염으로 이행된다.

② 영양치료

급성위염의 경우 우선적으로 원인 물질(알코올, 카페인 등이 들어 있는 음료, 향신료, 차거나 뜨거운 음식, 아스피린과 항생제 등)을 제한하고, 구토나 설사 그리고 위통이 심할 때에는 하루 정도는 절식을 하는 것이 좋다. 그 후 차나 맑은국, 과즙 등으로 위에 부담이 없는 유동식을 섭취한다. 증상이 호전되는 것을 보면서 죽식에서 일반식으로 단계 이행한다.

2) 만성위염

① 원인 및 특징

만성위염은 위점막에 생긴 염증이 만성화된 질환으로 급성 위염과는 달리 분명한 원인을 모르는 경우가 많다. 만성위염이 잘 치료되지 않고 진행되면 위궤양이나 위암으로 진행하는 경우도 있으므로 주의 깊은 치료가 필요하다. 보통은 헬리코박터균과의 관련성이 많으나 노화에 따른 위점막의 위축이 원인인 경우도 많고, 대개는 불규칙한 식습관, 폭식, 폭음, 담배, 뜨거운 음식, 과다한 조미료, 약물, 커피 등의 지속적인 자극에 노출되었을 때 생기는 것으로 알려져 있다. 만성위염은 노령 등으로 위 점막세포가 위축되어 발생하는 무산성 위염인 위축성 위염과 주로 청 장년기에 위산 분비가 항진되어 점막 조직에 염증이 생겨 위점막을 자극함으로써 위산 분비가 과다하게 일어나는 과산성 위염인 표재성 위염으로 구분된다. 무산증은 비타민 B_{12}, 철분, 칼슘의 흡수를 낮춰 결핍의 위험을 증가시킨다. 위염의 증상은 트림, 신경성 식욕부진, 출혈, 토혈 등이다.

| 표 3-1 | 만성위염의 종류 및 특징

	위축성위염	표재성위염
특징	무산성위염	과산성위염
호발연령	노년기	청·장년기
원인 및 증상	위점막세포가 위축되어 발생하고 위산분비가 저하됨	위점막 조직염증으로 위점막이 자극되어 위산분비가 과다해짐
영양치료	무즙이나, 파, 마늘, 식초 등의 향신료를 충분히 사용하여 위산분비를 돕고 부드럽고 소화가 잘되는 형태의 단백질 식품을 섭취한다.	자극적인 식사를 피하고, 규칙적이고 균형 잡힌 식사를 한다.

② 영양치료

만성위염의 영양치료는 원인이 될 수 있는 생활습관을 교정하는 것이 우선이다. 위축성 위염인 경우 불규칙한 식생활과 폭식과 폭음, 자극적인 음식, 커피, 탄산음료 등을 줄이는 것이 중요하다. 또한 위벽세포의 원활한 생성을 위해 필요한 영양소를 포함하도록 균형 잡힌 식사를 규칙적으로 하는 식습관을 가지도록 한다. 특히 염증 회복을 위해서는 적당한 단백질과 지방섭취가 중요하므로 탄수화물 위주의 영양이 편중된 식사를 피하도록 한다. 반면에 노화로 인해 위선이 위축된 위축성 위염의 경우는 위산 분비를 자극하는 무즙이나, 과즙, 파, 마늘 등의 향신료를 충분히 사용하고, 소화가 용이한 달걀이나 치즈, 담백한 생선, 부드러운 고기 등을 제공하여 충분한 단백질 공급과 소화를 돕도록 한다. 표재성 위염의 경우에는 위산분비를 심하게 자극하는 짜거나 맵고, 향이 강한 음식은 증상이 심한 경우에는 피하는 것이 좋다. 그러나 표재성 위염은 위벽이 얇아져서 실제로는 위산이 과하지 않은데, 분비된 위산이 얇은 위벽을 자극하는 것이 원인인 경우가 많으므로 위벽세포가 충분히 생성될 수 있도록 편식하지 않고, 균형 잡힌 식습관으로 개선하는 것이 중요하다.

3) 소화성궤양(Peptic Ulcer, PU)

(1) 원인 및 특징

소화성궤양은 위나 십이지장의 점막 내층에 침식이 생기고 점막층의 손상으로 위액의 펩신이나 위산에 노출되어 점막 조직이 떨어져 나간 상태를 말한다. 위에서는 강력한 소화작용을 가진 위산과 펩신이 나와 음식을 소화시키는데, 정상의 경우 위는 위산과 펩신으로부터 스스로를 지키는 위점막 보호기능이 있어 위벽이 소화되는 것을 막을 수 있다. 그런데 위점막 보호 기능이 약해지면 위점막이 위산과 펩신에 의해 스스로 소화가되어 생긴다는 의미로 위궤양을 소화성궤양이라고 한다. 궤양의 부위에 따라 식도궤양, 위궤양, 십이지장 궤양으로 진단되며 적절한 치료를 하지 않으면 결국 천공을 일으킨다. 헬리코박터균에 의한 감염이 주요 원인인 경우가 많으며, 점막통합성(mucosal integrity) 감소, 위장관으로의 혈액공급 감소, 위산분비의 증가, 유전적인 요인이 원인으로 알려져 있다. 점막통합성 감소의 대표적인 원인은 위점막효과를 가지는 프로스타글란딘의 감소이다. 프로스타글란딘 감소는 비스테로이드성 염증치료제(Non-steroidal Anti-Inflammatory Drugs, NSAIDs)와 아스피린, 알코올, 당질 코르티코이드(glucocorticoid) 과다분비, 스테로이드계 약물 등에 의한다. 위장관으로의 혈액공급을 감소시키는 요인들은 흡연, 스트레스, 충격 등이고, 위산분비를 증가시키는 요인들은 자극적인 식품 섭취, 빠른 위 비움, 가스트린 분비 증가 등이 있다. 소화성궤양의 가장 흔한 증상은 타는 듯하거나 갉아내는 듯한 복통이며, 대개 식사와 식사 사이나 한밤중에 발생되나, 경우에 따라서는 증상이 전혀 없을 수도 있다. 이외에도 메스꺼움, 구토, 식욕감퇴, 체중 감소 등이 있으며 위나 십이지장으로부터 출혈이 있을 수도 있다. 소화성궤양치료는 약물요법과 병행하여 환자에게 통증이나 불편감을 초래하는 식품은 제외하지만 전체적으로 균형적인 식사가 바람직하다.

(2) 영양치료

소화성궤양 환자의 영양치료는 체중 감소와 출혈로 인한 빈혈을 예방하는 것을 목표로 한다. 많은 경우 복통 등으로 인해 식품섭취를 제대로 못해서 체중 감소와 영양불량이 생길 수 있으므로 환자의 체중변화와 식사력을 정확히 파악하는 것이 중요하다. 초기에는 약물과 함께 병행하는 것이 좋은데, 불편증상이 감소되어 음식 섭취를 원활하게 함으로써 충분한 영양 섭취를 할 수 있기 때문이다. 부드럽고 자극이 적으며 흡수율이 좋은 균형식사를 통해 과다한 위산 분비를 막고 궤양으로 인한 증상을 감소시킨다. 출혈이 있는 경우에는 지혈이 우선이고, 2~3일간 금식으로 점막을 보호한 후에 3~5일간 유동식으로 식사한다. 만약 출혈이 지속되면 수액이나, 경장영양으로 영양공급을 대신하는 것이 좋다. 맵고 짠 음식(김치류, 찌개류 등), 튀긴 음식, 인스턴트 음식, 생채소, 질긴 채소, 과자류, 자극이 강한 향신료는 피한다. 잦은 식사나 취침 전 간식을 피하고 알코올, 흡연, 아스피린, 기타 비스테로이드성 염증치료제를 피한다. 카페인 음료는 물론 카페인이 제거된 음료라도 위산분비를 자극할 수 있으므로 적당량만 먹고 취침 시에는 먹지 않도록 한다. 통증이 심한 경우에는 불편감을 주는 조미료는 피한다. 소화성궤양 치료를 위해 산성의 주스나 산성식품의 섭취를 제한하는 것에 대한 효과가 분명치 않고 식품자체의 산도는 섭취 후 위장 내 산도에 거의 영향을 미치지 않는다. 따라서 환자의 수응도를 관찰하면서 허용한다. 또한 결식은 위 내 음식물 유입을 감소시켜 위액의 농도를 높이게 되고, 지나치게 빈번한 식사는 위에 자극을 주어 오히려 위액 분비를 증가시킬 수 있다.

또한 취침 전 과식을 하거나 식후 바로 눕지 않는 것이 좋고 다량의 식사는 위산분비를 촉진시키므로 과식하지 않도록 주의한다. 특히 음식을 충분히 씹어 먹어 위의 부담을 줄여 준다. 소화성궤양 환자들은 철분, 칼슘, 비타민 B_{12}가 부족할 수 있으므로 영양평가 후 필요시 영양보충제를 복용한다. 궤양의 증상은 완화되었지만 궤양상태가 회복된 것은 아니므로 2~3개월 동안은 꾸준히 치료하는 것이 바람직하다.

(3) 위절제술과 미주신경절제술(gastrectomy & vagotomy)

① 원인 및 특징

위절제술과 미주신경절제술은 소화성궤양에 대한 내과적인 치료가 실패했거나 위암이 있을 경우에 시행한다. 위의 일부분(subtotal) 혹은 전부(total)를 절제하거나, 위산분비를 억제하기 위하여 위의 콜린성(cholergenic) 자극을 제거하는 미주신경 절제술을 한다. 위절제술은 위를 절제함과 동시에 위십이지장 문합술, 위공장문합술, 루와이 위우회술 등을 시행한다.

위 절제술 후 흔히 체중 감소나 덤핑증후군(dumping syndrome)이 발생되고 비타민 B_{12}, 철분, 엽산, 지방, 칼슘, 비타민 D 등 각종 영양소의 흡수불량으로 빈혈, 지방변 혹은 대사성골질환이 초래될 수 있다. 일부 환자들은 조기만복감, 상복부 불쾌감, 식욕부진 및 흡수불량으로 25~30%의 체중 감소를 보이는 경우도 있어 적절한 식사요법이 요구된다.

복강경조절형 위 밴드 수술	위소매절제술	루와이 위우회술
식도와 위의 연결 부위를 밴드로 조여 음식섭취량을 줄임	위의 일부분을 절제해 위의 크기를 줄임	식도에서 위를 분리해 소장과 연결하여 음식의 흡수를 제한

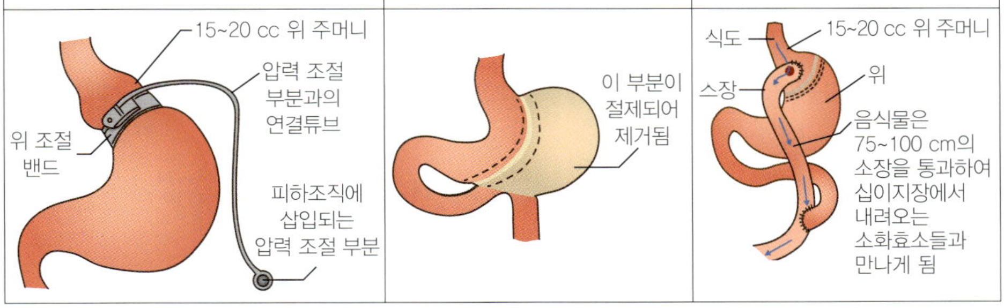

| 그림 3-5 | **위 절제술의 종류**

출처: 김미자 외(2018).

② 덤핑증후군

덤핑증후군(dumping syndrome)은 위수술 후 나타나는 가장 일반적인 합병증이다. 이는 음식물이 소장으로 너무 빠르게 유입되면서 일어나고, 증상의 정도는 위 수술의 범위와 비움 속도의 변화에 따라 다양하게 나타난다. 정상적인 경우 섭취한 음식물은 부분적으로 소화되면서 1~3시간에 걸쳐 위에 머무르고, 유문괄약근을 통해 천천히 십이지장으로 들어가 산성인 유미즙은 췌장에서 분비되는 중탄산염에 의해 중화된다. 그러나 위의 일부가 절제되면 이러한 소화작용이 영향을 받게 되는데, 위의 유문 부분이 제거 또는 우회되면서 위 비움 속도가 증가하게 된다. 덤핑 증후군은 초기와 후기 덤핑증후군으로 구분한다. 조기 덤핑증후군(early dumping syndrome)은 식후 10~30분쯤 발생되는데, 위 수술과정에 십이지장이 우회되면 음식물 소화 및 흡수에 대한 피드백 제어 기능을 할 수가 없게 된다. 따라서 섭취한 음식물이 위를 빠르게 통과하여 소장으로 유입되고 이 유미즙은 삼투압이 높기 때문에 장의 내용물을 희석시키기 위해 다량의 체액이 소장으로 유입되고 그 결과 경련, 복통, 장의 과운동증, 설사, 현기증, 무력감, 심계항진 등을 일으킨다. 후기덤핑증후군(late dumping syndrome)은 식후 1~4시간에 발생되는데, 당분 특히 단순당을 섭취한 후에 자주 발생한다. 단순당이 소장에서 빠르게 흡수되면서 인슐린분비를 자극하게 되는데, 음식물들은 이미 빠르게 이동이나 흡수가 된 상태이므로 분비된 인슐린은 필요 이상으로 혈당을 떨어뜨리는 결과를 만든다. 따라서 저혈당증과 이에 따른 증상 즉, 발한, 쇠약감, 화끈거림, 두근거림 등을 일으킨다.

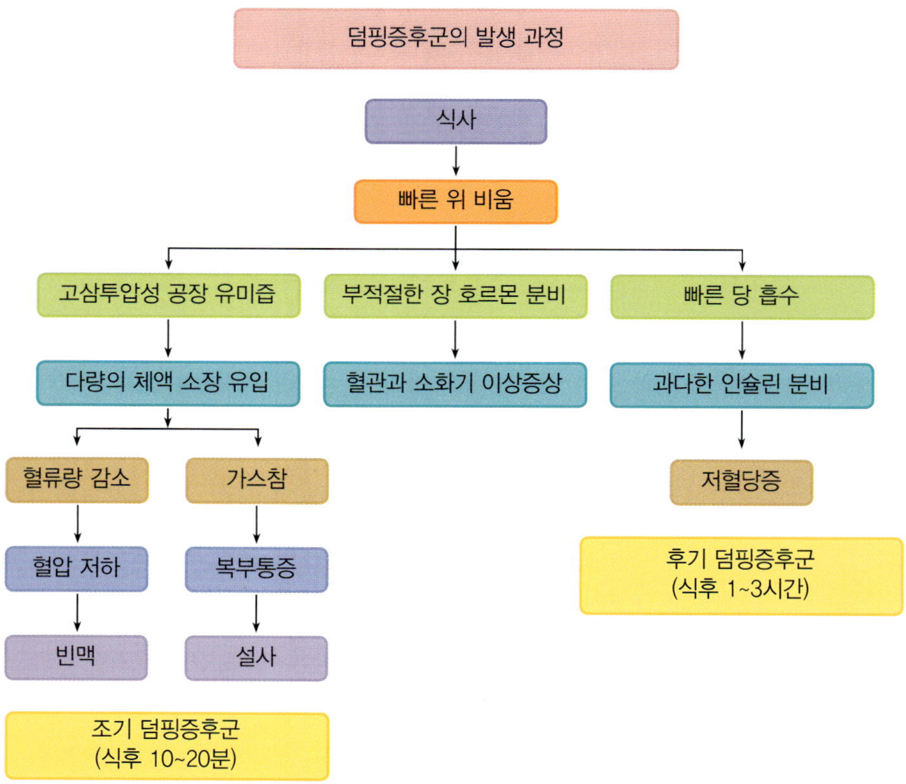

| 그림 3-6 | 덤핑증후군

출처: Nelms, M., & Sucher, K. P.(2015). Nutrition therapy and pathophysiology. Nelson Education.

③ 영양치료

위절제 수술 후에는 위의 기능이 감소하고 위 비움과 장 통과 시간이 변하게 된다. 또한 위 절제 시 소화에 관여하는 주요 부위가 절제되거나 해당 부위로부터의 소화관련한 인자 분비가 감소되어 섭취량 감소, 소화불량, 흡수불량 등에 의한 영양불량 위험이 증가한다. 따라서 영양치료의 목표는 음식물의 위 배출을 지연시키거나 정상화시키고 덤핑증후군 증상을 최소화하도록 단순당을 제한하는 것이 우선이다. 또한 체중 감소를 최소화하기 위하여 충분한 열량과 단백질 공급이 중요하다.

수술 후 식사는 3~5일간은 금식 상태에서 정맥수액(포도당, 아미노산, 지방)을 공급한다. 그 다음 유동식→위 절제 후식으로 진전시킨다. 대체로 수술 후 5~7일이 되면 고형음식을 먹을 수 있다. 한꺼번에 먹을 수 있는 양이 적으므로 소량씩 자주(하루 5~6회) 섭취하고 수분 섭취는 식사 후 30~60분 후에 한다. 위 기능이 부족하므로 소화하기 어려운 섬유소의 섭취는 당분간 줄이고 지방변이 있을 경우 중쇄중성지방(Medium Chain Triglyceride oil, MCT oil)을 사용하여 조리한다. 심한 체중 감소(평소의 25~30% 감소)가 흔히 발생되므로 식사를 충분히 섭취하도록 한다. 철분, 비타민 B_{12}, 엽산, 비타민 D, 칼슘 등의 결핍 증상이 올 수 있으므로 처방받은 식사를 충분히 섭취하는 것이 중요하고 필요한 경우에는 이들의 보충제를 병행한다.

1일 식단의 예

	아침	간식	점심	간식	저녁	간식
미음	쌀미음 100 cc		조미음100 cc	호박죽100 cc	쌀미음 100 cc	유당제거우유 200 cc
죽	흰죽 ½공기 국 80 cc 병어조림 숙주나물 들기름	영양보충음료 ½캔	흰죽 ½공기 국 80 cc 불고기 애호박나물 들기름	호박죽	흰죽 ½공기 국 80 cc 가자미구이 오이나물 들기름	요거트 200 cc

☞ 영양보충음료는 대두단백을 이용해서 영양밀도를 1 kcal~2 kcal/cc로 만들어 놓은 고농도의 경구용 영양 용액이다.

4. 장질환

1) 유당불내증(Lactose Intolerance, LI)

(1) 원인 및 특징

유당은 우유에 함유된 이탄당(disaccharide)으로, 유당분해 효소인 락테이스(lactase)가 부족하면 소화되지 않은 유당이 소장에서 삼투현상에 의해 수분을 끌어들임으로써 팽만감과 경련을 일으키고 대장을 통과하면서 설사를 유발하게 되는데 이러한 현상을 유당불내증이라 한다. 유당분해 효소는 미세융모의 가장 윗 부분에서 분비되는 효소로서 과한 알코올이나 항생제 등의 약물의 과다사용, 소장의 자극 등에 의한 손상이 잦다. 이런 경우 유당불내증 증상이 발생하거나 심해질 수 있다. 이차적 유당 결핍은 급성 혹은 만성소화기질환(tropical sprue, celiac sprue, Crohn's disease), 소장이나 위수술 혹은 장기간 정맥영양을 계속했던 환자들에서 나타난다. 유당불내증은 섭취한 유당의 양과 불내증의 정도에 따라 소화기 증상의 심각도가 다르다. 한국인을 비롯한 동양인에서는 선천적으로 락테이스 결핍이 있는 사람들이 매우 많다.

(2) 영양치료

우유나 유제품 섭취 제한으로 부족해지기 쉬운 영양소의 결핍을 예방하여 영양적으로 균형된 식사를 공급하는 것을 목표로 한다. 유당 제외식사로 시작하여 소량의 유당 함유 식품을 점진적으로 첨가함으로써 개인별 유당내성을 유도한다. 또한 유당은 다른 음식과 섭취했을 때 비교적 적응이 잘되므로 우유만을 마시는 것을 삼간다. 유당불내증을 나타내는 유당의 양은 사람마다 정도가 다를 수 있다. 따라서 불편함을 유발하는 우유량 이하로 섭취하거나, 유산균음료 또는 유당 제거 우유(예: 소화가 잘되는 우유)를 섭취하면 대부분의 경우 불내증을 최소화할 수 있다. 우유는 3대 영양소와 비타민, 무기질을 고루 갖춘 완전 식품이므로 불편함을 최소화하는 방법을 통해 섭취하도록 노력한다. 또한 평소 식사 시 칼슘과 비타민 B_2(riboflavin)가 풍부한 식품을 선택한다.

2) 과민성 대장 증후군(Irritable Bowel Syndrome, IBS)

(1) 원인 및 특징

과민성 대장 증후군은 소장이나 대장의 운동(motility)이 비정상적으로 항진되는 것을 말하는데, 최소 3개월 이상 배변습관의 변화와 함께 발생되는 복통이나 불편감이 있을 때 정의된다. 증상은 경련성 복통, 설사나 변비, 식후 팽만감 등이며 증상에 따라 세 가지로 구분 되는데 설사가 우세한 IBD-D, 변비가 우세한 IBD-C, 설사와 변비가 함께 나타나는 IBD-M으로 분류한다. 원인은 정확하게 알려져 있지 않지만 식사의 양과 내용, 약물, 월경 시의 호르몬 변화, 심리적 스트레스 등이 있다[그림 3-7]. 식사의 내용으로는 탄수화물 중에서 크기가 작은 당류가 원인이 될 수 있는데, 소장에서 완전히 흡수가 안 되고 대장에서 쉽게 분해되면서 가스를 발생시키기 때문에 과민성장증후군환자의 증상을 악화시킬 수 있다. 이렇게 쉽게 발효되어 문제가 되는 당분을 묶어서 포드맵(FODMAPs)이라고 한다. 포드맵은 특히 복통, 가스, 설사, 복부 팽만 등의 증상을 유발시키고 악화시키는데, 변비 증상에는 영향이 작다. 최근에는 과민성 장 증후군 증상이 심한 경우 대변 장내세균 이식(Fecal Microbiota Transplantation, FMT)을 통해 증상이 개선된 연구 결과가 있고, 일부 의료기관에서 관심을 가지고 시도하고 있다.

(2) 영양치료

과민성 장 증후군의 식사요법은 흔한 증상인 변비와 설사를 예방하면서 적절한 영양상태 유지를 목적으로 한다. 우선으로 장내 문제를 야기하는 식품을 알아내서 제한하도록 한다. 되도록 소량씩 자주 먹고 처음에는 저지방, 저섬유소 식사를 시작하고 점진적으로 증가시킨다. 평상 생활 시 저포드맵 식사(low FODMAPs diet)가 도움이 될 수 있다. 알코올과 카페인 섭취를 제한하고 규칙적으로 운동하며 스트레스를 감소시키고 충분한 수분 섭취를 위해 하루에 여덟 컵 이상의 수분을 섭취한다. 식품의 제한이 많아지므로 체중 감소가 일어나지 않도록 열량을 충분히 섭취하도록 한다.

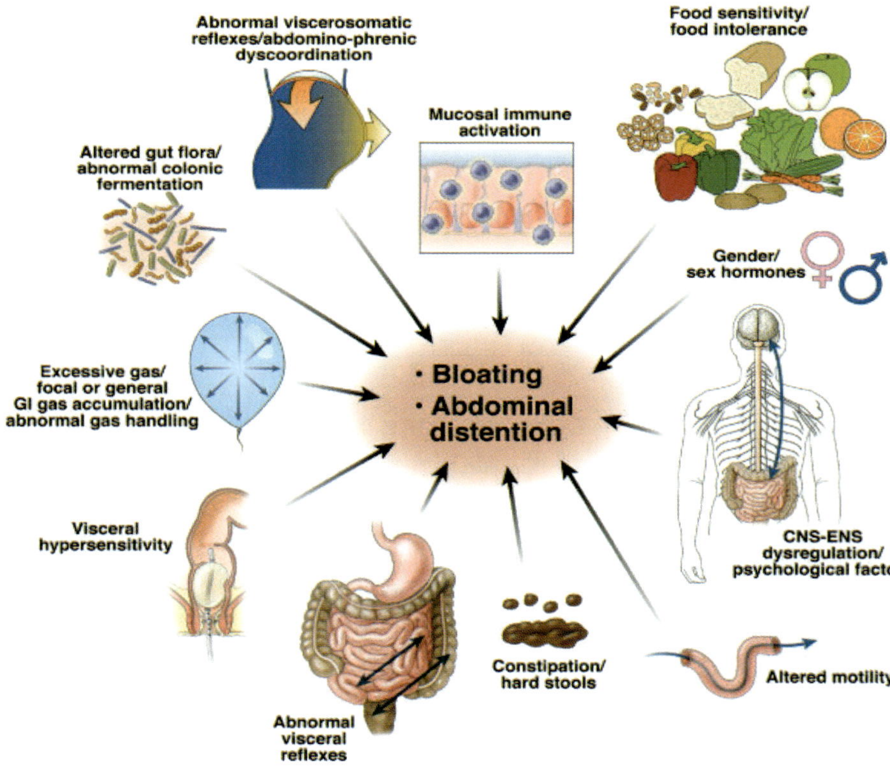

| 그림 3-7 | 과민성 대장 증후군의 원인

출처 : Simrén M. (2009). Bloating and abdominal distention : not so poorly understood anymore!.

(3) 저포드맵 식사(Low FODMAPs Diet)

저포드맵 식사는 과당, 유당, 올리고당(fructans, galactans), 식품첨가물로 사용되는 당알코올 등이 포함된 음식의 섭취를 제한하거나, 줄이는 것이다. 이러한 성분들은 과일, 채소, 가공식품 등에 골고루 함유되어 있으므로 이들 성분들이 흡수되지 않아 복부 불편감, 설사 등을 경험하는 사람들은 특별히 관심을 갖고 주의해야 과민성 장 증후군 증상 발현을 최소화할 수 있다.

① FODMAP이란?

- Fermentable(발효성)
- Oligosaccharides(올리고당: fructan, galactan)
- Disaccharides(이당류: 유당)
- Monosaccharides(단순당: 과당)
- And(그리고)
- Polyols(당알코올류: 솔비톨, 만니톨, 말티톨, 자일리톨, 이소말트)

② Low FODMAPs Diet 식사원칙

- 초기 한 달 동안 FODMAPs 관련 허용식품 위주로 섭취한다.
- 일정 기간 경과 후 영양사 지도하에 주의식품을 소량씩 시작한다.
- 3일(72시간)마다 새로운 음식을 추가한다.
- 증상이 발현하면 해당 식품군은 피하고, 다른 식품군의 음식으로 시작한다.
- 장기적으로 과도한 고함량 FODMAP식품 섭취는 피한다.
- 식품성분표를 확인하는 습관을 갖는다.
- 주의식품 시도 과정 중 반복적 증상이 발생될 경우 잠재적으로 피하도록 한다.
- 마늘, 양파를 양념으로 사용할 때는 소량씩 사용하고, 구운 마늘, 구운 양파와 같은 형태는 섭취하지 않는다.
- 물김치를 담글 때는 마늘을 소량 사용하거나, 마늘 및 양파가 많이 들어가는 김치 대신 초절임 식품으로 대체한다.
- 당류 사용 시 올리고당 대신 설탕이나 물엿을 사용한다.

3) 변비(Constipation, C)

(1) 원인 및 특징

변비는 대변을 보기가 힘들거나 3일에 한 번씩 보는 등 횟수가 적거나, 변이 지나치게 굳고 또는 변이 아직도 남아 있다는 느낌이 드는 상태를 말한다. 변비의 증세가 있는 환자들은 대부분 심한 과민성 장 증후군을 가지고 있으며 변비의 형태와 빈도에 따라서 변비의 유형을 결정할 수 있다. 변비는 대장 통과시간의 지연이나 직장항문 기능장애로 인해서 발생할 뿐아니라 각종 질환이나 약물복용, 혹은 식이섬유소의 부족, 전신근육의약화, 스트레스, 불안증 등으로 인해서 이차적으로 발생하기도 한다. 특히 오랫동안 하제를 남용하면 수분손실을 초래하고 정상적인 장기능 장애를 초래함으로써 변비가 생길 수 있다. 대부분의 변비환자들은 하제를 주로 사용하기 때문에 하제 남용으로 수분과 전해질 불균형 및 각종 합병증을 초래할 수 있다. 특히 장기적으로 하제를 남용하면 장운동 장애와 결장 이완을 오래하여 변비를 악화시킬 수 있다.

(2) 변비의 종류

① 경련성 변비: 장에 경련성 변화가 있어서 작은 리본모양의 변, 또는 토끼똥 모양의 변을 보는 것을 말하며 이는 장폐색, 신경, 불안, 우유나 밀로 인한 식품알레르기에 기인한다.

② 이완성 변비: 완하제의 과다사용이나 나쁜 배변습관 등으로 대장의 근육이 더 이상 적절한 기능을 못할 때 나타난다.

③ 폐쇄성 변비: 항문협착, 직장탈장 등 직접 대변을 보는 기전의 폐쇄로 생기는 변비이며, 심하면 수술적 치료가 필요하다.

(3) 영양치료

상당수의 변비환자들은 식이섬유소와 수분의 섭취를 증가시킴으로써 증상의 호전을 보인다. 식이섬유소는 수분을 흡수하며 소화되지 않기 때문에 소화관을 지나서 결장으로 들어가는 동안에 수분을 보유하므로 배변하기 쉬운 부드러운 변을 만든다. 적어도 하루 1.5~2ℓ의 수분을 섭취해야 하며 수분은 물, 음료수, 국물, 얼음 등 다양한 형태로 공급할 수 있다.

변비환자들은 검과 펙틴 등의 수용성 섬유소와 셀룰로스, 헤미셀룰로스, 리그닌 등의 불용성 섬유소를 하루에 20~35 g을 섭취해야 한다. 섬유소는 수분 보유 능력이 뛰어나서 대변의 무게를 증가시키며 장운동을 촉진하고 장통과시간을 단축시킨다. 수용성 섬유소 섭취는 점진적으로 증가시킨다. 처음에는 과일과 야채에서 주로 섬유소를 공급하다 차츰 전곡류를 시도한다. 이렇게 섬유소 섭취를 증가시키는 과정에서 처음에는 가스가 차고 방귀가 잦은 등 불편이 있으므로 환자에게 자세한 설명이 필요하다. 수분섭취는 점진적으로 증가시킨다. 경련성 변비에서 통증이 심한 경우에는 채소류에 의한 섬유소의 섭취를 줄이고 차츰 말린 과일, 신선한 과일, 채소, 견과류 등을 이용한다. 갑자기 다량의 섬유소를 섭취할 경우 설사, 복통, 가스발생, 복부팽창 등의 증상이 나타날 수 있고, 섬유소가 무기질과 결합함으로써 흡수를 감소시킬 수 있으므로 점진적으로 섬유소 섭취를 증가시키는 것이 바람직하다.

이완성 변비는 연동운동을 자극시키고, 대변의 용적과 수분을 증가시키고, 경련성 변비는 증상이 악화된 경우에는 과도한 장의 자극을 피하고 호전된 뒤에 섬유소의 양을 증가시킨다.

항문괄약근의 이완과 수축을 담당한 신경조직의 기능 부전으로 아무리 직장에 변이 차 있어도 항문이 열리지 않는 출구 폐쇄형 변비에서는 바이오피드백 치료법이 시행되기도 한다. 바이오피드백은 일종의 행동 요법으로서 항문을 여는 연습을 시키는 치료법이다.

※ 섬유소(fiber)

1. 섬유소란 식물의 구성분 중 소화되지 않는 잔사를 의미하며 식품 내의 섬유소 함량은 흔히 식이 섬유소(dietary fiber)나 조섬유(crude fiber)로 표시된다.
2. 조섬유(crude fiber)는 산이나 알칼리에 의해서 처리되고 남은 잔사로서 셀룰로스, 헤미셀룰로스, 리그닌 등으로 되어 있다. 그러나 추출과정에서 상당량의 수용성 섬유소가 제거되므로 조섬유는 식품 내의 실제 섬유소 함량보다 훨씬 적게 측정된다.
3. 식이 섬유소란 인체 내의 소화효소에 의해 분해되지 않는 모든 식물성 성분과 동물 조직을 통틀어 말하며 수용성 섬유소(soluble fiber)와 불용성 섬유소(insoluble fiber) 로 분류된다.

| 표 3-2 | 식이 섬유소의 분류 및 특징

	수용성 섬유소(soluble fiber)	불용성 섬유소(insoluble fiber)
종류	· 검, 펙틴, 난소화성 덱스트린	· 셀룰로스, 리그닌, 헤미셀룰로스
특징	· 수분과 결합하여 겔상의 점성을 나타내고 대장 내 박테리아에 의해 발효된다. · 장내 이동을 지연시켜 위 배출을 지연시키고 콜레스테롤과 글루코스 흡수를 감소시킨다.	· 소화과정에서 변화되지 않은채 원래 상태를 유지한다. · 장내 이동을 촉진시키고, 변량을 증가시킨다.
급원	· 과일, 보리, 말린콩, 오트밀, 섬유음료	· 과일, 채소, 씨리얼, 통밀제품

4) 크론병(Crohn's disease)

(1) 원인 및 특징

크론병은 궤양성대장염과 염증성 장질환 중 한 가지로 입에서 항문까지 소화기관 내의 어느 부위에서도 발생될 수 있으나 특히 회장과 대장에서 흔히 발생되는 질환이다. 발생과정은 비정상적인 면역반응이 일어나면 분비된 사이토카인으로 인해 과도한 염증반응이 초래되고 그 결과 장 점막이 파괴된다. 크론병은 유병기간 중 호전이 되는 듯하다가 다시 악화되곤 하는 것이 특징이다. 이렇듯 활동기와 관해기(remission)를 반복하는데 이를 효과적으로 관리하기 위해서는 적절한 영양요법과 약물(항생제, 면역억제제, 면역조절제, 생물학적 치료제), 그리고 때로는 수술을 필요로 한다. 크론병 환자의 상당수는 장절제수술을 받게 되는데 가장 많이 사용하는 수술은 회장조루술이다. 수술 후에도 재발되는 경우가 많기 때문에 여러 번의 장절제수술을 통해 장의 길이가 짧아지고 결국 단장증후군(short-bowel syndrome)의 발생 위험이 높아진다. 크론병의 증상은 복통, 열, 식욕부진, 체중 감소, 성장부진(어린이의 경우) 등이 많으며 장협착이나 누공을 초래하기도 한다. 또한 크론병은 영양소를 흡수하는 장 부위에서 잘 발생하므로 영양과 관련한 문제가 다양하게 나타나고 이를 고려한 식사요법이 필요하다.

(2) 영양관련 문제점

① 설사, 복통, 조기 만복감 등으로 식사 섭취량이 크게 감소된다.

② 소장 점막의 손상으로 인하여 영양소의 소화 흡수에 장애가 생겨서 지방변, 비타민 B_{12}, 칼슘 및 마그네슘 결핍을 초래할 수 있다.

③ 심한 염증으로 단백질과 아연의 손실이 증가한다.

④ 장 점막의 출혈로 인하여 철분결핍이 초래될 수 있다.

⑤ 열과 감염 등으로 영양 요구량이 증가한다.

⑥ 스테로이드 약물의 사용은 단백질 분해 증가, 칼슘흡수 억제, 소변으로의 마그네슘 손실을 유발한다.

(3) 영양치료

크론병 환자의 영양치료는 수분 및 전해질을 유지하면서 더 이상의 체중 감소를 방지하고 가능한 한 체중 증가를 목표로 한다. 크론병 환자는 질병으로 인한 증상으로 섭취량이 줄고, 영양을 흡수하는 부위의 염증 때문에 흡수량이 감소한다. 또한 질병 치료를 위해 사용하는 다양한 약물로 인해 상당수의 환자에서 체중 감소 및 영양불량이 나타난다. 따라서 불필요하게 식품의 섭취에 제한을 하기보다는 반드시 각 환자의 식품 적응도에 따라서 식사를 조정하도록 하며 식사제한은 되도록 하지 않는 것이 좋다. 특별히 질병의 악화기와 수술 후 회복기에는 영양집중지원이 필요할 수 있는데, 증상의 정도와 경구 또는 경장영양 섭취상태를 고려해서 적절한 영양공급을 필요로 한다. 정맥이나 경장영양 공급 중인 경우, 경구식사로 전이가 필요한데 설사, 복통, 혈변의 증상이 가라앉고 차츰 회복기에 접어들 때에는 저잔사식에서 점차 정상식으로 옮겨가면서 통증이나 불편을 주는 식품만 선별적으로 제한하도록 한다.

또한 자주 발생하는 장폐색 및 누공, 신결석을 방지하는 것이 중요하고 단백질, 철분, 칼슘, 마그네슘, 비타민 B_{12} 등 영양소의 결핍이 되지 않도록 관찰하고 필요시 보충한다. 우유에 대한 불내증이 있는 경우에는 우유를 제한하고(통상적으로는 제한하지 않음) 소장 협착이나 장폐색의 위험이 있는 경우에는 일시적으로 저잔사식을 섭취하는 것이 바람직하다. 저잔사식을 장기간 계속할 경우 장의 정상적인 운동을 위축시키고 변비를 초래하여 증상을 악화시킬 수 있다. 경구섭취가 불충분하거나 성장부진이 있는 경우에는 경장영양을 병행하여 영양공급을 충분히 한다. 그러나 단장증후군이나 심한 누공으로 경구섭취나 경장영양이 불가능한 경우에는 정맥영양을 고려한다. 치료를 위해 사용하는 약물, 특히 스테로이드는 영양소 요구량을 증가시키고 영양소 손실을 가속화하므로 환자의 영양상태에 신경을 써야 한다. 비타민 C, 엽산 및 무기질 등이 결핍될 수 있으므로 보충이 필요할 수 있다.

5) 궤양성대장염(Ulcerative Colitis, UC)

(1) 원인 및 특징

궤양성대장염은 크론병과 함께 염증성 장질환 중 한 가지로, 일반적으로 한 부위에만 병변이 생기는 특징이 있는데 주로 대장의 점막층에 염증과 궤양을 일으키는 만성질환이다. 궤양성대장염 환자의 50%는 직장에만 병변이 생기는데 결장과 직장의 점막 및 장 점막 상층부에만 병변이 생긴다. 그러나 만성화되면 장의 점막이 얇아져서 궤양이 발생할 수 있는데 이 상태를 독성 거대결장이라 한다. 증상은 식욕부진, 메스꺼움, 복통, 구토, 점액이 섞인 피설사 등이다. 크론병에 비하면 덜하지만 질환의 특성, 병변에 의한 흡수 저하, 약물 사용 등에 의해 성인은 체중 감소 및 영양불량, 소아인 경우에는 성장부진을 나타낸다. 증상에 따라 약물을 사용하는 종류나 정도는 다르지만 주로 사용하는 약물은 스테로이드, 항생제, 염증치료제를 복용하게 된다.

(2) 영양치료

궤양성대장염의 영양치료는 우선적으로 정상체중 유지와 수분 및 전해질 불균형을 교정하고 대장의 염증을 악화시킬 수 있는 자극을 피한다. 약물로 인해 단백질 이화작용이 증가하고 칼슘과 포타슘의 배설 증가, 비타민 K 합성 감소, 엽산 흡수 감소 등의 부작용을 고려한 식사요법이 중요하다. 특히 염증치료제의 복용 시 엽산의 손실이 많으므로 보충이 필요하다. 또한 주로 대장에 염증이 발생하므로 수분흡수가 잘 안 되고 심한 설사를 유발하면서 수분 및 전해질 손실이 심해질 수 있으므로 주의 깊은 관찰과 교정이 필요하다. 그리고 대장 점막층의 궤양으로 단백질과 아연이 손실이 많고 점막출혈은 철분 손실을 초래하므로 이를 고려한 식사요법이 필요하다. 그러나 이러한 것을 제외한 궤양성대장염 치료를 위해 특수한 식사요법은 필요치 않으므로 개인의 식품 적응도에 따라 개별화하는 것이 바람직하다. 급성기에는 저잔사식을 공급하는 것이 좋고 유당 불내증이 있는 경우에만 우유를 제한한다. 식욕부진이 있는 경우 소량씩 자주 공급하고 만약 경구섭취가 불량한 경우에는 경장영양을 고려한다.

| 표 3-3 | 염증성 장질환에서 영양불량의 요인

영양불량	요인
영양소 섭취 감소	· 식사 제한 · 식사와 관련된 통증 · 입맛의 변화 · 식욕부진
흡수 불량	· 점막 이상 · 박테리아 과다증식 · 담즙염의 재순환장애 · 흡수 표면적 감소
영양소 손실 증가	· 출혈 · 루공 · 단백질-손실 장병증
영양소 요구량 증가	· 대사항진(열, 패혈증) · 성장(소아)
영양소-약물 상호작용	· 코르티코스테로이드 · 설파살라진 · 콜레스티라민

| 표 3-4 | 염증성 장질환에서 영양소 결핍증의 유병률

	크론병(%)	궤양성대장염(%)
체중 감소	65~76	18~62
성장지연	40	-
저알부민혈증	25~80	25~50
빈혈	60~80	-
철	39	81
엽산	54	36
비타민 B_{12}	48	5
칼슘	13	-
마그네슘	14~88	-
포타슘	6~20	-
아연	40~50	-

※ 염증성 장질환자의 영양 요구량

- 에너지 요구량: 30~35 kcal/kg
- 단백질 요구량: 1~1.5 g/kg, 패혈증, 영양결핍: 2 g/kg
- 지방흡수 불량 시 MCT 오일 사용
- 급성기: 당분간 저섬유소식
- 관해기: 환자의 적응도에 따라 일반식으로 진행
- 유당: 유당불내증이 없는한, 제한이 불필요
- 필요시 종합 비타민과 무기질 보충

6) 회장조루술과 결장조루술(ileostomy & colostomy)

(1) 원인 및 특징

회장조루술과 결장조루술은 장내 노폐물을 인위적으로 배출하기 위하여 밖에서 복벽을 통해서 회장이나 결장에 장루(stoma)를 설치하는 외과적 수술이다. 결장과 직장을 절제한 후 항문을 사용할 수 없을때 배변을 위한 새로운 통로가 필요하므로 장루를 만들어 배변을 할 수 있도록 한다. 회장조루술은 회장을 장루에 연결시키는 것이고, 결장조루술은 결장을 장루와 연결시키는 것이다. 장의 특정 부위를 제거하면 해당 부분의 생리적 기능이 소실되어 장의 운동과 흡수, 그리고 노폐물처리 등에 변화가 초래될 수 있다. 장의 많은 부위를 절제하면 영양적으로 심각한 문제가 동반된다. 특히 비타민 B_{12}와 담즙 재흡수의 기능을 하는 회맹판이 없어지면 장 내용물의 이동속도가 빨라지고 정상적인 흡수가 이루어지지 못하므로 심각한 수분, 전해질, 비타민, 무기질 결핍이 초래된다. 또한 장루의 위치는 변의 상태에 영향을 미친다. 결장에서 주로 수분과 전해질이 흡수되므로 회장조루술을 한 경우에는 변에 수분이 많고, 결장조루술을 한 경우에는 이에 비해 정상변에 가까운 성상을 보인다.

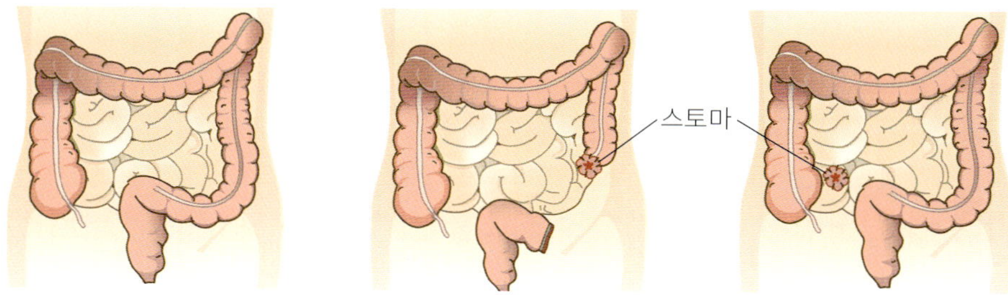

| 그림 3-8 | 회장루와 결장루

(2) 회장조루술

대체로 궤양성대장염, 크론병, 폴립증, 대장암 등이 악화되어 결장과 직장을 완전히 절제한 경우에 시행된다. 회맹판에서 비타민 B_{12}와 담즙을 흡수하므로 회장의 일부를 절제한 경우에는 담즙산 부족으로 지방변이나 담석증이 생기고 비타민 B_{12} 흡수가 감소될 수 있다. 또한 대장 절제수술을 한 경우에는 수분, 소디움, 칼륨 등의 손실이 증가한다. 남아 있는 장의 길이와 적응도에 따라 차이는 있으나 서서히 흡수율이 증가되어 체액과 전해질 균형은 회복된다. 회장조루술 후에는 전이시간(transit time)이 감소되어 음식이 소화되지 않은 채 배설되는 경우가 많다.

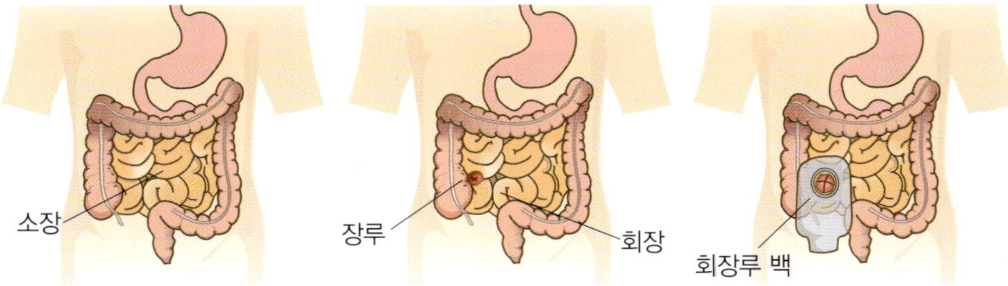

| 그림 3-9 | **회장루**

(3) 결장조루술

결장조루술은 암, 게실염, 장천공, 방사선 장염, 장폐색 등으로 결장이나 직장의 일부를 절제한 경우에 시행된다. 수술 후 남아 있는 장의 길이에 따라 장루로 나오는 배설량이 다르기 때문에 결장조루술이 시행된 부위에 따라 영양관리가 달라진다. 횡행결장(transverse colon)이나 하행결장(descending colon)에 결장조루술을 시행한 환자는 개구부로 배출되는 수분 손실이 별로 많지 않다. 그러나 상행결장(ascending colon)에 결장조루술을 시행한 환자는 묽은 변의 배설량이 많아져서 수분 및 전해질 손실이 훨씬 많다. 결장조루술을 한 경우 불편감을 주는 식품을 제외하고는 대개 일반음식을 먹을 수 있다.

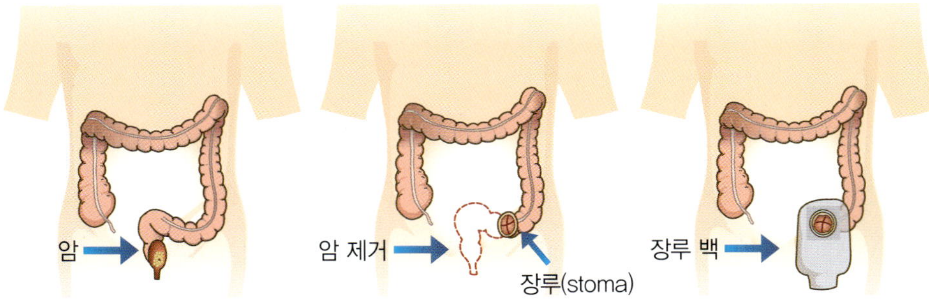

| 그림 3-10 | **결장루**

| 표 3-5 | 조루술의 종류에 따른 영양적 특징과 영양치료

	회장조루술(ileostomy)	결장조루술(colostomy)
적용 대상	· 결장과 직장을 완전히 제거한 경우	· 결장이나 직장의 일부를 제거한 경우
영양적 특징	· 대장에서의 수분 흡수가 안 됨 · 전이시간이 감소되어 음식이 소화되지 않은 채 배설되어 배출물이 묽고 많음 · 일부 영양소의 흡수불량이 생길 수 있음 · 담즙산 부족으로 지방변이나 담석증이 생기고 비타민 B_{12} 흡수가 감소될 수 있음	· 영양소의 소화 흡수상태는 양호 · 수술 초기에 약간의 식품제한이 필요 · 대부분 일반식이 섭취 가능
영양치료	· 수용성 섬유소가 많고 잔사와 불용성 섬유소가 적은 식사	· 충분한 수분 섭취와 적절한 섬유소 섭취 필요

(4) 영양치료

결장조루술 후 영양치료는 변에서 불쾌한 냄새를 최소화하고 과다한 배설을 방지해서 적절한 영양상태와 수분 및 전해질 균형을 유지하는 것을 목표로 한다. 식사는 유동식으로 시작하고 삼투성 설사를 방지하기 위하여 농축된 과일주스는 농도를 희석해서 섭취한다. 소량씩 자주 공급하며 장루(stoma)를 폐쇄할 수 있는 음식을 제한한다. 따라서 음식은 꼭꼭 씹어서 먹는다. 생셀러리, 생양배추, 호두, 씨, 옥수수 등의 가스를 많이 발생하거나 냄새를 유발하는 식품, 설사 유발 식품, 혹은 소화되지 않은 채로 배설되는 식품을 제한한다. 수분은 하루 8~10컵으로 충분히 섭취한다. 만약 밤사이 배변량이 많으면 감소시키기 위해 저녁 식사량을 줄인다.

수술 후에는 6~8주에 불용성 섬유소가 많은 식품을 한 가지씩 시도하기 시작한다. 이 밖에도 환자에 따라 불편감을 주는 식품은 당분간 피하도록 하고 몇 달 후에 다시 시도한다. 그러나 각 환자마다 식품에 대한 적응도가 다르므로 불필요한 식사제한은 하지 않는 것이 좋다.

| 표 3-6 | 조루술 후의 증상에 따른 영양관리

증상	영양관리
배출량 과다, 설사	• 수술의 영향으로 음식물의 장 통과 시간이 줄고, 소화되지 않은 음식의 배설이 증가할 수 있음 • 소화하기 힘든 지방과 섬유소를 제한하고 소화가 잘되는 음식을 먹는 것이 좋음
장루의 막힘과 변비	• 회장루의 경우 음식물의 씹지 않은 덩어리가 장루를 막을 수 있음 • 결장루의 경우 변비로 인해 장루가 막힐 수 있음 • 소화가 용이한 음식을 위주로 음식물을 꼭꼭 씹어서 섭취
장루의 냄새와 가스	• 식품 내에 가스성분이 많아 냄새의 원인이 되는 식품의 섭취를 제한 • 껌을 씹거나 빨대를 이용하는 습관은 공기를 많이 흡입하게 되므로 습관조정이 도움이 됨

| 표 3-7 | 조루술 후 부작용 시 주의식품

증상	주의해야 할 식품
변이 묽을 때	잡곡, 콩류, 견과류, 생과일 또는 생과일주스, 양념이 강한 음식, 지방, 커피, 맥주 등
변비가 있을 때	바나나, 사과소스, 치즈, 땅콩버터, 쌀밥, 흰 빵, 전분류 등
소화가 어려울 때	양배추, 셀러리, 피망, 견과류, 과일과 채소의 껍질, 말린 과일, 파인애플, 코코넛, 옥수수, 팝콘, 씨앗, 등
냄새가 심할 때	달걀, 치즈, 마늘, 생선, 양파, 무, 맵고 짠 음식 등
가스가 많을 때	콩류, 양파, 부추, 양배추, 브로콜리, 콜리플라워, 마늘, 우유, 탄산음료, 맥주, 튀긴 음식 등

5. 위식도역류증의 영양관리과정(nutrition care process) 사례

강○○는 45세 여성으로 몇 개월 전부터 소화가 잘 안 되는 증상으로 식사량이 줄고, 최근에는 가슴에 타는 듯한 통증이 있어서 잠을 잘 때도 불편함을 느끼곤 할 뿐 아니라 트림이 자주 나오고 위에서 신물이 올라오는 증상 때문에 건강진단을 받았다. 강씨는 키 160 cm 체중 65 kg , 체중 변화는 평소에 비해 2 kg 감소된 상태이다. 생화학적 검사결과는 Glucose 110 mg/dℓ(▲), Total protein 7.2 g/dℓ, Albumin 3.92 g/dℓ, Total cholesterol 250 mg/dℓ(▲), LDL-cholesterol 150 mg/dℓ(▲), Triglyceride 189 mg/dℓ(▲), HDL-cholesterol 38 mg/dℓ, 골밀도 검사상 골감소 상태, 위내시경 검사에서 역류성 식도염, 위축성 위염과 장 상피화생 진단을 받았다. 평소 식습관은 아침은 굶거나 커피 1잔과 사과 1개 정도로 간단히 먹었다. 점심은 직장 동료들과 국수를 자주 먹었고, 저녁에는 동료들과 술을 먹는 날을 제외하고는 고구마나 과일로 먹는다, 술은 일주일에 2~3회 소주 1병 정도를 마신다. 오후에 3~4시경에 달달한 빵이나 과자를 먹는 습관이 있고, 커피를 하루에 4~5잔을 먹는데, 시럽을 넣은 커피를 즐긴다. 과일을 무척 좋아해서 저녁에 사과 1~2개 분량 이상으로 많이 섭취한다.

강OO의 영양관리과정을 작성하시오.

영양판정	
환자 과거력	
신체계측	
생화학적자료	
식품/영양소와 관련된 식사력	
영양필요량	

영양진단		
문제	원인	징후/증상

<table>
<tr><th colspan="4">영양중재</th></tr>
<tr><td>영양처방</td><td colspan="3"></td></tr>
<tr><td rowspan="5">영양중재</td><td colspan="3">□ 식품/영양소 제공 □ 영양교육 □ 영양상담 □ 다분야협의</td></tr>
<tr><td>영양진단</td><td>중재내용</td><td>목표/기대효과</td></tr>
<tr><td></td><td></td><td></td></tr>
<tr><td></td><td></td><td></td></tr>
<tr><td></td><td></td><td></td></tr>
<tr><td>제공 교육자료</td><td colspan="3"></td></tr>
</table>

CHAPTER 4
간담도 및 췌장질환

1. 간질환

간은 500가지 이상의 기능을 수행하는 것으로 알려져 있다. 간이 많은 기능을 정상적으로 수행하는 데는 간문맥이라는 특수혈관이 있어서 가능하다. 간문맥은 간에 충분한 산소와 영양을 공급하고, 많은 혈액을 원할하게 순환하는 데 중요한 역할을 한다. 음식물은 소화기관에 의해 소화, 흡수되어 대부분 간문맥을 통해 간으로 들어간다. 간은 또한 담즙을 생산해서 담낭으로 보내어 보관한다. 담즙은 담즙의 색소인 빌리루빈, 담즙산과 콜레스테롤이 주성분이고 나트륨, 염소, 칼슘, 그밖에 무기질, 내인성 에스트로젠 등이 포함되어 있는 수용성 용액이다. 간에서는 매일 600~1000 mℓ가량의 담즙을 합성하고, 담낭은 담즙으로부터 물과 무기질, 전해질을 제거해서 담낭에 5~20배까지 농축 저장할 수 있다. 담즙은 유화액으로 지방의 소화를 위해 아주 중요한데, 장간순환을 통해 효율적인 사용을 하고 전체적인 균형을 이룬다. 소화를 돕기 위해 담낭에서 십이지장으로 배출된 담즙의 약 95%가 소장에서 흡수되어 문맥을 거쳐 간으로 돌아오고 이것이 다시 간세포에서 담즙의 생성분비를 촉진하게 하는 작용을 하는데 이것을 담즙의 장간순환이라 부른다. 장간순환은 한 끼에 두세 번 순환하고, 담즙염이 변으로 배설되기 전까지 16번 순환하게 된다. 십이지장으로 분비된 담즙의 일부는 대변으로 배설되고 배설된 양만큼 간에서는 다시 담즙산을 만들어 보충하는 방법으로 전체적인 담즙 사용량의 균형을 이룬다.

1) 비알코올성 지방간(Non Alcoholic Fatty Liver Disease, NAFLD)

(1) 원인 및 특징

지방간은 간의 지방증(steatosis)을 의미하는 용어로서 간세포의 5% 이상에서 지방이 있거나 간 100 mg당 지방이 5 mg 이상일 때를 말한다. 지방간은 간의 지방대사 장애로 간세포에 중성지방이 지나치게 축적된 상태로 만성알코올 중독의 경우 발생 빈도가 90% 정도로 높다. 지방간이 생길 수 있는 원인으로는 과음, 비만, 당뇨병, 고지혈증, 약제 등이 있으며 원인이 과음인 경우에는 알코올성 지방간이라 하고, 원인이 비만, 당뇨, 고지혈증, 약제 등인 경우에는 비알코올성 지방성 간질환이라 한다. 지방간을 조절하지 않은 채 방치하는 경우 간경변증으로 진행되고 간암으로 될 수도 있으므로 조기치료와 관리를 요한다.

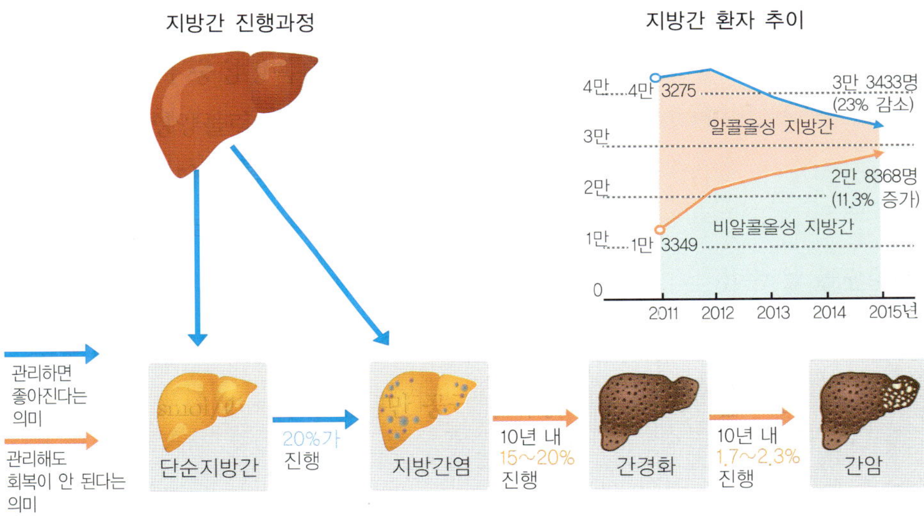

| 그림 4-1 | 비알코올성 간질환의 진행

(2) 영양치료

알코올성 지방간과는 달리 식습관 교정이 우선인데 불규칙한 식습관 및 편식을 교정하고, 비만인 경우 체중 감량(5~10%)을 하고 적절한 운동을 하면 증상 회복에 도움이 된다. 따라서 금주와 함께 굶거나 과식하지 않고 여러 가지 식품이 고루 포함된 음식(예: 비빔밥, 샤부샤부 등)을 통해 균형식을 하는 것이 좋다. 단순당이 많이 함유된 식품(단음료, 꿀, 초콜릿, 아이스크림, 팥빙수, 단 빵이나 과자 등), 특히 과당(fructose)이 많은 과일이나 과일 주스, 과일청 등을 피한다. 또한 밥이나, 국수, 떡, 고구마 등의 탄수화물 식품이 과하지 않도록 조절한다. 신선한 채소, 해조류, 잡곡 등을 통해 비타민과 무기질을 충분히 섭취하는 것이 좋다. 또한 오메가-3 지방산과 콜린(choline)이 많은 음식을 자주 먹는 것이 좋고 포화지방을 불포화지방산으로 대체하는 것도 도움이 된다.

※ 비알코올성 지방간의 영양요법

① 5~10% 체중 감소
② 과당(fructose)이 적은 식사
③ 당지수가 낮은 식사
④ 총 에너지의 7~8% 정도의 포화지방
⑤ 포화지방을 불포화지방으로 대체
⑥ 오메가-3 지방산이 많이 함유된 식사
⑦ 비타민 E: 800 IU/day
⑧ 비타민 C: 500 mg/day
⑨ Cystadane 형태의 베타인(betaine): 20 g/day
⑩ 코엔자임 Q10
⑪ 비타민 D 보충제
⑫ 하루 2~3잔의 커피
⑬ 콜린(choline)이 충분한 식사

출처 : Gastrointestinal and Liver Disease Nutrition Desk Reference.

2) 간염(Hepatitis, H)

(1) 원인 및 특징

간염(hepatitis)은 바이러스, 박테리아, 독성물질, 폐색, 약물, 알코올 등으로 인해 간에 염증이 생긴 것이다. 가장 흔한 원인은 바이러스에 의한 급성바이러스성 감염으로 그 원인 바이러스에 따라 A형, B형, C형, D형, E형 간염으로 구분된다. 우리 나라에서는 B형 간염이 가장 많이 발생하고 주로 혈액을 통해 감염되며 장기간 B형 간염 바이러스의 감염이 지속되면 만성간염, 간경변증, 간암과 같은 만성간질환을 일으킬 수 있다. 일반적인 증상은 황달, 진한 소변, 식욕부진, 피로, 두통, 구역, 구토, 발열 등이고, 일반적으로 빌리루빈, 알칼린포스파테이스 및 혈청 AST(Aspartate Aminotransferase)가 증가한다. A형과 E형 간염은 환자의 분변, 오염된 식수나 음식물로 인해 감염되는 경구감염이고, B형, C형, D형 간염은 혈액이나 성 접촉을 통해 감염되는 비경구감염이다. 급성간염은 대개 3~4개월이면 완전히 회복되지만 호전되지 않고 간의 염증 및 조직 괴사가 6개월 이상 지속될 때 만성간염(Chronic Hepatitis, CH)이라 한다. 급성간염에서 간경변증으로 점차 바뀌어지는 과정 중의 질환이라고 할 수 있다. 급성간염 시에는 심한 피로감과 권태감으로 일상생활을 유지하기 힘들게 된다. 또한 황달이 심해지고 오심, 구토, 식욕부진, 미열 등으로 인해 식사 섭취량이 불량하므로 체중 감소 및 영양불량 상태가 초래될 수 있어 적극적인 영양지원이 필요 하다. 간질환의 치료 시 안정을 권하는데 그것은 누워 있을 때 간에 유입되는 혈류량이 활동 시보다 2~3배 많아지고 따라서 간 조직에 충분한 산소와 영양분을 공급하게 되어 간세포 재생을 촉진시킬 수 있기 때문이다. 그러나 만성간염 시 지나친 열량 섭취는 비만, 지방간을 유발할 수 있으므로 주의가 필요하다.

(2) 영양치료

간염의 식사요법은 손상된 간세포의 재생을 도모하여 간 조직의 정상기능을 유지하는 것을 목표로 체중 감소를 예방하기 위해 열량을 충분히(35~40 kcal/kg IBW) 제공한다. 급성간염의 80% 이상은 안정과 영양관리로 회복될 수 있으므로 간염환자의 영양치료 목표는 특별한 영양소의 조절보다는 충분한 칼로리와 단백질 등 영양소를 공급해서 환자의 영양상태를 개선하고 손상된 간세포의 재생을 도모하는 것이다. 고단백 식사의 경우 열량을 충분히 섭취하지 못하면 섭취된 단백질이 체단백 보수보다는 열량원으로 우선적으로 쓰이게 되므로 고열량식을 병행하는 것이 좋다. 식사섭취가 불충분할 경우 영양보충 음료 등을 병행하여 섭취하는 것이 좋고 경구섭취가 원활하지 않은경우 정맥주사나 경장영양을 고려한다. 충분한 단백질(1.5~2.0 g/kg)과 적당량의 지방이 필요한데 고단백 식사는 바이러스 간염에 대한 저항력을 높이고 손상된 간세포를 빠르게 재생시키며 간의 혈류량을 증가시킨다. 반드시 금주가 필요하고, 필요에 따라 비타민 B군, 비타민 C, 비타민 K, 아연을 보충하는 것이 좋다. 또한 소량씩 자주 섭취하고 충분한 휴식이 필요하다.

3) 간경변증(Hepatic Cirrhosis, HC)

(1) 원인 및 특징

간경변증은 간세포의 파괴가 지속적으로 반복됨으로써 간세포 전반에 걸쳐 섬유화와 재생결절이 형성되는 만성간질환이다. 차츰 간의 건강한 조직이 흉터로 대체되고, 조직으로의 혈액 흐름을 방해하여 결국에는 기능을 잃게 하는 결과를 가져오는 만성간질환이다. 간경변증의 원인인자는 알코올, 바이러스, 담도폐쇄, 혈색소증, 자가면역장애, 약물, 대사성 유전질환 등을 들 수 있고, 가장 흔한 원인은 만성 B형 간염, C형 간염과 알코올 중독이다. 우리나라는 간질환, 특히 간경변증의 유병률이 높으며 간경변증은 주요 사망원인의 하나이다. 우리나라 간경변증 환자들의 원인질환은 B형 간염 바이러스에 의한 만성간질환이 가장 많다. 간경변 환자는 간세포의 괴사와 지방축적으로 간 비대가 되고, 쇠약, 구역, 식욕부진과 권태감 같은 증상과 황달, 검은 소변, 흰색변, 지방변, 가려움증, 복통, 고창 등 간질환의 특징적인 증상이 나타난다. 간경변증의 주요 합병증은 문맥고혈압, 간성뇌증, 복수, 간신증후군, 식도정맥류 등이다. 정상적인 간세포의 일부분이 파괴되었을 경우는 치료를 잘하면 회복이 가능해지지만, 만성화되어 간세포의 파괴율이 증가하면 비가역적인 상태가 되어 간질환의 심각한 상태인 간경변증으로 진행되고 각종 합병증과 간암이 유발될 수 있다.

(2) 영양과 관련한 문제점

간경변증 환자는 영양소 섭취부족, 영양소 흡수불량, 단백질과 에너지의 대사적 변화로 인해 영양결핍이 되기 쉽다. 식욕부진, 메스꺼움, 복수로 인한 조기만복감·미각장애, 그리고 염분과 단백질을 제한한 식사로 적절한 양의 음식을 섭취할 수 없다. 또한 담즙산의 분비 감소, 문맥고혈압, 췌장효소 생산과 분비 감소 그리고 융모위축으로 영양소 소화흡수에 손상이 있을 수 있다. 반면에 혈관확장과 혈류량의 증가로 에너지 요구량은 증가한다. 또한 간경변증 환자는 혈당이 변화하기 쉽다. 간세포가 80% 정도 기능을 하지 않을 경우 고인슐린 혈증으로 인한 저혈당이 자주 발생하게 된다. 간 손상으로 글리코겐 저장량이 부족하고 따라서 밤사이 공복상태에서 자주 저혈당이 발생하는 원인이 된다. 이러한 저혈당을 해결하기 위해 당신생합성에 필요한 아미노산을 골격근육으로부터 활발히 동원하게 되고, 체단백 분해가 증가한다. 또한 전체 말기 간질환 환자의 40~50%는 인슐린 저항성에 의한 당뇨병 때문에 고혈당이 발생하기도 한다.

(3) 영양치료

영양치료의 목표는 더 이상의 간세포 손상을 방지하고 간세포 재생을 위해서, 그리고 간질환으로 인한 합병증을 치료하는 데 필요한 영양소를 공급하거나 저장할 수 있는 충분한 영양소를 공급하는 것이다. 에너지는 30~35 kcal/kg, 단백질은 간성혼수의 합병증이 있을 경우를 제외하고, 영양불량 정도에 따라 1.5~2 g/kg 정도로 공급한다. 특히 양질의 단백질을 공급해야 하며, 간성혼수 합병증이 있는 경우에는 심한 경우에만 단백질을 제한하는데 0.6g/kg 내외로 공급하고, 상태의 호전을 관찰하면서 서서히 증량한다. 환자가 식욕부진, 오심, 구토 등으로 경구섭취가 불량한 경우에는 정맥으로 포도당 용액이나 아미노산 용액이 사용될 수 있다. 또한 심한 혼수의 경우 경장용 고분지아미노산제를 투여한다. 가벼운 간성뇌증의 경우에는 단백질 급원으로 방향족 아미노산을 적게, 분지아미노산을 다량 공급하는 것이 도움이 되고, 채소와 유제품 공급을 충분히 하면 좋다. 간경변증 환자들은 비타민 A, 비타민 E 및 B군, 아연 등이 결핍되기 쉬워서 이들 영양소의 결핍으로 인한 합병증(빈혈, 신경병증, 운동실조증, 야맹증 등)이 발생될 수 있다. 또한 간경변증 환자는 흔히 당뇨가 있는 경우가 많기 때문에 식사 사이의 시간이 너무 길지 않도록 하고 끼니를 거르는 것은 피하며 야식을 포함해서 자주 먹는 것이 좋다.

4) 간성뇌증(Hepatic Encephalopathy, HE)

(1) 원인 및 특징

간성뇌증은 간성혼수(hepatic coma)라고도 하며 간경변증이나 급성 간부전(fulminant hepatic failure) 등으로 간기능이 심하게 손상되었을 때 발생되는 중추신경계의 기능장애를 말한다. 간성뇌증의 정확한 원인은 알려져 있지 않으며, 혈청 암모니아 농도의 증가와 관련이 있으나 정도는 미약하다. 그 외에 질소과부하, 수분 및 전해질 불균형, 이뇨제 과다 복용, 감염 등에 의해서도 나타날 수 있다. 고암모니아 혈증은 출혈, 고단백식, 변비, 신기능 저하(요독증)에 의해 생길 수 있으나 고암모니아 혈증은 간성뇌증에서만 특이하게 나타나는 소견이 아니다. 간성뇌증은 초기에는 집중력이 떨어지고 불안해하는 것에서부터 의식 및 행동장애, 인격과 신경상태의 변화가 나타나고 나아가서는 혼수 내지 사망으로 진행하는 특징이 있다. 간성뇌증 환자는 혈청 메티오닌 및 방향족 아미노산의 농도가 증가하는 반면 분지형아미노산 농도의 감소를 보인다. 간성뇌증으로 인한 신경학적 변화는 일반적으로 점수화하여 단계를 정하게 된다. 가장 일반적인 등급시스템으로 4단계인 웨스트해븐(West Heaven)척도가 있다. 그러나 환자가 혼수에 빠지면 보다 완전한 평가를 위해 글래스고 혼수척도(Glasgow Coma Scale Score)를 함께 사용한다.

(2) 영양치료

간성뇌증의 경우는 체내 암모니아 및 독성물질의 생성을 최소화하고 영양결핍을 예방하거나 교정하는 것을 목표로 한다. 또한 간 조직의 재생을 촉진하고 출혈 및 장내 혈액손실을 예방하거나 치료한다. 변비가 생기지 않도록 하고 수분 및 전해질 불균형을 예방하거나 교정하기 위한 식사가 필요하다. 그러기 위해서는 단백질 섭취를 줄이는 것이 중요하다. 증상에 따라 0.5~0.8 g/kg IBW으로 단백질을 제한한다. 저단백 식사의 경우 양질의 단백질 공급이 어려우므로 장기간 섭취하지 않도록 하고 증상이 호전됨에 따라 단백질을 증량시킴으로써 체조직 이화를 방지하도록 한다. 단백질은 환자의 상태가 호전됨에 따라 2~3일 간격으로 10 g씩(0.2 g/kg) 증가하여 1.2~1.5 g/kg까지 도달하도록 하며, 다시 간성뇌증 증후가 나타나면 이전의 단백질량으로 제한한다. 열량은 충분히 섭취하고(30~35 kcal/kg) 소량씩 자주 식사한다. 충분한 열량 공급을 위해 혈당에 문제가 없다면 조리 시 단순당과 기름을 충분히 사용한다. 만약 간성혼수가 심하여 경구섭취가 어려운 경우에는 경장영양이나 정맥주사를 고려한다.

| 표 4-1 | 식품 중 단백질 함량

식품군	분량	단백질(g)	열량(kcal)
곡류	밥 ⅓ 공기	2	100
어육류	고기 40 g	8	75
채소류	오이 1컵	1	20
지방류	참기름 1찻술	0	45
유제품	우유 200 ml	6	125
과일류	귤 1개	미량	50
단순당	꿀 35 g	0	100

5) 윌슨병(Wilson's Disease, WD)

(1) 원인 및 특징

윌슨병은 체내 구리의 저장과 이동에 장애가 생겨서 간, 두뇌, 신장, 각막 등에 구리가 축적되는 선천적 대사질환이다. 주요 증상은 간경화, 만성활동성간염, 간부전 등의 간질환, 신경과적 및 정신과적 증상, 각막의 카이저-플라이셔 고리(Kayser-Fleischer ring) 등이다. 윌슨병 환자의 90% 이상은 혈청 내의 구리 함유 단백질인 셀룰로플라스민(ceruloplasmin) 수준의 감소를 보이나, 윌슨병에 의한 간염이 심할 경우 혈청 셀룰로플라스민 수준이 정상일 수도 있다.

(2) 영양치료

윌슨병의 식사요법은 혈청 구리 수준을 감소시키고 체내 구리의 축적을 방지하고 간과 다른 조직의 손상을 최소화하는 것을 목표로 한다. 균형된 식사를 원칙으로, 구리 섭취를 하루 1.5 mg 미만으로 제한하며 반드시 알코올 섭취를 제한한다. 구리는 식품 속에 광범위하게 분포되어 있으므로 제한식품이 많아 영양적 불균형을 초래할 수 있다. 또한 D-페니실라민(D-penicillamine)을 사용할 경우 비타민 B_6의 보충(하루 25 mg)이 필요할 수 있다. 성인의 보통 식사를 통한 하루 구리 섭취량은 2~5 mg이다.

| 표 4-2 | 권장식품과 주의식품

식품군	권장식품 (구리함량이 적음)	보통 정도	주의식품 (구리함량이 많음)
곡류	쌀, 국수, 머핀, 옥수수, 마카로니, 오트밀	감자, 고구마, 호밀빵, 팝콘, 콘칩, 크래커, 도넛	정제되지 않은 곡류, 포테이토칩
어육류	쇠고기, 닭고기, 달걀, 칠면조고기	콩류, 두부, 생선, 돼지고기, 양고기, 베이컨, 소시지	내장류(간, 신장 등), 굴, 게, 가재, 새우
유제품	우유, 요구르트, 요플레, 치즈		초콜릿 우유
채소류	시금치, 양배추, 무, 오이, 당근, 양파, 브로콜리, 콜리플라워, 셀러리, 피망	버섯, 아스파라거스	
과일류	사과, 포도, 배, 토마토, 딸기, 수박, 파인애플, 오렌지, 레몬, 멜론, 체리	바나나, 아보카도	말린 과일(건포도 등)
지방류	버터, 마가린, 마요네즈, 식용유, 이탈리안 드레싱		견과류(땅콩, 피칸, 호두, 해바라기씨 등), 땅콩버터
기타	커피, 홍차, 탄산음료, 피클, 설탕, 꿀, 젤리, 사탕	케첩, 토마토소스, 피자	초콜릿, 코코아, 당밀, 술

2. 담낭 및 담도계질환

간에서 생성된 담즙(하루 700~1,200 mℓ)은 공복 시는 오디괄약근(sphincter of Oddi)이 수축하고 있어 간담관(hepatic duct)과 담낭관(cystic duct)을 통해서 담낭으로 들어간다. 담낭에서 담즙 내의 전해질과 수분은 흡수되고 담즙의 주요 성분인 담즙산, 콜레스테롤과 레시틴은 5배 정도 농축되어 저장된다. 식사(특히 지방) 후 유리지방산이 십이지장에서 콜레시스토키닌(cholecystokinin)을 분비시켜서 담낭 근육을 수축시킴과 동시에 오디괄약근을 이완시켜 담낭에 저장, 농축되었던 담즙(30~60 mℓ)이 십이지장 내로 배출된다. 담즙 내 담즙산염, 레시틴과 콜레스테롤은 일정한 비율로 모여 미포(micelle)을 형성한다. 담즙으로 배설된 담즙산염은 소장에서 지방의 소화흡수를 촉진한 후 대부분(90~95%)

은 회장 말단에서 흡수되어 문맥을 통해 다시 간으로 되돌아간다. 이와 같은 담즙산의 순환을 장간순환(enterohepatic circulation)이라고 부른다.

1) 담석증(cholelithiasis)

(1) 원인 및 특징

담석증은 담낭에 염증이 없는 상태에서 간, 담낭, 혹은 담도에 결석이 형성된 것을 말하며 주로 콜레스테롤과 빌리루빈 및 칼슘염으로 구성되어 있다. 담즙의 주요 구성요소인 콜레스테롤은 물에 불용성이지만 일반적으로 담즙산, 레시틴, 인지질에 의해 미셀(micelle)입자를 만들어 용해상태를 유지한다. 그러나 간에서 콜레스테롤의 생성이 과다하거나 담즙산의 생성 감소로 미셀의 힘이 약해져서 담즙이 콜레스테롤로 과포화되면 콜레스테롤이 서로 모여 결석을 형성하게 된다. 담즙이 이용되는 과정에 작은 입자의 혼합물 즉, 콜레스테롤 결정과 칼슘염의 혼합물인 담즙찌꺼기를 만드는데, 이러한 담즙찌꺼기의 크기가 커져서 커다란 담석이 된다. 담석의 직접적인 원인은 불분명하지만 비만, 당뇨병, 염증성 장질환, 낭포성 섬유증 등의 경우, 급격한 체중 감소, 지방제한식, 베리아트릭 수술, 콜레스테롤저해제 사용 등이 담석의 위험을 증가시킨다. 또한 장기간의 정맥영양과 단장 증후군도 담즙정체와 그로 인한 담석의 위험을 증가시킨다. 대부분의 환자들은 자각 증상은 전혀 없으나 경우에 따라서는 심한 복통과 메스꺼움, 구토를 동반한다. 증상이 있는 담석증의 가장 일반적인 치료는 담낭 절제술이다. 수술을 할 수 없거나, 크기가 커지지 않도록 하기 위해 경구 담즙산을 투여하거나, 내시경을 통해서 담낭 내에 직접 담석 용해약물을 투여하거나, 체외충격파 석쇄술, 경피적 담낭담석 제거법 등이 이용된다.

(2) 영양치료

담석증의 경우 수술을 하기 전에는 증상완화를 위해 저지방식사(총열량의 30% 미만)가 필요하다. 통증이나 배에 가스가 차는 것을 방지하며 지방의 흡수 불량을 완화시키는 것에 중점을 두어 지용성 비타민 결핍을 예방한다. 또한 담석이 담낭에서 담낭관과 총담관 또는 췌장의 머리 부분에 해당하는 총담관을 막아 담도가 폐쇄되거나 췌장염이 발생하는 것을 예방하고 고지혈증, 비만 등의 성인병을 예방하도록 하는 식사요법을 필요로 하며 아래 사항에 준한다.

- 각 식품군을 골고루 섭취한다.
- 급성적으로 통증이 올 때는 금식을 한다.
- 담석증인 경우 섬유소 섭취를 증가시키고 필요시 열량을 감소시킨다.
- 담낭 절제 후 한동안은 지방 섭취를 제한한 후 점차적으로 지방량을 증가시킨다.
- 지용성 비타민을 공급한다.
- 비만인 경우 에너지 섭취량을 줄인다.
- 포화지방 및 콜레스테롤의 섭취를 줄인다.

2) 담낭염(cholecystitis)

(1) 원인 및 특징

담낭염은 담낭에 염증이 생긴 상태를 말하며 일반적으로 담낭의 폐쇄, 감염, 허혈로 인해 발생하는 급성 또는 만성질환이다. 담낭염의 가장 흔한 원인은 담석으로 인한 담낭관의 폐쇄이다. 급성담낭염(acute cholecystitis)은 90% 이상이 담석에 의한 담낭관의 폐쇄 후에 염증이 생겨서 초래되며, 5~10%에서는 담석증이 없이도 유발된다. 환자들은 대개 비만하고 여성이며 40세 이상이다. 보통 복부의 우측 상부나 심와부에서 통증이 나타나서 진행되며, 발열, 오심, 구토 등이 생길 수 있다. 급성담낭염의 치료법으로는 조기수술(24~72시간)이 가장 좋다. 만성담낭염(chronic cholecystitis)은 장기간 동안 담석증으로 인해 발생하며 급성 혹은 아급성담낭염이 반복적으로 재발하거나 박테리아나 화학적 자극제, 결석 등에 의해 담낭 벽에 염증이 생겨서 벽이 두꺼워지고 섬유질화된 것이다. 증상은 재발되는 복통, 때로 구역이나 구토를 동반하고, 지방식사를 섭취한 후 복부 팽만, 소화불량, 심와부 불쾌감이 생긴다.

(2) 영양치료

급성담낭염인 경우 금식을 처방하여 담낭을 가능한 한 움직이지 않도록 하고 증상이 경감될 때까지 완전히 장을 쉬게 한다. 만약 환자가 영양결핍증을 보이며 오랫동안 경구섭취가 불가능할 것으로 예상되면 정맥영양을 공급한다. 경구급식이 재개되면 담낭의 수축을 방지하기 위하여 저지방식을 제공한다. 만성담낭염인 경우 내과적 치료를 요하는 만성담낭염 환자는 오랫동안 저지방식을 필요로 한다. 그러나 지나친 지방제한은 필요치 않다. 왜냐하면 소장에서 지방은 담관의 자극과 유출에 중요한 역할을 하기 때문이다. 또한 환자에 따라서 복부팽만을 초래하는 식품들은 피하는 것이 좋다.

3. 췌장질환

췌장은 길이가 12.5~15cm, 무게는 100 g 정도 되는 분비기관으로 소화에 필요한 다양한 효소를 분비하는 외분비 기능과 호르몬을 생성하는 내분비 기능을 수행한다. 랑게르한스섬(Langerhans island)은 인슐린과 글루카곤을 분비하는 세포들로 구성되었는데 췌장세포의 약 80%를 차지하며, 포상세포(acinar cells)가 5~8개로 구성된 선포(acini)들이 포도송이처럼 모여 외분비선을 구성하고 있다. 포상세포에서 분비되는 췌장액은 높은 농도의 중탄산염(HCO3-)과 소화효소들을 포함하고 있는데, 췌관을 통해서 오디괄약근으로 둘러싸여 있는 십이지장벽을 통과하여 배출된다. 췌장액의 중탄산염은 위산을 중화시켜서 췌장에서 분비된 효소들이 활성화되도록 돕는다. 만약 췌관이 막히면 췌액의 트립신(trypsin)과 키모트립신(chymotrypsin) 등 단백질 분해효소들이 췌장 내에서 활성화되어 췌장의 체조직을 파괴하여 급섭췌장염을 유발시키게 된다.

1) 급성췌장염(Acute Pancreatitis)

(1) 원인 및 특징

급성췌장염은 췌장에서 발생된 췌장의 급성염증성질환으로 자가소화(autodigestion) 기전에 의해 발생되는 것으로 추측되고, 외분비 췌장의 포상세포(acinar cells)와 주변 조직에 손상을 초래하게 된다. 트립시노겐, 키모트립시노겐, 프로엘라스테이스, 포스포리페이스 등의 단백질 분해효소가 췌장 내에서 활성화되어 췌장과 췌장 주위 조직들을 소화시킨다. 활성화된 효소들은 다시 세포막을 분해하고, 부종, 혈관손상, 지방괴사, 실질세포괴사 등을 초래한다. 그리고 독성효소들이 혈류로 방출되어 혈관과 폐, 신장 등 다른 장기에도 손상을 초래한다. 췌장은 후복막강에 위치하기 때문에 췌장염이 발생하면 활성형 효소와 감염-관련 미생물이 복강내벽에 퍼질 수 있는 가능성이 높다. 보편적인 원인으로는 담석증(45%)과 알코올 남용(35%)이 가장 흔하며 급성췌장염환자의 3/4을 차지한다. 그 외에도 고중성지방혈증(> 1,000 mg/dℓ), 복부외상, 내시경적 역행성 담췌관조형술, 감염(유행성이하선, 바이러스성 간염 및 기타 간염), 약물에 의해서도 발생될 수 있다. 증상은 등쪽으로 방사되는 급성 복통, 구토, 식욕부진 및 장폐색 등이다. 급성췌장염의 정도는 가벼운 염증상태에서부터 괴사성 출혈 과정에 이르기까지 다양하다. 급성췌장염 환자는 질병으로 인한 스트레스 때문에 열량과 단백질 요구량이 증가하는 반면 복통, 메스꺼움, 구토, 장폐색 등으로 경구섭취가 감소되고 영양소의 소화흡수가 불량하기 때문에 식사섭취가 불량하여 10~20%의 체중 감소를 보이는 등의 영양결핍증을 초래하기 쉽다. 질환의 정도에 따라 금식하거나, 정맥영양, 경장영양 또는 경구섭취 등 적절한 방법으로 영양공급을 결정하게 된다.

(2) 영양치료

급성췌장염 시에는 췌장의 자극을 최소화하며 충분한 영양을 공급하는 식사를 통해 장보전(gut integrity)을 유지하면서 전반적인 전신성 염증반응을 완화시키는 것을 목표로 한다. 급성췌장염 환자 중에 약 20% 정도는 질병의 중증도가 매우 심하고 보통의 경우 2주 이상 동안 경구섭취가 불가능할 수 있으므로 영양지원이 필요하다. 경구섭취를 금하여 췌장의 효소분비를 감소시키므로 췌장을 쉬도록 하는 것은 염증을 해소시키는 데 중요하다. 따라서 췌장휴식과 함께 영양지원은 정맥영양을 주로 이용한다. 정맥영양은 경장영양에 비해 소화효소를 분비시켜 췌장염의 중증도를 악화시킬 수 있는 우려가 적고, 장내 불편감 등의 부작용이 적고, 충분한 에너지를 공급하는 데 용이하기 때문에 선호한다. 그러나 췌장의 자극을 최소화하며 장을 통한 급식의 장점을 이룰 수 있는 조기 경장영양지원이 가능하다는 것이 많이 보고되었다. 따라서 정맥영양으로 영양공급을 하기 전에 경장영양을 시도하는 경우도 많다. 그러나 경장영양을 공급할 경우 경장영양 공급 튜브의 위치, 즉 경장영양급식이 투여되는 위치에 따라 췌장의 자극 정도가 달라지기 때문에 위와 십이지장을 지나 공장으로 급식관이 위치하도록 한 후 급식을 하는 것이 좋다. 경장영양액은 가수분해 용액 등의 특수용액보다는 기본 용액으로 공급하는 것이 좋다. 1.5~2 g/kg의 충분한 단백질을 공급하고 지방과 알코올은 췌장 효소의 분비를 촉진시키므로 지방 섭취는 하루 50 g 미만으로 제한하고 술을 삼간다. 섬유소는 복부팽만감을 초래할 수 있으므로 섭취량을 줄이는 것이 좋고 담배와 카페인을 피하도록 한다.

| 표 4-3 | 급성췌장염 상태에 따른 영양치료

상태	영양치료
급성췌장염 환자의 영양 요구량	에너지: 기초대사량×1.3~ 1.5 단백질: 1.5~2 g/kg 지방(경구/경장): (< 50 g/day) 알코올, 니코틴, 카페인, 섬유소 제한 경장급식: 비공장관, 기본 용액 정맥영양: 포도당 ≤5 mg/kg/min 지방-총열량의 20~30%(혈청중성지방 < 200 mg/dℓ인 경우)
경미하거나 보통 정도의 급성췌장염 영양치료	1단계(2~5일): 금식, 진통제, 정맥수분공급 2단계(3~7일): 통증이 없을 때 저지방식으로 경구식사를 시작하고 식사 형태는 미음으로 시작해서 연식으로 진전한다. 3단계: 저지방식(< 50 g/day)
심한 급성췌장염 영양치료	· 심한 급성췌장염 환자들은 대체로 외과적 수술을 요하게 되거나 합병증이 발생될 수 있으므로 영양결핍으로 인한 부작용을 방지하기 위하여 조기영양지원이 필요하다. · 공장(jejunum)을 통해 경장영양을 지속적으로 공급하며 부작용이 발생되거나 목표열량을 충족시킬 수 없을 경우에는 경장영양과 함께 정맥영양을 병행한다. · 경장영양 용액은 지방함량이 아주 적은 것이 췌장 분비를 최소화하는 데 효과적이다.

2) 만성췌장염(Chronic Pancreatitis, CP)

(1) 원인 및 특징

만성췌장염은 만성염증성질환으로 염증에 의해 췌장의 외분비 실질이 파괴되고 섬유화되어 췌장세포가 섬유조직으로 대체되면서 췌장의 내분비와 외분비 기능이 비가역적으로 상실된 상태이다. 만성췌장염의 발생기전이 명확하지는 않지만 알코올이나 대사산물에 의해 포상세포가 손상되고 포상세포에서 췌장액의 분비과다와 수분, 중탄산염, 리토호스타틴(lithostathine, 장내에서 칼슘 카보네이트의 침전을 방지하는 단백질)의 분비가 감소되면서 췌장분비액이 농축되어 단백질의 침전을 형성하고, 췌관의 폐쇄와 섬유화를 초래하는 것으로 추정하고 있다. 원인은 만성췌장염의 60~70%가 다량의 알코올에 장기간 중독된 경우이다. 이 밖에도 췌관폐쇄, 영양결핍증, 고중성지방혈증, 급성췌장염 등이 있다. 증상은 급성췌장염과 유사하여 복통, 허리통증, 식욕부진, 메스꺼움, 설사, 체중 감소 등이나 구토는 별로 흔하지 않다. 질병이 악화되면서 당뇨병과 영양결핍증이 함께 유발되는 경우가 흔하다. 당뇨병 유발율은 60~70%까지 보고되고 있고, 췌장효소분비가 10% 미만으로 저하되면 흡수불량증이 초래되며 체중 감소가 심해지고 지방변이나 질소 과잉배설(azotorrhea)이 생기고, 지용성 비타민 부족, 비타민 B_{12} 흡수불량 등으로 영양 결핍증이 생기기 쉽다.

(2) 영양치료

만성췌장염이 있는 경우에는 췌장효소(pancreatic enzyme)를 병행 사용하여 흡수불량을 교정하고 당뇨병 관리에 중점을 두는 것이 중요하다. 당불내증이 심하여 인슐린치료를 하는 경우에는 이에 적합한 영양치료가 필요하다. 염증으로 인한 통증을 최소화하며 영양결핍증을 예방하거나 교정하고 혈당 정상화를 목표로 한다. 가능하면 소량씩 자주 먹고 지방은 총열량의 30% 미만으로 줄이는데, 지방변이 있을 경우 MCT 오일을 사용한다. 또한 절대 금주가 필요하고 만성췌장염 환자는 대체로 흡수불량으로 인한 영양소 손실과 식사량부족을 보충하기 위해 종합 비타민과 무기질을 보충하는 것이 좋다. 특히 1200 kcalℓ이하의 저열량식을 할 경우 종합비타민과 무기질 추가공급과 비타민 B_{12}결핍이 생긴 경우에는 정맥으로 보충이 필요하다.

CHAPTER 5

심혈관계질환

1. 심혈관계질환의 개요

1) 심혈관계의 구조와 기능

심혈관계는 심장과 혈관으로 구성되어 있으며, 혈액이 몸 전체를 순회할 수 있도록 함으로써, 각 조직으로 영양소와 산소 등을 공급하고, 이산화탄소와 노폐물을 체외로 배출할 수 있도록 하는 기관이다.

심장은 흉강의 좌우 폐 사이에 위치하며, 좌심실과 좌심방 및 우심실과 우심방으로 분리되어 네 개의 구획을 이룬다. 심실은 실제적인 심장의 수축운동을 담당하며, 심방보다 벽이 두껍다. 특히, 좌심실은 대동맥으로 혈액을 분출하기 위해 강한 수축력이 필요하므로 근층이 두껍게 발달해 있다. 좌심실에서 대동맥을 통해 나온 동맥혈은 모세혈관에서 조직에 산소를 공급하고 이산화탄소를 수거하여 대정맥을 거쳐 우심방으로 돌아오는 과정을 체순환(systemic circulation)이라 한다. 심장은 체순환에서 돌아온 혈액을 받아 폐순환이 일어나도록 하고 폐순환에서 돌아온 혈액을 받아 체순환을 이루어 각 기관과 조직이 적절한 혈류를 유지하도록 한다.

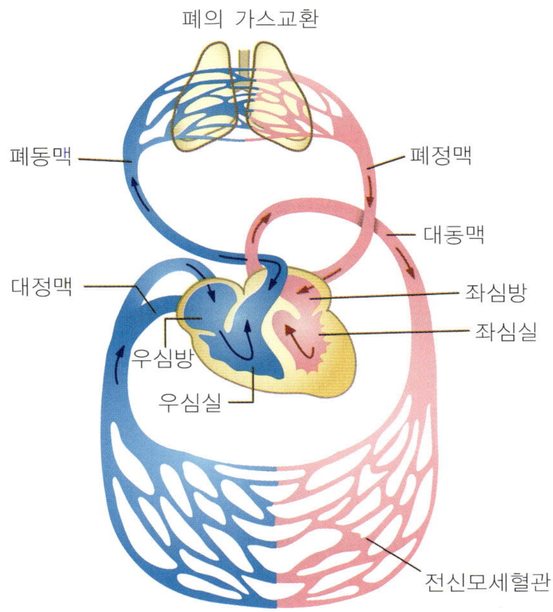

| 그림 5-1 | **심혈관계 혈액 순환 경로**

출처: 김미자 외(2018). 식사요법.

2) 심혈관계질환의 개요

심혈관계질환은 고혈압, 이상지질혈증, 동맥경화, 허혈성 심장질환, 울혈성 심부전, 뇌졸중 등이 있으며, 생활습관 및 식습관의 변화로 환자가 급격히 증가하는 추세이다. 2018년 국민건강영양조사에서도 30세 이상 성인의 절반 이상이 고혈압, 당뇨병, 이상지질혈증, 비만 중 한 가지 이상의 질환을 가지고 있는 것으로 보고되어 심혈관계질환의 예방과 치료를 위한 적절한 영양관리가 중요하다. 심혈관계질환은 공통적인 위험인자를 가지고 있는데 이를 분류하면 다음 표와 같다.

알아두기 심뇌혈관질환 위험인자

- 연령(남성 ≥ 45세, 여성 ≥ 55세)*
- 조기 심뇌혈관질환의 가족력(남성 < 55세, 여성 < 65세)
- 흡연
- 비만(체질량지수 ≥ 25 kg/m^2) 또는 복부비만(복부둘레 남성 ≥ 90 cm, 여성 ≥ 85 cm)
- 지질인자
  - 총콜레스테롤 ≥ 220 mg/dℓ, LDL 콜레스테롤 ≥ 150 mg/dℓ, HDL 콜레스테롤 < 40 mg/dℓ, 중성지방 ≥ 200 mg/dℓ)
- 당뇨병 전단계 〔공복혈당 장애(100 ≤ 공복혈당 < 126 mg/dℓ) 또는 내당능 장애〕
- 당뇨병(공복혈당 ≥ 126 mg/dℓ, 경구 당부하 2시간 혈당 ≥ 200 mg/dℓ, 또는 당화혈색소 ≥ 6.5%)

출처: 대한고혈압학회.

알아두기 심뇌혈관질환 위험도와 치료방침

위험도 \ 혈압(mmHg)	고혈압 전단계 (130~139/80~89)	1기 고혈압 (140~159/90~99)	2기 고혈압 (≥ 160/100)
위험인자 0개	생활요법	생활요법*또는 약물치료	생활요법과 약물치료
위험인자 1~2개	생활요법	생활요법과 약물치료	생활요법과 약물치료
위험인자 3개 이상, 당뇨병, 무증상 장기손상	생활요법 또는 약물치료‡	생활요법과 약물치료	생활요법과 약물치료
당뇨병†, 임상적 심뇌혈관질환, 만성콩팥병	생활요법 또는 약물치료‡	생활요법과 약물치료	생활요법과 약물치료

*생활요법의 기간은 수 주에서 3개월 이내로 실시한다.

† 무증상 장기손상 또는 임상적 심뇌혈관질환을 동반한 당뇨병

‡ 설정된 목표혈압에 따라 약물치료를 시행할 수 있다.

10년간 심뇌혈관질환 발생률: 5% 미만 / 저위험(5~10% 미만) / 중위험(10~15% 미만) / 고위험(15% 이상)

출처: 대한고혈압학회 진료지침제정위원회(2018). 2018년 고혈압 진료지침.

2. 고혈압

1) 혈압의 정의

혈압은 좌심실의 수축으로 혈액이 동맥혈관 내벽에 미치는 압력을 말하며, 이 압력이 과도하게 높아진 상태를 고혈압(hypertension)이라 한다. 심장은 주기적인 펌프작용을 통해 주요 동맥으로 혈액을 밀어 보내고, 소동맥을 거쳐 모체혈관에서 혈액과 조직액 간에 물질교환이 이루어진다. 성인의 평균 동맥압은 수축기와 확장기에 각각 120 mmHg와 80 mmHg이다. 혈압은 심박출량과 혈관의 저항 정도에 의해 결정되는데, 심장박출량은 1회 박출량(수축기에 좌심실에서 박출되어 나오는 혈액의 양)과 심장박동수를 곱한 수치이다. 혈관의 저항을 좌우하는 것은 혈액의 점성, 혈관의 직경, 교감신경 등으로, 혈중 지질 농도가 높아져 혈액의 점성이 증가하거나 동맥경화로 혈관의 직경이 감소하면 혈압이 상승하게 된다.

2) 혈압의 조절

혈압을 조절하는 요인으로는 교감신경계, 레닌-앤지오텐신-알도스테론계, 신장의 기능이 있다.

① 교감신경계와 부교감신경계: 신경계는 혈관의 크기를 조정하고 심장의 수축력에 영향을 끼쳐 혈압을 조절한다. 스트레스, 긴장이나 흥분, 운동 시 교감신경이 항진되면서 노르에피네프린(norepinephrine)이 분비되고 심장박동수가 증가하고 혈압이 높아진다. 부교감신경이 자극되면 아세틸콜린(acetylcholine)이 분비되며 심장박동수가 감소한다.

② 레닌-앤지오텐신-알도스테론계(renin-angiotensin-aldosterone system, RAA): 혈중 나트륨 농도가 감소하거나, 신장의 혈류량이 감소하면, 신장

에서 레닌이 분비되어 혈장 앤지오텐시노겐이 앤지오텐신 I 으로 전환된다. 앤지오텐신 전환효소에 의해 앤지오텐신 I 이 앤지오텐신 II 로 전환되어 부신피질에서 알도스테론의 분비를 촉진하다. 알도스테론은 나트륨과 수분의 재흡수를 촉진하여 혈압을 상승시킨다. 이외에도 신장은 나트륨 배설 조절과 혈액량의 조정을 통해 혈압의 조절을 보조한다.

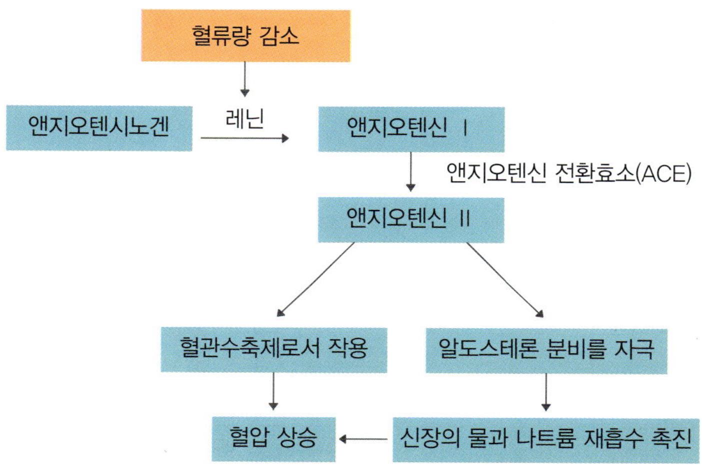

| 그림 5-2 | 레닌-앤지오텐신-알도스테론계에 의한 혈압 조절기전

3) 고혈압의 진단 및 증상

고혈압은 지속적으로 동맥압이 증가한 상태를 말하며, 수축기 혈압 140 mmHg 이상이거나 이완기 혈압 90 mmHg 이상일 때 고혈압으로 판정한다. 혈압은 신체적·정신적 상태나 환경에 따라 쉽게 변하므로 20분 이상 휴식을 취한 후, 안정된 상태에서 두 번 이상 측정하여 판정하도록 한다. 고혈압은 심뇌혈관계질환, 콩팥질환, 망막증 등의 위험요인이므로 전단계 고혈압부터 적극적인 관리와 치료가 필요하다.

| 표 5-1 | 혈압의 분류

혈압 분류		수축기혈압(mmHg)		이완기 혈압(mmHg)
정상혈압*		< 120	그리고	< 80
주의혈압		120~129	그리고	< 80
고혈압 전단계		130~139	또는	80~89
고혈압	1기	140~159	또는	90~99
	2기	≥ 160	또는	≥ 100
수축기 단독고혈압		≥ 140	그리고	< 90
*심뇌혈관질환의 발생 위험이 가장 낮은 최적혈압				

출처: 대한고혈압학회 진료지침제정위원회(2018). 2018년 고혈압 진료지침.

고혈압 자체의 증상으로 두통, 이명, 어지러움증 등을 들 수 있으나 경증이나 중등도의 상태에서는 거의 증상이 없는 경우도 있다. 심장질환이나 신부전 등 합병증이 발생하면 이들 질환과 관련된 증상이 나타난다.

4) 고혈압의 분류 및 원인

혈압이 상승하게 된 원인이 무엇인가에 따라 일차성과 이차성 고혈압으로 분류한다. 고혈압의 90% 이상은 순환계의 자체 이상일 것으로 생각되나 원인이 불확실하고 높은 연령층에서 주로 발병하는 일차성(본태성) 고혈압이다.

이차성 고혈압은 원인이 되는 질환 때문에 혈압이 상승된 고혈압으로, 원인이 되는 질병 즉, 만성콩팥질환, 동맥협착증, 알도스테론증, 크롬친화성 세포종, 쿠싱증후군 등으로 인해 혈압이 상승한다.

(1) 일차성 고혈압의 원인

정확한 원인은 불분명하나 역학조사 결과, 유전적인 요인 및 연령, 식사성 요인, 생활습관 등이 혈압 상승과 관련되는 것으로 보고되었다.

① 유전적인 요인 및 고령

고혈압의 가족력이 있는 경우 혈압이 상승할 위험률이 더 높다. 인종 간 고혈압 발생률이 다르며 흑인이 백인에 비해 높다. 고혈압과 관련된 여러 유전적인 소인은 환경적 인자에 의해 활성화되거나 저해되는 것으로 보인다. 또한, 보편적으로 연령의 증가와 함께 혈압이 상승하는데 이는 노화에 따른 혈관의 노후 및 혈압 조절기능의 퇴화, 혈압을 높이는 식생활 및 생활습관의 누적으로 해석할 수 있다.

② 비만 및 당뇨병

에너지 섭취 불균형으로 야기되는 비만은 혈압을 높이는데, 과다한 지방조직이 인슐린 저항성을 증가시켜 혈압을 상승시키는 것으로 보고되었다. 혈중 인슐린이 증가하면, 신장에서의 나트륨 재흡수는 증가한다. 또한, 지방조직의 증가는 여분의 모세혈관을 생성하고 이는 혈류 저항을 증가시키고 심장은 이들 혈관에 혈액을 공급하기 위해 더욱 강하게 수축한다. 이러한 이유로 비만한 사람 또는 인슐린 비의존성 당뇨병 환자의 고혈압 발생률은 일반 인구집단에 비해 높다.

③ 식사성 요인

나트륨은 체액을 조절하는 중요한 영양소로 과다하게 섭취하면 총 체액과 함께 혈장이 증가해 혈압을 높인다. 특히 소금 민감성의 유전적 소인을 지닌 사람에게서 문제가 나타날 수 있다. 소금 민감성은 소금 부하 후 소금을 제한했을 때 혈압이 10 mmHg 이상 저하하거나 소금을 제한하다가 소금을 부하했을 때 혈압이 5% 이상 증가하는 경우이다. 국제보건기구(WHO)는 나트륨을 하루 2,000 mg(소금, 5 g) 미만 섭취하도록 권장한다. 대체적으로 소금 섭취가 많은 국가(1일 9~12 g 이상 섭취)에서 고혈압의 유병률이 높게 나타난다. 칼륨의 섭취량과 혈압은 음의 상관관계를 가지는 것으로 보고되었으며, 나트륨 섭취 감소보다 혈압을 낮추는 효과를 나타내는 칼륨과 나트륨의 비율이 중요하다는 연구 결과도 발표되었다. 나트륨과 칼륨의 적정 섭취량을 각각 1,100~3,300 mg과 1,875~5,625 mg이며, 나트륨과 칼륨의 비율(Na:K)은 1.2:1.8이 된다.

④ 생활습관

하루 3잔 이상의 알코올 섭취는 혈압을 3 mmHg 정도 증가시키는 것으로 보고되었다. 흡연은 혈관내피세포의 확장을 방해하여 혈압을 상승시키며, 심혈관계질환의 주요 위험인자이다. 스트레스는 일시적으로 혈압을 상승시키며, 반대로 이완과 휴식은 일시적이지만 혈압을 떨어뜨린다. 규칙적인 유산소 운동은 혈압을 낮추는 데 도움이 된다.

(2) 이차성 고혈압의 원인

동맥협착증은 동맥 중막의 변형으로 혈관의 내강이 좁아져 수축기 혈압이 현저하게 상승한다. 만성콩팥병이 있는 경우, 나트륨 배설이 잘 이루어지지 않거나 신장의 혈류량이 감소하여 레닌-앤지오텐신계가 활성화되어 혈압이 높아지게 된다. 알도스테론증은 부신의 기능 이상으로 알도스테론이 과잉 분비되어 고나트륨혈증이 되고 수분 보유량이 늘어나 혈압이 높아진다. 쿠싱증후군은 뇌하수체 후엽에서 부신피질자극호르몬(Adrenocortico-Tropic Hormone, ACTH)이 만성적으로 과잉 분비되면서 부신피질에서 알도스테론과 코티솔 분비량을 늘린다. 크롬친화성세포종은 부신수질에 발생하는 종양으로, 노르에피네프린 분비량이 증가하여 심장박동수가 증가하고 혈압이 상승한다.

5) 고혈압의 치료 및 관리

고혈압의 전반적인 관리 목표는 혈압을 정상 범위로 유지함으로써 심혈관계질환 및 콩팥질환의 발병과 합병증으로 인한 사망률을 낮추는 데 있다.

(1) 식사요법

고혈압의 영양관리는 체중조절을 통한 표준체중 유지, 나트륨 및 알코올 섭취 제한, 칼륨, 마그네슘 및 칼슘의 충분한 섭취 등이 권장된다.

① 체중조절

혈압을 낮추기 위해서는 적정 체중을 유지하는 것이 중요하다. 본태성 고혈압의 경우 비만인 경우가 많으므로, 체질량지수(BMI)가 25 이상이라면, 체중을 감량해야 한다. 체중 1 kg 감량 시 수축기 혈압 1.6 mmHg, 이완기 혈압 1.3 mmHg 정도 감소되는 것으로 보고되었다. 적정 체중유지는 혈압을 낮추는 효과뿐 아니라, 약물의 효과를 향상시키는 효과가 있다.

② 열량영양소의 섭취 조절

탄수화물은 총 에너지 섭취량의 55~60% 정도 섭취하도록 한다. 단순당질의 섭취는 줄이고 복합당질 위주의 식사를 한다. 식이섬유는 체내 나트륨을 흡착하여 배설시키는 작용을 통해 혈압 상승을 저해하며, 특히 수용성 식이섬유의 효과가 크다. 또한, 식이섬유는 혈중 중성지방 및 콜레스테롤 농도를 저하시켜 이상지질혈증이나 동맥경화증 등의 심혈관계질환을 예방하는 효과도 있다.

지질은 총 에너지 섭취량의 20~25%로 섭취한다. 총 지방 및 포화지방 섭취를 줄이도록 권장한다. 과다한 포화지방산 섭취는 심혈관계질환의 발생 위험도를 높이기 때문이다. 리놀레산(18:2)이나 오메가-3 지방산은 혈압을 낮추는 효과를 나타내는데, 이는 혈관 이완 인자인 프로스타글란딘의 합성을 촉진하기 때문이다. 포화지방을 불포화지방으로 대체하되, 총 불포화지방의 섭취량을 증가하는 것은 권장되지 않는다.

단백질은 신장 기능이 정상으로 유지되는 한 충분히 공급한다. 총 에너지 섭취량의 15~20%로 1~1.5 g/kg의 단백질 섭취를 권장한다. 양질의 단백질을 공급하되, 포화지방산이나 콜레스테롤 함량이 적은 어육류를 섭취하고 우유는 저지방 또는 무지방 우유를 섭취한다.

③ 칼륨, 마그네슘, 칼슘의 충분한 섭취

칼륨, 마그네슘, 칼슘을 충분히 섭취하면 혈압을 낮추는 효과가 있는 것으로 알려졌다. 칼륨은 나트륨과 길항작용을 하여 세동맥을 확장하고 수분과 나트륨 배설을 촉진하여 레닌과 앤지오텐신 분비를 억제하여 혈압을 낮춘다. 칼륨 섭취 부족이 고혈압 발생과 관련이 있다는 연구결과도 있어 칼륨 함량이 많은 과일과 채소 섭취를 증가시켜 나트륨과 칼륨의 비(Na:K)를 1 이하로 유지하는 것이 좋다. 그러나, 혈압조절을 위해 칼륨 섭취를 증가시키기 전에 체중조절과 나트륨의 섭취를 제한하는 것이 더 우선되어야 한다. 이뇨제를 복용하는 환자에서 나트륨 섭취량이 많을 때 저칼륨혈증이 나타나기 쉬운데, 저칼륨혈증 시에는 수축기에 심장마비가 일어날 수 있으므로 주의해야 한다. 마그네슘은 혈관 수축을 억제하고 레닌-앤지오텐신계, 아세틸콜린의 분비에 영향을 미치는 것으로 알려져 있다. 칼슘을 적게 먹으면 혈압이 상승한다는 보고가 있으나, 반대의 연구도 있어 칼슘과 혈압의 상관성에 대한 연구는 추가로 더 필요해 보인다.

④ 알코올 섭취 제한

많은 양의 알코올 섭취는 혈압을 상승시킨다. 하루에 30 g 이상의 알코올(남성 2잔, 여성 1잔 초과)을 지속적으로 섭취하면 고혈압 발생 위험도가 증가한다. 실제로 만성적으로 과음하는 사람은 소량의 알코올을 마시는 사람이나 전혀 마시지 않는 사람보다 일반적으로 혈압이 높다.

⑤ 나트륨 제한식

한국인의 일반적인 식사에는 하루 평균 10~15 g(4,000~6,000 mgNa)의 많은 소금을 포함하고 있다. 고염식이 장기화되면 고혈압을 비롯한 만성질환을 유발할 수 있으므로 건강하더라도 나트륨 섭취량을 줄이는 식사를 권장한다. 나트륨 섭취 조절을 통해 고혈압의 발생을 17% 정도 낮출 수 있다고 보고된 바 있다. 고혈압의 경중에 따라 나트륨의 섭취는 제한하는데, 1단계 고혈압의 경우 하루 5 g 정도의 소금(나트륨 2,000 mg)을 섭취한다. 가공식품과 나트륨 함량이 높은 식품의 섭취를 제한하고 식탁에서 별도의 소금을 사용하지 않는다. 2단계 고혈압에서는 3.5~5 g의 소금(나트륨 2,000 mg) 섭취로 제한한다. 1단계 나트륨 제한에 추가하여 통조림 식품, 치즈, 마가린, 샐러드드레싱을 사용할 때 저염 혹은 무염 제품을 사용한다. 또한, 대부분의 냉동식품과 즉석식품은 사용하지 않으며, 빵 종류는 하루에 2회 분량 이하로 제한한다.

자연식품 중 우유, 치즈, 달걀, 고기, 생선과 같은 동물성 단백질 식품은 가염을 하지 않아도 비교적 나트륨 함량이 높기 때문에 저염식을 조리할 때 주의해서 사용한다. 과일은 비교적 나트륨 함량이 낮고, 채소 중 셀러리, 케일, 시금치 등은 1회 분량에 20~40 mg의 나트륨이 함유되어 3단계 고혈압 환자의 무염식에서는 주의하여야 한다. 저염간장, 저염우유, 저염버터, 저염치즈 등 시판되는 저염식품에는 염화나트륨 대신 염화칼륨을 사용하는 경우가 있는데, 신부전 등 콩팥질환자는 염화칼륨 섭취를 주의하여야 하므로 선택에 유의한다.

| 표 5-2 | 소금 1 g에 해당하는 양념의 양

식품명	중량(g)	눈어림치	식품명	중량(g)	눈어림치
소금	1	⅓작은술	고추장	10	½큰술
진간장	5	1작은술	토마토케첩	30	2큰술
우스터소스	10	2큰술	마가린, 버터	30	2½큰술
된장	10	½큰술	마요네즈	40	3큰술

| 표 5-3 | 염분 함량이 높은 식품

분류	식품명	1회 제공량(g)	염분 함유량(g)	분류	식품명	1회 제공량(g)	염분 함유량(g)
면류	짬뽕	980	9.80	일품요리류	카레라이스	565	4.52
	칼국수	1,045	8.78		비빔밥	480	4.08
	물냉면	930	8.09		김치볶음밥	310	2.79
	짜장면	615	5.72		김밥	235	2.19
	국수	870	3.74		돈가스	185	1.85
국·찌개류	된장찌개	300	4.41	패스트푸드류	불고기버거	140	1.60
	냉이된장국	305	3.97		피자	185	1.79
	김치찌개	350	3.96	가공식품류	봉지라면	150	6.40
	순두부찌개	445	3.87		컵라면	114	5.80
	쇠고기미역국	340	3.06		즉석짜장	200	3.00
반찬류	배추김치	65	1.63		낙지덮밥	340	2.80
	고등어구이	50	1.40		즉석카레	200	2.50
	갈치조림	65	1.17		크림빵	223	2.06
	시금치나물	40	1.12		새우깡	90	1.58
	멸치볶음	30	1.11		꼬깔콘	47	0.68

출처: 대한영양사협회(2008). 임상영양관리지침서.

| 표 5-4 | 나트륨 제한식의 분류

	10 g 염분식 (4,000 mg 나트륨식)	5 g 염분식 (2,000 mg 나트륨식)	무염식
염분(g)	8~10	5	< 1
나트륨(mg)	3,200~4,000	2,000	< 400
조리 시 염분 사용량(1일)	1일 소금 9 g(나트륨 3,600 mg) 또는 간장 45 mℓ	1일 소금 4 g(나트륨 1,600 mg) 또는 간장 20 mℓ	엄격하게 제한
유의사항	장아찌, 염분에 절인 식품, 가공식품 제한	해조류, 냉동생선은 무에 담가 염분을 제거한 후 사용. 마요네즈, 토마토케첩은 허용범위 내에서 사용	우유, 어육류, 일부 채소(근대, 쑥갓, 시금치) 제한

출처: 장유경 외(2016). 이해하기 쉬운 임상영양관리 및 실습.

| 표 5-5 | 나트륨 제한식의 허용식품과 제한식품

식품류	허용식품	제한식품
음료수	우유, 과즙, 보리차, 홍차, 커피, 탄산을 넣은 음료수	통조림에 염분이 들어 있는 채소즙(토마토즙)
빵류		소금을 넣고 만든 빵류, 베이킹파우더나 소다를 넣고 만든 빵
달걀	모든 형태	
국류	소금, 된장, 해조류, 멸치를 넣지 않은 국	소금, 된장, 해조류, 멸치를 넣은 국
육류	쇠고기, 간, 돼지고기	통조림, 소금에 절인 고기, 베이컨, 햄, 장조림, 조린 고기나 치즈
생선류	신선한 생선, 소금을 가하지 않은 말린 생선	소금에 절인 생선, 조린 생선
지방	참기름, 식물성 기름	버터, 마가린
채소류	감자, 고구마, 소금을 넣지 않고 조리한 신선한 채소류	김치, 깍두기, 장아찌, 통조림 채소, 해조류, 냉동채소류
과일류	모든 과일류	
당류	흰설탕, 흑설탕, 잼	
후식류	젤리, 커스터드	케이크, 베이킹파우더나 소다를 넣은 과자
기타	고추, 후춧가루, 식초 등 염분이 함유되지 않은 양념류	마요네즈(소금을 넣은 것), 조미료

출처: 장유경 외(2016). 이해하기 쉬운 임상영양관리 및 실습.

⑥ DASH(Dietary Approaches to Stop Hypertension)식

DASH식은 고혈압의 예방 및 치료에 사용되는 식사요법으로, DASH식의 원리는 칼륨, 칼슘, 마그네슘을 충분히 섭취하고 나트륨, 포화지방, 콜레스테롤의 섭취를 줄여 혈압을 낮추는 것이다. 기본 원칙은 신선한 과일, 채소, 저지방 유제품을 충분히 섭취하고, 도정하지 않은 전곡류, 생선, 기름기 없는 가금류를 적당히 섭취한다. 또한, 적색육류, 지방이 많은 식품, 단순당류제품은 적게 섭취하도록 권장한다. 따라서, 평소 식단에 비해 채소, 과일, 저지방 유제품은

2배로 증가시키고, 육류 및 가공품은 1/3배, 유지류와 샐러드드레싱 등은 1/2배, 간식과 단것은 1/4배로 감소시켜야 한다.

| 표 5-6 | DASH식의 식품군별 구성

식품군	종류	영양소	권장섭취
곡류군	도정하지 않은 곡류	복합 탄수화물, 섬유소	적당히
채소군	모든 신선한 채소	칼륨, 마그네슘, 섬유소	충분히
과일군	모든 신선한 과일	칼륨, 마그네슘, 섬유소	충분히
유제품	저지방, 무지방 우유	칼슘, 단백질	충분히
어육류군	껍질을 제거한 닭고기, 생선류	단백질, 마그네슘	적당히
	붉은 살코기(쇠고기, 돼지고기)	단백질, 마그네슘, 포화지방, 콜레스테롤	적게
견과류, 종실류	땅콩, 호두, 잣, 아몬드	불포화지방, 마그네슘, 칼륨, 단백질, 에너지	적당히
유지류	식물성 기름, 마요네즈	불포화 또는 포화지방	적게
당류	설탕, 꿀, 젤리	단순당류	적게

출처: 국민고혈압사업단(2008). 고혈압을 다스리는 식사요법 DASH.

| 표 5-7 | DASH식의 에너지 수준별 식품교환 수 배분

에너지 (kcal)	곡류 및 전분류	채소	과일	유제품	어육류	견과류, 종실류	유지류
1,600	6	4	4	2	1	0.5	1
2,000	8	5	5	3	2	1	2
2,600	10	5	5	3	2	1	2

※ 고혈압 식사관리의 실제

- 반찬은 최대한 싱겁게 조리하고 음식에 소금 및 간장을 소량 넣거나 간하지 않는다.
- 국, 찌개, 라면, 패스트푸드 등에는 소금이 많이 들어 있으므로 가급적 적게 먹고, 국물은 먹지 않도록 한다.
- 소시지, 베이컨, 스팸 등과 같은 육가공품, 팝콘, 감자튀김 등의 간식, 젓갈류, 자반생선 등의 염장식품은 제한한다.
- 소금에 절여서 만든 김치, 깍두기 등은 4~5쪽 정도로 제한하고, 물미역, 파래 등은 소금기를 미지근한 물에서 충분히 뺀 후 섭취한다.
- 나트륨화합물과 소금이 첨가된 빵, 케이크, 도넛, 크래커 등은 적게 섭취한다.
- 소금 함량이 높은 토마토케첩, 마요네즈, 된장, 고추장 등 각종 소스는 적게 사용한다. 식초나 레몬즙을 이용하거나 향이 있는 채소를 활용하여 요리한다.
- 염분을 많이 섭취한 경우는 물을 많이 마셔서 소변을 통해 배출시키도록 한다.
- 신선한 과일과 채소를 충분히 섭취한다.
- 저지방 우유나 유제품을 충분히 섭취하여 칼슘섭취가 부족하지 않도록 한다.
- 제산제 등의 약에도 나트륨 화합물이 많이 들어 있을 수도 있으므로 중등도 이상의 고혈압 환자의 경우 약을 먹을 때 주의가 필요하다.
- 가급적 외식을 자주 하지 않고, 영양표시에서 나트륨 함량을 확인하는 습관을 가진다.

(2) 약물요법

비약물적인 치료법(체중 감량과 식사요법 등)을 충분히 시도한 후에 약물요법을 시행한다. 고혈압의 사용되는 약물은 심장박출량이나 혈관의 저항성을 조절하는 기전을 통해 혈압을 조절한다. 약의 선택은 혈압 수치보다는 환자의 임상적 특성과 동반질환에 따라 결정하는 것이 좋다. 일차 고혈압약으로 ACE억제제, 앤지오텐신 차단제, 베타차단제, 칼슘차단제, 이뇨제 등이 있으며, 적응증, 금기사항, 환자의 동반질환, 무증상 장기손상 등을 고려하여, 환자 개인의 특성에 맞도록 고혈압약을 선택하여 투여해야 한다.

3. 이상지질혈증

이상지질혈증(dyslipidemia)은 지단백의 합성 증가 또는 분해 감소로 혈중 지질농도가 비정상적으로 증가하거나 감소한 상태를 말한다. 이는 동맥경화의 주요 위험인자로, 심뇌혈관질환 및 말초동맥질환의 원인이 된다.

1) 지단백의 조성와 분류

체내에 다량 존재하며 임상적으로 중요한 지질은 중성지방, 콜레스테롤, 인지질, 유리지방산 등인데 이들 대부분은 혈액 중에서 지단백(lipoprotein) 형태로 운반되며, 일부 유리지방산은 알부민과 결합하여 이동한다. 지단백은 소수성인 중성지방과 콜레스테롤 에스테르가 내부에 위치하고 친수성인 인지질과 아포단백질(apolipoprotein)이 겉을 둘러싸고 있는 구조이다. 지단백질은 밀도의 차이에 따라 네 가지로 분류하며, 종류와 특성은 〈표 5-8〉과 같다.

| 표 5-8 | 지단백의 조성과 분류

특성·종류	카일로마이크론	VLDL	LDL	HDL
밀도(g/mℓ)	<0.94	0.94~1.006	1.019~1.063	1.063~1.21
지름(mm)	80~500	40~80	20	7.5~12
지질의 양(%무게)	98~99	90~92	75~80	40~48
콜레스테롤 (%지방무게)	9	22	47	19
중성지방 (%지방무게)	82~89	50~58	7~11	6~7
인지질 (%지방무게)	7~9	19~21	28~30	42~51
아포단백(%무게)	2	8	21	50
아포단백의 종류	A-1, A-2, B-48, C-1, 2, 3 E	B-100 C-1, 2, 3 E	B-100	A-1, A-2, C-1, 2, 3 E
역할	식이지방을 체내 조직으로 이동	간에서 생성된 중성지방을 지방조직으로 이동	콜레스테롤을 말초조직으로 이동	콜레스테롤을 간으로 이동

2) 이상지질혈증의 분류

이상지질혈증은 지단백질의 이상과 증가된 혈중 지질의 종류에 따른 두 가지로 분류할 수 있다.

(1) 지단백질혈증 유형에 따른 분류

프레드릭슨(frederickson)/WHO의 분류는 지단백질혈증을 다음의 여섯 가지로 분류한다. 가장 흔하게 발견되는 것은 Ⅳ형으로 VLDL이 비정상적으로 증가되어 혈중 중성지방이 증가하고 콜레스테롤은 정상이거나 약간 높다.

| 표 5-9 | 지단백질혈증의 유형(프레드릭슨/WHO 분류)

표현형	상승된 지단백	혈중 지질의 특성	원인	식사요법
I	킬로미크론	· 중성지방 ↑↑↑ · 콜레스테롤~ 또는 ↑	· 지단백분해효소 결핍	· 에너지, 지질, 알코올 제한
IIa	LDL	· 중성지방~ · 콜레스테롤 ↑↑	· 수용체의 이상	· 총지질, 포화지방산, 콜레스테롤 제한 · 불포화지방산 섭취
IIb	LDL+VLDL	· 중성지방 ↑↑ · 콜레스테롤 ↑↑	· LDL의 합성 증가 · 중성지방의 대사 저하	· 에너지, 당질, 총지질 제한 · 포화지방산, 콜레스테롤, 알코올 제한 · 불포화지방산 섭취
III	IDL	· 중성지방 ↑↑ · 콜레스테롤 ↑↑	· 아포단백질 E의 이상	· 에너지, 당질, 지질, 알코올 제한
IV	VLDL	· 중성지방 ↑↑ · 콜레스테롤 ↑	· VLDL 합성 증가	· 에너지, 당질, 알코올 제한
V	킬로미크론 +VLDL	· 중성지방 ↑↑↑ · 콜레스테롤 ↑	· 불명	· 에너지, 당질, 지질, 알코올 제한

(2) 증가된 혈중 지질 종류에 의한 분류

고콜레스테롤혈증(hypercholesterolemia)은 혈액 내 콜레스테롤이 증가된 상태로 프레드릭슨/WHO 분류 중 Ⅱa에 해당된다.

고중성지방혈증(hypertriglyceridemia)은 혈중 중성지방 농도가 많이 증가된 상태로 프레드릭슨/WHO 분류 중 Ⅰ, Ⅳ, Ⅴ에서 나타난다. Ⅰ형의 경우, 식사 후 카일로마이크론이 제대로 제거되지 못하여 중성지방이 크게 증가하는 것을 볼 수 있다.

복합형은 혈중 콜레스테롤과 중성지방이 모두 증가된 상태로 프레드릭슨/WHO 분류의 Ⅱb와 Ⅲ에 해당한다.

3) 이상지질혈증의 진단

이상지질혈증은 공복 시 혈장 또는 혈청의 총 콜레스테롤, LDL 콜레스테롤, HDL 콜레스테롤 또는 중성지방 농도를 측정하여 진단한다.

| 표 5-10 | 한국인의 이상지질혈증 진단기준

분류	혈중 농도(mg/dℓ)	분류	혈중 농도(mg/dℓ)
LDL 콜레스테롤*		**총콜레스테롤**	
매우 높음	≥190	높음	≥240
높음	160~189	경계	200~239
경계	130~159	적정	<200
정상	100~129	**중성지방**	
적정	<100	매우높음	≥500
HDL 콜레스테롤		높음	200~499
낮음	≤40	경계	150~199
높음	≥60	적정	<150

*이상지질혈증 진단의 LDL 콜레스테롤 '높음' 기준의 경우 치료지침의 저위험군(주요 심혈관계 위험요인 1개 이하) 환자에서 약물치료 시작 권장 기준으로 사용할 수 있음. 중등도 위험군의 경우 LDL 콜레스테롤 '경계' 기준을 약물치료 시작 권장 기준으로 사용할 수 있음. 고위험군 환자의 경우 LDL 콜레스테롤 '정상' 기준을 약물치료 시작 권장 기준으로 사용할 수 있음. 초고위험군의 경우 LDL 콜레스테롤 값에 관계없이 약물치료 시작을 권장함

출처: 한국지질·동맥경화학회 진료지침위원회(2018). 이상지질혈증 치료지침(제4판).

4) 이상지질혈증의 치료 및 관리

(1) 식사요법

이상지질혈증에서 식사관리를 비롯한 생활습관 교정은 가장 기본적인 치료 방법이다. LDL 콜레스테롤 농도가 아주 높지 않거나 관상동맥질환이 아직 발병되지 않은 경우라면, 약물을 처방하기 전 적어도 6개월 동안 식사요법을 실시하면서 조절해 볼 수 있다. 이상지질혈증의 식사요법 목표는 혈중 지질 수치를 낮

추어 혈관질환의 발병 가능성을 낮추고 질병의 진행속도를 지연시키는 것이다.

기본적인 식사요법의 원칙은 ① 표준 체중의 유지, ② 총 지방섭취량, 포화지방산, 트랜스지방산 및 콜레스테롤 섭취 감소와 불포화지방산 섭취 증가, ③ 단순당 섭취 제한 및 식이섬유소 섭취 증가, ④ 알코올 섭취 제한 등이다.

① 고콜레스테롤혈증

총 지방과 포화지방산 및 트랜스지방산의 섭취를 줄이고, 탄수화물과 단백질을 적정하게 섭취하면서, 정상 체중을 유지하고자 하는 목표로 식사요법을 실시한다.

가) 총 지방 섭취량

고지방식은 대체로 에너지와 포화지방 함량이 높아 혈청 총콜레스테롤 및 LDL 콜레스테롤 수치에 좋지 않은 영향을 미친다. 비슷한 양의 식사를 하였을 때 지방 섭취를 감소시키면 에너지와 포화지방의 섭취량이 낮아지므로 체중의 감소와 혈중 콜레스테롤의 농도가 낮아질 수 있다. 그러나, 총 지방섭취량을 지나치게 제한할 경우, 상대적으로 당질의 섭취가 증가하여 중성지방 합성이 증가하고 HDL 콜레스테롤 농노가 낮아질 수 있으므로 주의해야 한다.

나) 지방의 종류

지방 섭취와 심혈관계질환에 대한 메타분석에 의하면, 지방섭취량을 줄이는 것보다 지방의 조성을 조절하는 것이 총 콜레스테롤 및 LDL 콜레스테롤 농도를 낮추는 데 효과적인 것으로 확인되었다.

- 포화지방산: 혈중 LDL 콜레스테롤 농도에 가장 큰 영향을 미치는 요인으로, 여러 연구에 의하면, 총 에너지 섭취량 중 포화지방산이 차지하는 비율 1% 증가 시 LDL 콜레스테롤의 농도가 0.8~1.6 mg/dℓ 증가하는 것으로 보고되었다. 또한, 총 에너지 섭취량의 1%를 포화지방산에서 단일불포화지

방산, 오메가-6계 다불포화지방산으로 대체하였을 때, LDL 콜레스테롤의 농도가 각각 1.6 mg/dℓ, 2.0 mg/dℓ 감소되는 것으로 보고되었다. 또한, 포화지방산의 함량이 총 에너지의 7% 이하인 식사에서 일반적으로 서구적인 식사에 비해 LDL 콜레스테롤의 농도가 9~16% 정도 감소되는 것으로 보고된 바 있다. 고콜레스테롤혈증의 예방 및 치료를 위해서는 포화지방산을 불포화지방산으로 대체하여 포화지방산의 섭취량이 총 에너지 섭취량의 7%를 초과하지 않도록 한다.

- 불포화지방산: 포화지방산을 단일불포화지방산, 오메가-6계 다가불포화지방산으로 대체하면 LDL 콜레스테롤 농도가 감소하는 효과가 있다. 단일불포화지방산인 올레산(C18:1)은 오메가-6계 다가불포화지방산인 리놀레산(C18:2)과 비슷한 정도로 LDL 콜레스테롤 저하 효과를 나타내거나 LDL의 산화를 방지하는 효과가 있는 것으로 보고되었다. 혈액 내 지단백의 지질과 산화 위험을 낮추고, HDL 콜레스테롤의 저하를 방지하기 위해 오메가-6계 다가불포화지방산을 총 에너지 섭취량의 10% 미만으로 제한하도록 한다.
- 트랜스지방산: 인공적으로 수소를 첨가하여 경화유를 생산하는 과정에서 생성되는 트랜스지방산은 포화지방산과 유사한 수준으로 LDL 콜레스테롤 수치를 상승시킨다. 총 에너지 섭취량 중 트랜스지방산의 비율이 2% 증가하면, LDL 콜레스테롤/HDL 콜레스테롤 비율이 0.1 높아지는 것으로 보고되었다. 고콜레스테롤혈증의 예방 및 치료를 위해서 트랜스지방산 섭취를 피하는 것이 권장된다.
- 콜레스테롤: 식이 콜레스테롤은 혈중 총콜레스테롤과 LDL 콜레스테롤을 증가시키나, 그 정도에 있어서 포화지방산이나 트랜스지방산에 비해 약하다고 알려져 있다. 콜레스테롤 섭취에 따른 혈중 콜레스테롤의 증가 정도는 개인에 따라 다르며, 포화지방산과 콜레스테롤은 혈중 LDL 콜레스테롤 농도 증가에 서로 상승적으로 작용한다. 고콜레스테롤혈증인 경우, 콜레스테롤의 과다 섭취를 피하도록 한다.

다) 탄수화물 및 식이섬유

콩류, 과일, 채소, 전곡류에 함유된 수용성 식이섬유는 혈중 콜레스테롤 농도를 낮추는 데 효과적이다. 식이섬유 섭취효과에 관한 연구들을 메타분석한 결과, 2~10 g의 식이섬유 섭취 시 LDL 콜레스테롤 농도가 2.2 mg/dℓ 감소하였다. 탄수화물 섭취를 총 에너지 섭취량의 55~65% 정도로 유지하고, 식사 중의 포화지방산을 줄이는 방안의 하나로, 식이섬유가 풍부한 복합탄수화물을 섭취하는 것을 권장한다.

② 고중성지방혈증

정상 체중을 유지하도록 하고, 탄수화물의 과다한 섭취를 제한하면서, 총 지방과 단백질을 적절하게 섭취한다. 또한 알코올은 하루 1~2잔 이내로 제한한다.

가) 에너지

과다한 에너지 섭취는 체중 증가뿐 아니라, 간 조직에서 중성지방과 콜레스테롤 합성 증가와도 관련된다. VLDL의 상승을 통해 중성지방 농도를 증가시키는데, 잉여의 에너지원은 간에서 VLDL 형태로 분비되어 지방 조직으로 수송된다. 반면에, 체중 감량은 혈중 지질대사에 영향을 주어 중성지방 농도를 감소시킨다. 메타분석에서 체중 1 kg을 감량하면, 혈중 중성지방 수치가 1.5 mg/dℓ 감소한다고 보고하였다. 체중이 5~10% 감소하면, 혈중 중성지방 농도가 20% 감소한다는 보고도 있다. 따라서, 적정 체중을 유지할 수 있는 수준의 에너지를 섭취한다.

나) 탄수화물 및 식이섬유

탄수화물의 과다한 섭취는 혈중 중성지방 농도를 상승시킨다. 동일한 에너지를 섭취하는 조건에서 총 에너지 섭취량 중 탄수화물 10%를 불포화지방산으로 대체하면 혈중 중성지방 농도가 10 mg/dℓ 감소하는 효과가 있다. 또한, 단순당 섭취가 높을수록 혈중 중성지방 농도가 높아진다. 따라서, 총 탄수화물 섭취량은 총 에너지 섭취량의 65% 이내로 과다하지 않도록 하고, 당류 섭취를 총 에너지의 10~20% 이하로 제한한다.

과당과 포도당을 함유하는 설탕은 체내 과당 섭취의 주요 급원으로, 포도당과 비교하여 과당의 섭취는 식후 혈중 중성지방 농도를 더 높인다. 과당과 포도당의 섭취는 인슐린 분비를 촉진하고 인슐린은 SREBP-1(Sterol Regulatory Element-Binding Protein 1)를 활성화시킴으로써 지방산과 중성지방의 합성을 촉진한다. 수용성 식이섬유 또한, 혈중 중성지방을 낮춘다. 한 메타분석에서 고식이섬유식(>20 g/1,000 kcal)은 저식이섬유식(<10 g/1,000 kcal)보다 혈중 중성지방 농도를 8% 더 감소시켰다.

다) 지방산의 종류

총에너지의 1% 포화지방산을 다가불포화지방산으로 대체하면, 혈중 중성지방 농도가 2.3 mg/dl 감소한다고 보고된 바 있다. 또한, 트랜스지방산의 함량이 30~50%인 쇼트닝이나 마가린을 단일불포화지방산이나 다가불포화지방산으로 1% 대체하면 혈중 중성지방 농도가 1% 감소한다. 오메가-3 지방산은 SREBP-1의 발현을 감소시켜 VLDL 합성을 감소시키고, 지단백질분해효소(Lipoprotein Lipase, LPL)의 활성을 증가시켜 VLDL의 분해를 촉진한다.

라) 알코올

과도한 알코올의 섭취는 혈중 중성지방 농도를 높인다. 알코올을 남용하는 사람에게서 고중성지방혈증이 빈번하게 발생하며, 알코올 섭취에 의한 고중성지방혈증은 지단백질분해효소의 활성 감소에 의한 카일로미크론의 분해 억제와 관련이 있다. 따라서 고중성지방혈증 환자는 하루 1잔 정도의 절주 또는 금주가 권장된다.

| 표 5-11 | 권장식품과 주의식품

식품군	이런 것을 선택하세요. 그러나 섭취량은 과다하지 않게!	주의하세요. 섭취 횟수와 섭취량이 많아지지 않도록!
어육류 · 콩류 · 알류	· 생선 · 콩, 두부 · 기름기 적은 살코기 · 껍질을 벗긴 가금류 · 달걀	· 갈은 고기, 갈비, 육류의 내장(간, 허파, 콩팥, 곱창, 모래주머니 등) · 가금류 껍질, 튀긴 닭 · 고지방 육가공품(스팸, 소시지, 베이컨 등)
유제품	· 탈지유, 탈지분유, 저(무)지방 우유 및 그 제품 · 저지방 치즈	· 연유 및 그 제품 · 치즈, 크림치즈 · 아이스크림 · 커피크림
유지류	· 불포화지방산(옥수수유, 올리브유, 들기름, 대두유, 해바라기유) · 저지방 · 무지방 샐러드드레싱	· 버터, 돼지기름, 쇼트닝, 베이컨 기름, 소기름 · 치즈, 전유로 만든 샐러드드레싱 · 단단한 마가린
곡류	· 잡곡, 통밀	· 버터, 마가린이 주성분인 빵, 케이크 · 고지방 크래커, 비스킷, 칩, 버터팝콘 등 · 파이, 케이크, 도넛, 고지방 과자
국	· 조리 후 지방을 제거한 국	· 기름이 많은 국, 크림수프
채소 · 과일류	· 신선한 채소, 해조류, 과일	· 튀기거나 버터, 치즈, 크림, 소스가 첨가된 채소 · 과일 · 가당 가공제품(과일통조림 등)
기타	· 견과류: 땅콩, 호두 등	· 초콜릿, 단 음식 · 코코넛유, 야자유를 사용한 제품 · 튀긴 간식류

출처: 한국지질 · 동맥경화학회 진료지침위원회(2018). 이상지질혈증 치료지침(제4판).

| 표 5-12 | 하루 식사권고 예시

구분	권고사항	대표 식품의 1회 분량
곡류	· 통곡물 위주로 · 매끼 ⅔~1회 분량	· 밥(잡곡밥, 현미밥 등): 210 g(1공기) · 빵(통밀빵, 보리빵 등): 105 g(3쪽)
채소류	· 다양한 채소를 이용 · 매끼 2.5~3회 분량	· 채소류: 70 g(익힌 것 ⅓컵) · 해조류: 30 g(익힌 것 ⅙컵)
어육류	· 생선, 살코기, 달걀, 두부 · 매끼 1~2회 분량 · 등푸른 생선은 주 2~3회 이용	· 생선: 60 g(중간크기 1토막) · 살코기: 60 g(탁구공 크기 1.5개) · 달걀: 60 g(중간크기 1개) · 두부: 80 g(⅕모)
과일류	· 생과일로 · 하루 1~2회 분량	· 과일 1회 분량: 100 g (중간크기 사과 ½개 정도)

출처: 한국지질·동맥경화학회 진료지침위원회(2018). 이상지질혈증 치료지침(제4판).

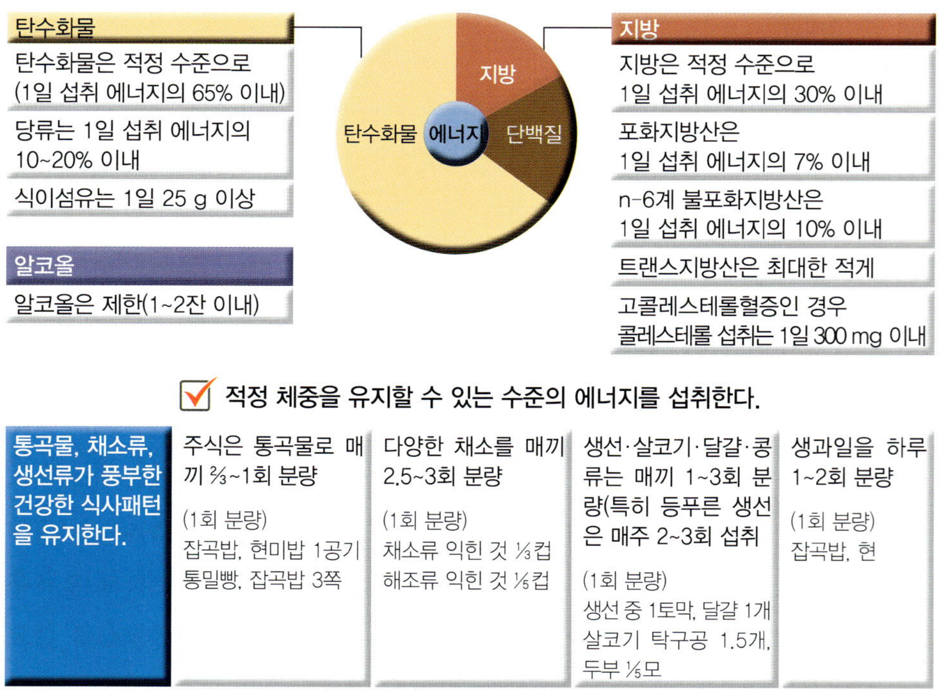

| 그림 5-3 | 이상지질혈증 식사가이드

출처: 한국지질·동맥경화학회 진료지침위원회(2018). 이상지질혈증 치료지침(제4판).

(2) 약물요법

약물요법은 식사요법이나 운동요법만으로 혈중 지질 농도가 정상화되지 않을 경우 심혈관계질환의 위험요인, 혈중 콜레스테롤의 농도, 관상동맥질환의 유무 등을 고려하여 사용된다.

이상지질혈증 약물치료의 일차 목표는 LDL 콜레스테롤이다. 한국지질동맥경화학회에서는 심혈관계 위험요인들의 유무를 판단하여 위험수준에 따라 목표 LDL 콜레스테롤 농도를 차등 설정하여 한국인에서의 치료기준을 제시하였다〈표 5-13〉.

| 표 5-13 | 위험도 및 LDL 콜레스테롤 농도에 따른 치료의 기준

위험도	LDL 콜레스테롤 농도(mg/dℓ)					
	< 70	70~99	100~129	130~159	160~189	≥ 190
초고위험군[1] 관상동맥질환 죽상경화성 허혈뇌졸중 및 일과성 뇌허혈발작 말초동맥질환	생활습관 교정 및 투약 고려	생활습관 교정 및 투약 시작	생활습관 교정 및 투약 시작	생활습관 교정 및 투약 시작	생활습관 교정 및 투약 시작	생활습관 교정 및 투약 시작
고위험군 경동맥질환[2] 복부동맥류 당뇨병[3]	생활습관 교정	생활습관 교정 및 투약 고려	생활습관 교정 및 투약 시작	생활습관 교정 및 투약 시작	생활습관 교정 및 투약 시작	생활습관 교정 및 투약 시작
중등도 위험군[4] 주요 위험인자 2개 이상	생활습관 교정	생활습관 교정	생활습관 교정 및 투약 고려	생활습관 교정 및 투약 시작	생활습관 교정 및 투약 시작	생활습관 교정 및 투약 시작
저위험군 주요 위험인자 1개 이하	생활습관 교정	생활습관 교정	생활습관 교정	생활습관 교정 및 투약 고려	생활습관 교정 및 투약 시작	생활습관 교정 및 투약 시작

1) 급성 심근경색증은 기저치의 LDL 콜레스테롤 농도와 상관없이 바로 스타틴을 투약한다. 급성심근경색증 이외의 초고위험군의 경우에 LDL 콜레스테롤 70 mg/dℓ 미만에서도 스타틴 투약을 고려할 수 있다.
2) 유의한 경동맥 협착이 확인된 경우
3) 표적장기손상 혹은 심혈관질환의 주요 위험인자를 가지고 있는 경우 환자에 따라서 위험도를 상향 조정할 수 있다.
4) 중등도 위험군과 저위험군의 경우는 수주 혹은 수개월간 생활습관 교정을 시행한 뒤에도 LDL 콜레스테롤 농도가 높을 때 스타틴 투약을 고려한다.

출처: 한국지질·동맥경화학회 진료지침위원회(2018). 이상지질혈증 치료지침(제4판).

일반적으로 사용되는 약물은 HMG-COA 환원효소 저해제(스타틴, Statin), 담즙산수지, 에제티미브(ezetimibe), 피브린산 유도체, PCSK9(Proprotein convertase subtilisin/kexin type 9) 억제제, 오메가-3 지방산 등이 있다.

4. 동맥경화증

1) 동맥경화의 병리와 증상

동맥경화증(arteriosclerosis)은 동맥벽이 탄력성을 잃고 두꺼워지며 경화되어 혈액의 흐름이 나빠지는 동맥의 만성염증성질환이다. 대동맥 또는 소동맥 중막에 죽상종이라 불리는 섬유상의 지방 퇴적물의 생성으로 발생하는 죽상경화증(atherosclerosis)이 가장 일반적인 형태이며, 동맥경화증과 죽상경화증은 같은 의미로 구별 없이 사용한다.

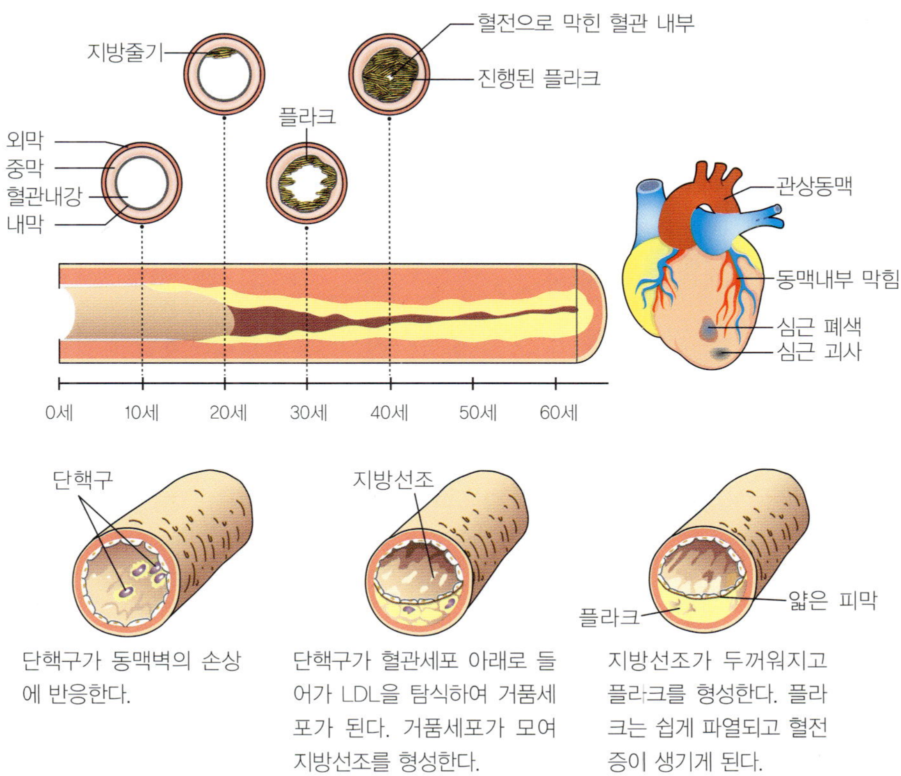

| 그림 5-4 | 플라크의 생성 진행 단계

출처: 김미자 외(2018). 식사요법.

동맥경화증은 침범하는 혈관에 따라 특징적인 임상질환을 동반한다. 관상동맥을 침범하면 심근경색이나 협심증을 일으키며, 뇌혈관을 침범하면 뇌경색이나 뇌출혈을 일으키게 되고, 말초 혈관을 침범하게 되면 특정 부위의 괴사를 일으킬 수 있다.

2) 위험인자

동맥경화증의 원인은 대부분 동맥벽에 지방의 축적에 기인해 발생한다고 생각되고 있지만, 많은 인자가 복합적으로 관여한다. 동맥경화증의 발생 위험을 높이는 요인들에는 유전적인 요인, 나이, 성별, 고혈압, 이상지질혈증, 비만, 당뇨병, 흡연, 운동부족 등이 있다.

① 나이와 성별: 고령의 경우, 혈관에도 노화가 일어나 탄력성이 떨어지게 되고, 장기간에 걸쳐 동맥의 변화가 생기면서 진행이 더 많이 된 상태가 된다. 남성의 경우, 동일 연령대의 여성보다 더 일찍 동맥경화증이 나타나며, 폐경기 이후의 여성은 에스트로젠 농도의 감소로 남성과 비슷한 위험도를 가지게 된다.

② 고혈압: 혈관에 압력이 높아지면 혈관 내피세포에 상처가 쉽게 생기고 동맥경화증 발생의 위험이 높아진다. 또한, 고혈압의 경우, 생성된 플라크가 쉽게 부서지므로 혈전이 생길 수 있다.

③ 이상지질혈증: 동맥경화증의 위험도를 판단하는 주요 인자로 LDL 콜레스테롤이 사용된다. 과다한 LDL의 축적과 산화된 LDL은 혈관 내막에 손상을 입혀 동맥 내 플라크가 생기도록 한다.

④ 비만: 이상지질혈증, 고혈압, 당뇨병 등과 밀접한 관계를 가지고 있다. 체중이 과도하게 증가하면 동맥경화증의 발생 위험이 높아진다.

⑤ 당뇨병: 심혈관계질환은 당뇨병의 주요 합병증이다.

⑥ 흡연: 혈관의 수축, 염증반응, 지질대사의 이상을 초래하여 동맥경화증의 위험요인으로 작용한다.

3) 동맥경화증의 관리

동맥경화증의 식사요법 및 약물요법은 이상지질혈증 치료에 준한다.

5. 심장질환

1) 허혈성심장질환

동맥경화증이나 고혈압이 진행되면 관상동맥질환이나 뇌졸중 등이 발생할 수 있으며 그 결과는 치명적이다. 관상동맥질환(Coronary Heart Disease, CHD)은 40세 이상 성인에서 가장 흔히 발생하는 심장질환으로, 주요 원인은 관상동맥경화증이나 심근의 비대 또는 혈색소의 산소 결합능력의 저하이다. 심장으로 가는 혈류량이 부족하여, 심근에 혈류가 충분히 공급되지 않으므로 허혈성 심장질환(Ischemic Heart Disease, IHD)이라고 부른다. 위험요인으로는 고혈압, 고령, 가족력, 이상지질혈증, 당뇨병, 비만, 스트레스 등이 있다.

(1) 종류 및 증상

① 협심증

관상동맥의 경화 또는 협착되거나 혈전이 생겨 혈관의 내경이 좁아져 있는 사람이 노동이나 운동 과잉으로 심근의 산소 수요량이 증대될 때 심근의 산소가 일시적으로 부족해지면서 발생한다. 운동, 흥분, 과식은 협심증 발작의 3대 요인으로, 갑작스런 흉부압박감, 쥐어짜는 듯한 통증, 호흡곤란, 상복부 통증 등을 호소하게 된다. 통증은 보통 1~5분 지속되며, 긴 경우에는 10~15분간 지속되기도 한다. 한번 일어난 발작이 반복되면서 점점 심해지거나 휴식상태에서도 발작이 일어난다면, 심근경색의 전조증상으로 볼 수 있다. 드물게는 통증이 없는 경우도 있다.

② 심근경색

관상동맥이 폐색되어 동맥으로부터 혈액을 공급받는 심근에 산소 공급이 차단되면서 심근세포가 괴사하는 상태를 말한다. 관상동맥의 폐색 부위에 따라 괴사한 조직의 양과 결과가 다르다. 좌심실에 혈액을 공급하는 주 혈관이 폐색되면 심장마비로 사망에 이를 수 있다. 강한 흉통이 지속되며, 협심증보다 증상이 심하고 오래 지속된다. 얼굴이 창백해지고, 손발이 차며, 식은땀을 흘리고 혈압 저하와 부정맥이 나타난다. 재빨리 응급처치를 하거나 전문의를 찾는 것이 중요하다.

(2) 식사요법

식사요법의 기본 목적은 심장의 휴식이다. 최소 1일간은 금식하고 2~3일째부터 유동식, 연식, 일반식으로 이행하며, 심장과 소화기관의 부담을 피하도록 소량의 식사를 자주 공급한다. 비만은 관상동맥질환의 발병 가능성을 증가시키므로 체중을 조절하는 것이 필요하며, 탄수화물은 주로 복합당질을 제공한다. 나트륨 섭취를 조절하고 카페인 함유 식품의 섭취를 제한하며, 콜레스테롤과 포화지방산의 섭취를 제한하는 이상지질혈증의 식사요법 원칙을 적용한다.

2) 울혈성심부전

(1) 원인 및 증상

울혈성심부전(Congestive Heart Failure, CHF)은 심장 기능에 이상이 생겨 전신으로 혈액을 순환시킬 수 있는 능력이 감소되어 심박출량의 저하와 정맥의 울혈이 발생하는 질환이다. 울혈성심부전의 원인은 심장 기능을 저하시키는 관상동맥경화증이나, 심근염, 부정맥, 판막증, 좌심실비대, 고혈압 등이다.

좌심실의 기능 저하는 좌심실에 혈액이 잔류되면서 폐정맥에서 좌심방을 통해 좌심실로 동맥혈이 제대로 들어오지 못하면서 폐정맥에 혈액이 머물게 되고, 폐의 모세혈관압이 높아져 폐울혈과 폐부종이 생긴다. 우심부전은 폐울혈은 심하지 않으나, 우심실에 잔류하는 혈액 때문에 체순환계가 순조롭게 진행되지 못해 전신의 정맥압이 높아져 전신 및 말초부종과 간부종 등의 증세가 나타난다. 대개 좌심부전에 연이어 우심부전이 나타난다. 심장박출량의 감소로 쉽게 피로하고 복수, 간비대 증세가 나타난다.

(2) 식사요법

울혈성심부전의 식사요법은 부종을 제거하고 심장에 부담을 줄이도록 하는 것을 목표로 한다. 질환의 상태에 따라 나트륨 제한, 체내 수분 및 전해질 평형, 양질의 단백질과 적당한 에너지 공급, 자극성 식품의 제한 등을 기본 원칙으로 식사요법을 실시한다. 기본적인 식사원칙은 다음과 같다.

- 적정 체중을 유지할 수 있도록 에너지 섭취량을 조정한다.
- 심장성 악액질으로 인해 단백질의 필요량이 증가하는 경우 단백질 섭취를 증가시킨다. 혈중 알부민이 감소하면 부종이 심해지므로 양질의 단백질을 충분히 공급한다.
- 나트륨을 제한하고 수분섭취를 조절한다. 이뇨제를 사용할 경우 저나트륨혈증이 되지 않도록 주의한다.
- 이뇨제를 사용할 경우 수용성 비타민과 전해질 손실에 주의한다.
- 소량씩 자주 식사하는 것이 심장에 대한 부담을 줄이는 데 도움이 된다.

6. 뇌졸중

1) 종류 및 원인

뇌졸중(stroke)은 뇌혈관의 순환장애로, 뇌혈관이 막히거나 터져 뇌 조직에 손상이 초래되고, 이에 따라 언어장애, 의식장애, 반신마비 등 신체장애가 나타나는 뇌혈관질환이다. 뇌졸중의 결과는 발생 부위에 따라 다양하며, 대부분의 환자는 영구적인 장애를 수반하게 된다. 뇌졸중은 뇌출혈과 뇌경색으로 나눌 수 있다. 뇌출혈은 고혈압 등의 원인으로 인해 일부 뇌혈관이 터져 새어나온 피가 뇌 조직을 압박하고 손상을 입혀 뇌 기능이 부분적으로 마비되는 상태이다. 출혈 부위에 따라 뇌내출혈과 지주막하출혈로 구분한다. 뇌경색은 동맥경화증으로 인해 뇌동맥이 좁아지거나 막혀 혈액 공급이 원활하지 않아 뇌 기능이 상실되는 상태를 말하며 혈관이 막힌 원인에 따라 뇌혈전증과 뇌색전증으로 구분한다.

뇌경색은 비만, 내당능 장애 또는 고혈압 환자에게서 발생 빈도가 높고, 나이가 들수록 위험률이 높아진다. 뇌출혈은 과로, 폭식, 과음, 배변, 분노, 온냉욕 시에 일어나기 쉽다. 이외에 흡연, 운동부족, 비만, 과도한 스트레스 등이 뇌졸중의 위험인자이다. 뇌졸중의 원인 질환으로는 고혈압과 심장질환(부정맥, 심근경색, 심부전, 심내막염, 좌심실 비대 등), 당뇨병, 경동맥협착, 이상지질혈증, 고호모시스테인혈증 등이 있다.

2) 증상

뇌의 손상 부위에 따라 뇌졸중의 증상과 양상이 다르다. 대부분의 경우 뇌압 증가로 인한 두통과 함께 구토, 언어장애, 연하곤란, 고열, 대소변 실금, 안면 신경마비, 반신마비, 의식장애 등의 증상을 나타난다. 뇌출혈이나 뇌색전증은 작업 중이나 운동 중에 쓰러지며 증세가 빠르게 진행되는 반면, 뇌혈전증은 수면 중이나 아침 기상 시에 나타나며 반신마비가 오는 경우가 많다. 지주막하출혈은 심한 두통이 특징이다.

| 표 5-14 | 뇌졸중의 종류와 특징

분류	종류	특징
일과성뇌허혈발작		· 뇌 조직의 가역적인 허혈로 인한 일시적인 뇌기능의 국소적 손실
뇌출혈	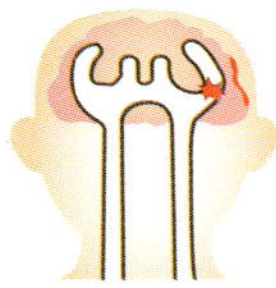 뇌내출혈	· 대개 고혈압으로 혈관 벽이 터져 뇌 안에 피가 고임
	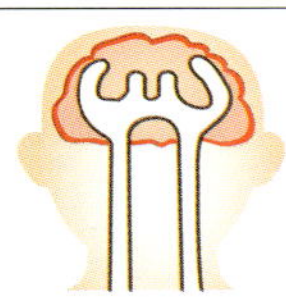 지주막하출혈	· 뇌를 싸고 있는 지주막 밑에서 동맥류(선천적으로 혈관 벽이 약해 꽈리같이 부푼 부위)가 터져 출혈 · 뇌 조직 밖에 피가 고이므로 대개 반신마비 없음
뇌경색	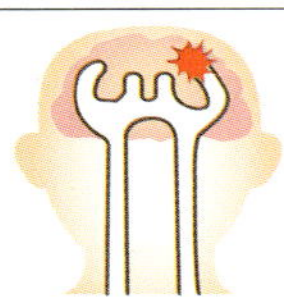 뇌혈전증	· 혈전으로 뇌동맥이 막힘 · 고령환자에 호발 · 단계적으로 서서히 진행
	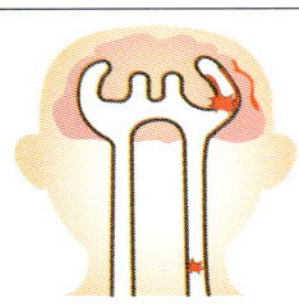 뇌색전증	· 심장이나 목의 큰 혈관에서 혈전이 떨어져 나와 혈류를 타고 흐르다가 뇌혈관을 막음 · 젊은 나이에서도 발생 · 심장 안의 혈전에서 떨어져 나온 색전(embolus)이 원인 · 신경학적 증상이 급작스럽게 나타남
	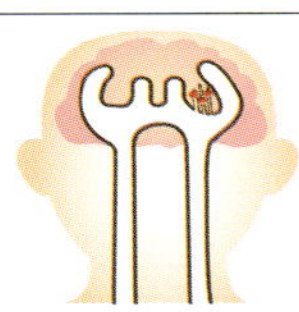 열공성뇌경색	· 작은 크기의 혈관이 막혀 뇌경색이 발생 · 죽상동맥경화증, 고혈압, 당뇨병 환자에서 발생 · 열공은 뇌의 심부에 발생한 뇌경색의 반흔조직이 식세포에 의해 제거된 구멍

출처: 김미자 외(2018). 식사요법.

3) 식사요법

뇌졸중이 발생한 후에는 영양관리를 통한 치료는 어렵고, 환자의 상태에 따라 적절하게 영양을 공급한다. 뇌졸중으로 인해 혼수상태에 있는 경우에는 경관급식을 통해 영양을 공급하고 뇌부종이나 뇌압항진을 예방하기 위해 전해질과 수분 공급에 주의한다. 의식은 있으면서 연하곤란증일 경우 연하보조식을 제공하는 등 상황에 맞는 식사를 제공한다.

뇌졸중을 예방하거나 재발을 방지하기 위해, 나트륨 및 포화지방산과 콜레스테롤 제한 등 심혈관계질환, 당뇨병, 비만의 식사요법을 적용한다.

| 표 5-15 | 뇌졸중 예방 및 재발 방지를 위한 관리 요령

비만을 예방하기 위해	· 정상 체중을 유지할 정도의 열량을 섭취하십시오.
동맥경화증의 진행을 막기 위해	· 지방은 섭취 열량의 20% 정도로 섭취하십시오. · 콜레스테롤 섭취를 제한하십시오. · 포화지방산 섭취를 줄이고 불포화지방산 섭취를 늘리십시오. · 식이섬유를 충분히 섭취하십시오. · 혈중 콜레스테롤 농도를 150~200 mg/mℓ로 유지하십시오. · 당뇨병 치료를 잘 하십시오.
혈압 상승을 억제하기 위해	· 싱겁게 드십시오. · 과음과 흡연을 삼가십시오. · 과로와 스트레스를 피하십시오. · 정기적으로 혈압을 측정해 120/80 mmHg로 유지하십시오.
기타	· 적어도 일주일에 4일, 하루에 30분 이상 운동하십시오. · 정기적으로 뇌졸중 진단을 받으십시오.

출처: 손숙미 외(2011). 임상영양학.

7. 이상지질혈증 영양관리과정(nutrition care process) 사례

박ㅇㅇ는 54세 남성으로 주로 앉아서 일하는 사무직에 종사하고 있다. 최근 건강검진에서 고콜레스테롤혈증 진단을 받고, 외래 진료 후 영양교육을 위해 영양상담실을 방문하였다. 다른 병력은 없으며, 아버지가 뇌졸중으로 쓰러지신 적이 있다.

박씨는 키 175 cm, 체중 78 kg으로 최근 6개월간 체중 변화는 없으며, 허리둘레는 92 cm이다.

생화학적 검사결과는 Glucose 98 mg/dℓ, Total cholesterol 256 mg/dℓ(▲), Triglyceride 120 mg/dℓ, LDL-cholesterol 167 mg/dℓ(▲), HDL-cholesterol 55 mg/dℓ, GOT 39 IU/ℓ, GPT 40 IU/ℓ이다. 혈압은 수축기혈압 118 mmHg, 이완기혈압 77 mmHg이며, 소화기관련 증상은 없다.

평소 하루 세 끼 식사를 하고, 아침은 주 3~4회는 밥으로, 나머지는 도넛 2개와 커피로 대신한다. 점심은 주로 구내식당을 이용하며, 저녁은 회식이 없을 때는 퇴근 후 9시경 식사를 한다. 술자리가 주 3~4회(한 번에 소주 2~3병)로 잦은 편이며, 안주로 삼겹살이나 갈비, 곱창 등을 자주 먹는다. 달걀을 좋아하여 한 번에 2~3개씩, 주 4~5회 섭취하며, 주중에 사무실에서 빵이나, 도넛, 과자류를 간식으로 매일 1개 정도 먹고, 믹스커피를 즐겨 하루 5~6잔 마신다. 과일은 주말에 가끔 먹고, 유제품은 거의 먹지 않는다. 과거 15년간 하루 1갑씩 흡연 경력이 있으며, 현재는 금연 중이고, 규칙적으로 하는 운동은 없다.

박OO의 영양관리과정을 작성하시오.

영양판정	
환자 과거력	
신체계측	
생화학적자료	
식품/영양소와 관련된 식사력	
영양필요량	

영양진단		
문제	원인	징후/증상

<table>
<tr><th colspan="4">영양중재</th></tr>
<tr><td>영양처방</td><td colspan="3"></td></tr>
<tr><td rowspan="5">영양중재</td><td colspan="3">□ 식품/영양소 제공 □ 영양교육 □ 영양상담 □ 다분야협의</td></tr>
<tr><td>영양진단</td><td>중재내용</td><td>목표/기대효과</td></tr>
<tr><td></td><td></td><td></td></tr>
<tr><td></td><td></td><td></td></tr>
<tr><td></td><td></td><td></td></tr>
<tr><td>제공 교육자료</td><td colspan="3"></td></tr>
</table>

CHAPTER 6

체중조절과 식사장애

비만은 제지방에 비해 체지방이 과도하게 축적된 상태로 정의할 수 있으며, 수많은 건강상의 문제들을 야기할 수 있는 장기적인 치료와 예방을 필요로 하는 만성질환이다. 비만의 치료는 그 원인이 다양한 만큼 영양치료(식사요법), 운동요법, 행동수정요법, 약물요법 등 복합적인 접근이 필요하며 치료 목표는 단순한 체중 감량이 아닌 체중 조절을 통해 비만으로 인한 대사질환의 예방과 개선에 있다.

식사장애는 정신적인 문제가 매우 중요하므로, 영양치료와 함께 정신적인 측면을 충분히 고려해야 한다.

1. 비만

1) 정의

비만은 제지방에 비해 체지방이 과도하게 축적된 상태를 말한다. 겉으로 보기에 체격이 우람하더라도, 근육이 발달하고 큰 골격을 가지고 있는 경우에는 비만이라고 보기 어려우며 날씬하게 보여도 체지방 비율이 높으면 비만이다. 여러 가지 원인에 의해 섭취하는 에너지 대비 소모된 에너지의 균형이 깨지면서 소모되고 남은 여분의 섭취 에너지가 지방으로 전환되어 축적된다. 체중은 비만을 판정하는 간편한 지표로, 이상체중 대비 20% 이상이면 과다한 지방이 축적된 상태로 본다.

2) 원인

비만은 원인에 따라 일차성 비만(단순 비만)과 이차성 비만으로 분류할 수 있다.

(1) 일차성 비만의 원인

일차성 비만은 에너지 섭취량과 에너지 소비량의 불균형으로 체중과 체지방이 증가된 상태로, 식습관, 생활습관, 연령, 인종, 유전적 요인 등 다양한 위험요인이 복합적으로 관여하여 어느 한 가지 원인만으로 설명하기 어려운 경우가 많다.

① 연령

어느 연령대에서나 비만할 수 있다. 신생아의 출생 체중이 높은 경우, 성인기에서 비만의 위험률이 증가되는 것으로 보고되었다. 모유수유는 조제분유와 비교해서 과체중의 위험을 낮추는 것으로 보인다. 메타분석결과, 모유수유기간이 길수록 이후 과체중의 위험도가 유의하게 감소하는 것으로 보고되었다. 비만이 시작된 연령과 부모의 비만유무는 아동기 이후 성인에서의 비만을 예측할 수 있는 중요한 요인으로, 아동기 체중에 비해 청소년기의 체중은 좀 더 정확히 성인기 비만을 예측할 수 있는 지표라고 할 수 있다. 임신 중 흡연이나 임신성 당뇨병은 2세의 비만을 증가시키는 것으로 알려져 있다. 폐경기의 에스트로젠과 프로제스테론 분비 감소는 체지방 분포변화를 일으켜 중심성 비만을 초래한다.

② 식습관 및 과식으로 인한 섭취 에너지의 증가

가) 섭식조절중추의 장애

시상하부에 있는 공복감을 느끼게 해 주는 섭식중추(feeding center)가 지나치게 자극되어 끝없는 공복감에 시달리거나, 만복감을 느끼게 해 주는 포만중추(satiety center)가 잘 자극되지 않아 포만감을 느끼지 못하면, 과식을 유도하게 된다. 또한, 지나치게 빠른 식사는 생리적인 식욕 억제작용이 활성화되기 전 식사를 마치게 되어 상대적으로 과식할 가능성이 높아진다. 비만은 섭식조절을 더욱 어렵게 하여 정상적인 공복감, 포만감을 느끼기 힘들게 한다.

나) 높은 고정점

사람은 각자 유지해야 할 체중과 지방량을 고정하는 통제체계를 가지고 있다. 즉, 각 사람마다 자신의 체중에 대해 고정점(set point)을 가지고 있는데 비만한 사람들은 마른 사람들보다 고정점이 높게 설정되어 있어 그 고정점을 유지하기 위해 과식하는 경향이 있다. 우리 몸은 체중 고정점을 유지하려는 성질이 있어서 체중을 5% 빼면 기초대사량이 15% 줄어들고 식욕은 증가되어 예전 체중으로 되돌아가려는 성질이 있어 체중 감소 상태를 유지하는 것이 쉽지 않다. 고정점은 유전적인 영향을 많이 받지만, 운동이나 식사에 의해 변화될 수 있다.

다) 인슐린의 과잉분비

비만하게 되면 인슐린에 대한 저항이 높아지면서 췌장은 더욱더 많은 인슐린을 생성하는데, 과잉분비된 인슐린이 공복중추를 자극하면 공복감을 심하게 느끼게 되어 과식을 유도하게 된다. 또한, 과잉 분비된 인슐린은 에너지를 지방으로 더욱 효과적으로 축적하여 고도 비만의 원인이 되기도 한다.

라) 생활습관 및 스트레스

충분한 숙면을 취하지 못하는 경우에도 체중 증가가 일어날 수 있다. 6시간 이내의 수면은 그렐린(ghrelin)을 증가시키고, 렙틴(leptin)은 감소시키므로 에너지 섭취에 영향을 미쳐 비만을 일으킬 수 있다고 보고되었다. 비만인들은 배고픔보다는 음식의 맛, 모양, 냄새 등의 외부적 요인과 다른 사람들의 먹는 행위에 의해 자극되어 음식을 섭취하거나, 스트레스를 느낄 때 과식하는 경향을 보인다. 불안, 외로움, 신경과민 등의 스트레스로부터 벗어나고 싶어서 먹는 것에 의존하거나, 달래는 수단과 쾌락의 도구로 음식을 사용하는 것으로 보인다. 밤에 집중적으로 많이 먹는 야간식사 증후군 또한 스트레스에 의한 것이라고 할 수 있는데, 밤에 먹는 식사는 인슐린 분비를 더욱 증대시켜 지방합성을 촉진한다.

③ 에너지 소모의 저하

우리나라 사람들의 경우 총열량섭취량은 과거에 비해 감소했으나 비만율이 계속 상승하고 있는 이유는 에너지 소모의 저하 때문으로 보인다. 소모에너지는 기초대사량, 활동대사량, 식사성 발열효과(Thermic Effect of Food, TEF)로 구성된다.

가) 활동대사량의 저하

좌식습관은 활동량을 저하시켜 에너지 소모 감소 및 체중 증가를 유발하는 주요 요인이 된다. 장시간의 TV 시청은 비만과 당뇨병 발생에 가장 중요한 위험인자인 것으로 보고되었다. TV 시청시간이 1시간 늘어나면 비만율은 2% 증가한다고 보고되었으며, 특히 하루에 2시간 이상의 TV 시청은 비만도와 관련이 있다. 비활동시간이 늘어나면 에너지 소모가 저하될 뿐 아니라 기초대사량도 저하되며 인슐린기능 저하로 인한 인슐린 과다 생성으로 지방을 잘 축적하는 살찌기 쉬운 상태가 된다.

나) 기초대사량의 저하

나이가 들어감에 따라 체지방이 증가하고 근육이 감소되면서 기초대사량이 저하되는데, 여성은 특히 폐경기 후에 기초대사량이 더 저하된다. 잦은 다이어트, 저열량식사나 단식을 자주하면 몸의 에너지 절약장치가 가동되면서 기초대사량이 감소한다. 하루에 두 끼를 식사하면서 많이 먹는 경우, 식사 사이의 공복시간이 길어지면서 에너지 절약장치가 가동되어 기초대사량이 감소하는데, 과체중인 사람에게 그렇지 않은 사람들보다 식사 횟수가 적은 경향이 있는 것으로 알려져 있다.

갑상샘 호르몬은 교감신경에 대한 예민성을 조절하면서 대사율을 조절한다. 갑상샘 호르몬이 부족하게 되면 대사율이 떨어지면서 심장박동이 느려지고 기초대사량이 저하된다.

다) 식사성 발열효과 저하

식품의 열발생에너지는 단백질이 가장 높고 지방이 가장 낮다. 지방으로 섭취한 에너지의 2%만 소화나 대사에 쓰고 나머지 대부분은 저장된다. 식사에 의한 열발생은 시간에도 영향을 받는데, 아침에 높고 저녁에는 낮다. 따라서 저녁에 먹으면 그만큼 여분의 에너지가 저장된다. 식품에 의한 열발생은 갈색지방세포에 의해서 일어나는데 비만한 사람은 마른 사람에 비해 갈색지방세포수가 적은 것으로 보고되었다.

④ 유전적인 요인

비만은 유전적인 배경과 환경적인 요인이 상호작용한 결과로 유전적인 요인은 에너지 섭취 및 소비 모두와 관련되는 것으로 알려졌다. 왜 특정 사람에게서만 에너지 불균형이 일어나는지는 확실하지 않으며, 이는 유전적 요인으로 설명할 수 있다. 인체에서 체질량 변이의 40~70% 정도가 유전적인 원인에 비롯된다고 알려져 있으며, GWAS 연구 결과 30개 이상의 비만과 관련된 위험유전자들이 규명되고 있다.

⑤ 신경내분비변화

지방조직과 위장관계에서 나오는 신경내분비 신호들은 식욕과 에너지 균형 조절에 중요한 역할을 한다. 지방세포에서 분비되는 leptin과 위장관에서 분비되는 Ghrelin, Peptide YY, CCK, Incretin는 중요한 식욕조절물질이고, 위장의 수축과 팽창은 미주 신경을 통해 포만감과 식욕조절에 영향을 미친다.

⑥ 장내 미생물 및 환경 화학물질

사람의 장에는 500종류 이상, 1천여 개 이상의 장내 미생물이 서식하며, 장에서 영양소를 발효하고, 생물학적 활성물질을 분비하며, 숙주의 생리적 기능과 대사에 영향을 주는 것으로 알려져 있다. 사람과 동물에서 비만한 개체와 마른 개체는 장내 미생물 조성이 다르다고 알려져 있다. 마른 사람의 장내 미생물을 비만한 사람에게 투여했을 때, 중성지방 수치가 감소하고, 인슐린 감수성이 호전되었다는 연구보고가 있다. 어떤 특정 장내 미생물이 비만 표현형과 일관된 상관관계를 보이는지 결론을 내릴 수 없지만, 장내 미생물은 비만 및 비만 관련 질환의 치료를 위한 영양 및 약리학적 표적으로 사용될 가능성이 있다.

환경 화학물질에 노출되어 인체의 체중 조절기전 손상 등으로 비만이 발생할 수 있다는 연구결과가 발표되었으며, 이에 대한 연구가 진행 중이다.

(2) 이차성 비만의 원인

비만환자의 일부에서 유전 및 선천성 장애, 약물, 신경 및 내분비계질환, 정신과질환 등의 원인에 의한 이차적인 비만이 발견되며, 이러한 경우 정확한 원인 파악 및 치료를 통해 효과적인 체중 감량을 기대할 수 있으므로 이를 파악하는 것 또한 중요하다.

| 표 6-1 | 이차성 비만의 원인

분류	원인
유전 및 선천성 장애	· 사람에게서 비만을 유발하는 것으로 알려진 유전자 - ob, db, proopiomelanocortin(POMC), melanocortin 4 receptor(MC4R) 유전자 등 · 비만과 관련된 선천성 장애 - 프라더-윌리 증후군(Prader-Willi Syndrome) - 로렌스-문-비들 증후군(Laurence-Moon-Biedl syndrome) - 알스트롬 증후군(Alstrom syndrome) - 코헨 증후군(Cohen Syndrome) - 카펜터 증후군(Carpenter Syndrome)
약물	· 항정신병약물: Thioridazine, Olanzapine, Clozapine, Quetiapine, Risperidone, Sertindole · 삼환계 항우울제: Amitriptyline, Nortriptyline · 알파-2 길항제: Imipramine, Mitrazapine · 항전간제: Valproate, Carbamazepine, Gabapentine, Pregabalin · 당뇨병 치료제: 인슐린(Insulin), 설폰요소제(Sulfonylurea), 글리나이드제제(Glinide), 티아졸리디네디온(Thiazolidinedione) · 세로토닌 길항제: Pizotifen · 항히스타민제: Cyproheptadine · 베타 차단제: Propranolol · 알파 차단제: Terazocin · 스테로이드 제제: 경구 피임제, 당질 코르티코이드 제제
신경 및 내분비계질환	· 시상하부성 비만: 외상, 종양, 감염성질환, 수술, 뇌압 상승 · 쿠싱증후군(Cushing syndrome) · 인슐린종(Insulinoma) · 다낭성 난소증후군(Polycystic ovary syndrome) · 성인 성장호르몬 결핍증
정신질환	· 폭식장애(Binge-eating disorder) · 계절정동장애(Seasonal affective disorder)

출처: 대한비만학회(2018). 비만치료지침 2018.

3) 분류

비만의 원인에 따라 1차성(단순)과 이차성(증후성), 발생 시기에 따라 소아비만과 성인비만, 체지방 분포에 따라 남성형비만과 여성형비만으로 분류한다. 또한, 복부비만의 유형에 따라 내장지방형 비만과 피하지방형 비만으로 분류한다.

| 표 6-2 | 비만의 분류

구분	분류	
원인	1차성 비만(단순비만)	2차성 비만(증후성 비만)
	• 에너지 섭취량과 에너지 소비량의 불균형으로 발생, 비만한 사람의 95%가 이에 해당	• 유전 및 선천성 장애, 약물, 신경 및 내분비계질환, 정신과질환 등의 원인에 의해 발생
발생시기 및 지방조직 형태	소아비만(지방세포증식형)	성인비만(지방세포비대형)
	• 생후 1년간 혹은 4~11세에 과량의 에너지가 공급되었을 때 잘 발생 • 지방세포의 수와 크기가 모두 증가하여 성인비만으로 연결됨 • 증가된 지방세포의 수는 잘 줄어들지 않고 재발하기 쉬움	• 성인기 이후 기초대사량과 활동량 감소로 비만이 됨 • 과량의 에너지 섭취로 지방세포의 크기가 20배까지 증가하나 체지방량 증가량이 30 kg 이상 넘어서면 지방세포의 수도 늘어남 • 비교적 체중 감량 쉽고 재발위험성이 적음
체지방 분포	남성형 비만	여성형 비만
	• 복부비만, 중심성비만, 상체형비만, 사과형 비만 • 심장병, 뇌졸중, 당뇨, 고혈압, 암과 같은 만성질환 위험도 증가 • 허리둘레 남자 ≥ 90 cm 건강 위험 증가 • 허리둘레 여자 ≥80 cm 건강 위험 증가 • 복부에 있는 지방세포는 크고 대사적으로 왕성하여 운동이나 다이어트 시에 분비되는 에피네프린에 잘 반응하여 지방을 유리해 내므로 복부지방은 비교적 빼기가 쉬움	• 둔부비만, 하체형비만, 말초성비만, 서양배형 비만 • 비교적 건강에 해가 적음 • 하체의 지방세포는 활동성이 낮아 다이어트나 운동프로그램에 잘 반응하지 않음 • 다이어트를 반복하면 나중에 복부비만이 될 가능성이 높아짐
지방의 위치	내장지방형 비만	피하지방형 비만
	• 복강의 내장 주변에 지방 저장 • 성인병위험 증가	• 복벽에 일정한 두께로 지방 저장

4) 비만의 동반질환

비만한 사람은 정상인 사람에 비해 제2형 당뇨병, 고지혈증, 인슐린 저항성, 대사증후군, 담낭질환, 관상동맥질환, 고혈압, 암 등과 같은 대사적 이상에 의한 질환(비만과 간접적인 연관)과 골관절염, 허리통증, 수면무호흡증 등과 같이 과도한 체중에 의한 질환(직접 연관)을 동반할 위험이 높아진다. 한국인의 경우 체질량지수(BMI) 25 이상이면 고혈압, 당뇨, 고콜레스테롤혈증 등의 만성질환 위험도가 2배 증가하며 27 이상일 때 2.5배, 30 이상일 때 3배로 증가한다고 보고되었다. 5~10% 정도의 체중 감량만으로도 비만과 관련된 질환, 합병증을 임상적으로 크게 감소시킬 수 있다.

| 표 6-3 | 비만의 계통별 동반질환

계통	성인 비만	
	대사이상에 의한 질환	과도한 체중에 의한 질환
심뇌혈관계	관상동맥질환, 고혈압, 뇌경색(허혈성), 울혈성심부전, 동맥경화증	폐색전증, 하지정맥류, 정맥혈전색전증
위장관계	담석, 비알코올성 지방간질환	위식도역류, 탈장
호흡기계	-	천식, 수면무호흡증, 저환기증후군
대사 내분비계	제2형 당뇨병, 인슐린 저항성, 대사증후군, 이상지질혈증, 고요산혈증, 통풍	-
혈액종양	여자: 유방암(폐경 후), 자궁내막암, 난소암, 자궁경부암 남자: 전립샘암 남녀 공통: 식도암, 위암, 결장·직장암, 간암, 췌장암, 담낭암, 신장암, 백혈병, 다발성 골수암, 림프종	-
비뇨생식기계	생신선저하증, 월경 이상, 다낭성 난소증후군, 불임, 난임, 성조숙증, 여성형유방, 발기부전, 산모임신합병증(임신당뇨병, 임신고혈압, 임신중독증, 유산), 태아 기형(신경관결손, 입술갈림증, 입천장갈림증, 뇌수종, 심혈관계 이상), 신질환(신결석, 만성신질환, 말기신질환)	긴장성 요실금, 산모임신합병증(난산, 제왕절개의 위험)
근골격계	-	운동제한, 허리통증, 골관절염, 척수질환, 족부질환
신경계	특발성 두개뇌압상승, 치매	대퇴부 감각이상증
정신심리	-	우울증, 불안증, 자존감 저하, 식이장애, 직무능력 저하, 삶의 질 저하, 신체 불만족
기타	흑색가시세포증, 피부감염, 치주질환	마취 위험 증가, 림프부종

출처: 대한비만학회(2018). 비만치료지침 2018.

5) 판정

비만의 판정은 신장과 체중을 이용한 체격지수와 체지방비율, 체지방분포에 따라 판정할 수 있다.

| 표 6-4 | 비만의 판정 방법

<table>
<tr><th colspan="2">종류</th><th>적용방법</th><th colspan="3">판정</th></tr>
<tr><td rowspan="16">체격지수</td><td rowspan="3">이상체중비
(ideal body weight, IBW)</td><td rowspan="3">· 이상체중비 = (실제체중 ÷ 표준체중) × 100</td><td>상대체중</td><td>비만도</td><td>판정</td></tr>
<tr><td>~ < 90</td><td>< 10</td><td>체중 미달</td></tr>
<tr><td>90 ≤~< 110</td><td>−10~+10</td><td>정상</td></tr>
<tr><td rowspan="4">비만도
(obesity rate)</td><td rowspan="4">· 비만도 = {(실제체중 − 표준체중)/표준체중} × 100</td><td>110 ≤~< 120</td><td>10~20</td><td>과체중</td></tr>
<tr><td>120 ≤~< 140</td><td>20~40</td><td>경도비만</td></tr>
<tr><td>140 ≤~< 160</td><td>40~60</td><td>중등도비만</td></tr>
<tr><td>≥ 160</td><td>≥ 60</td><td>고도비만</td></tr>
<tr><td rowspan="6">체질량지수
(Quetlet's index, BMI)</td><td rowspan="6">· BMI는 가장 널리 사용되고 있는 신장과 체중을 이용한 판정 지수이며, 체지방량과의 상관계수가 0.7~0.8로 체지방량을 가장 잘 반영하는 지수이다. 성인 이후에 매우 유용하게 쓰인다.
· BMI = 체중(kg) ÷ {신장(m)}^{2}</td><td colspan="2">범위</td><td>판정</td></tr>
<tr><td colspan="2">18.5~22.9</td><td>정상</td></tr>
<tr><td colspan="2">23~24.9</td><td>과체중</td></tr>
<tr><td colspan="2">25~29.9</td><td>경도비만</td></tr>
<tr><td colspan="2">30~34.9</td><td>중등도비만</td></tr>
<tr><td colspan="2">≥ 35</td><td>고도비만</td></tr>
<tr><td rowspan="3">피부두겹두께</td><td rowspan="3">· 삼두근, 이두근, 견갑골 하부, 장골상부를 측정하여 피부두께의 합으로 체밀도를 구하고 수중체밀도법과 같은 공식으로 체지방률을 계산하거나 단순히 피부두겹두께의 퍼센타일로 비만판정</td><td colspan="2">범위(퍼센타일)</td><td>판정</td></tr>
<tr><td colspan="2">≥ 90</td><td>비만위험</td></tr>
<tr><td colspan="2">≥95</td><td>비만</td></tr>
</table>

종류		적용방법	판정		
체지방률 평가	생체전기저항 측정법	· 생체전기저항 측정기에 미세한 전류를 흘려 준 후 되돌아오는 저항을 측정 · 지방조직이 많을수록 전기저항이 많이 발생 · 전기저항 값과 성별, 신장, 체중을 사용하여 회기식으로 체수분량, 체지방, 제지방량을 구함	범위(%)		판정
			남자	여자	
			8~15	13~23	정상
			16~20	24~27	약간 체중과다
			21~24	28~32	체중과다
			≥ 25	≥ 33	비만
	수중체중측정법	· 수중과 공기 중에서의 체중 차이로 몸의 부피를 구해 전체 몸의 밀도를 알아냄 · 산정된 체밀도(비중)를 통해 지방률을 구함			
체지방 분포	허리-엉덩이둘레 비율 (waist-hip ratio, WHR)	· 허리둘레는 가장 들어간 부분, 엉덩이 둘레는 가장 튀어나온 부분을 측정 · 엉덩이에 비해 허리둘레가 클수록 복부에 지방이 많음 · WHR = 허리둘레(cm) ÷ 엉덩이둘레(cm)	범위		판정
			남자 ≥ 1.0 여자 ≥ 0.85		복부비만
	허리둘레	· 허리둘레 측정	범위		판정
			남자 ≥ 90 cm 여자 ≥ 85 cm		복부비만
	단층촬영법	· CT를 이용하여 피하지방형 비만과 내장지방형 비만을 구분함. 즉 지방의 분포를 알아냄	범위		판정
			내장지방/피하지방 > 0.4		내장지방형 비만
	이중에너지 방사선흡수 계측법(DEXA)	· 에너지 레벨이 다른 두 가지 엑스선을 동시에 투과시킴 · 골밀도 측정목적으로 개발되었으나 체지방량과 분포의 직접 측정이 가능			

참고

수중체중법에 의한 체지방률 계산법

$$\text{체지방률} = \left[\frac{4.57}{\text{우리 몸의 비중}} - 4.142\right] \times 100$$

피부두겹두께에 의한 체지방률 산정법

$$\text{체지방률} = \left[\frac{4.201}{1.0913 - 0.0016 \times S} - 3.813\right] \times 100$$

※ S는 피부두겹두께의 합(이두근, 삼두근, 견갑골하부, 장골상부

출처: 장유경 외(2016). 이해하기 쉬운 임상영양관리 및 실습.

| 표 6-5 | 한국인에서 체질량지수와 허리둘레에 따른 동반질환 위험도

분류*	체질량지수 (kg/m^2)	허리둘레에 따른 동반질환의 위험도			
		< 90 cm (남자)	< 85 cm (여자)	≥ 90 cm (남자)	≥ 85 cm (여자)
저체중	< 18.5	낮음		보통	
정상	18.5~22.9	보통		약간 높음	
비만 전단계	23~24.9	약간 높음		높음	
1단계 비만	25~29.9	높음		매우 높음	
2단계 비만	30~34.9	매우 높음		가장 높음	
3단계 비만	≥ 35	가장 높음		가장 높음	

*비만 전단계는 과체중 또는 위험체중으로, 3단계 비만은 고도비만으로 부를 수 있다.

출처: 대한비만학회(2018). 비만치료지침 2018.

6) 식사치료

비만 치료의 목적은 단순히 체중만을 줄이는 것이 아니라, 궁극적으로는 비만으로 야기될 수 있는 동반질환의 위험을 낮추고, 건강을 증진할 수 있는 수준으로 체중 및 체지방을 감량하고 이를 유지하는 것이다. 비만치료의 일차목표는 체중의 5~10%를 6개월 기간에 감량하는 것으로, 장기간에 체중을 감량할 경우 감량한 체중을 비교적 잘 유지하고, 체중이 다시 증가하는 요요 현상이 적다. 따라서 비만의 치료에서 식사조절은 필수적이다. 에너지 섭취를 제한하여 체내 에너지 결핍을 유도하되, 에너지 이외의 필수 영양소는 부족하지 않도록 한다. 비만의 식사치료는 지속적으로 시행되어야 하므로 개인의 특성에 따라 효과적이면서도 순응도를 높일 수 있는 방법을 모색하여야 한다.

| 표 6-6 | 비만 치료 시 호전될 수 있는 이득

비만 및 건강문제	기대할 수 있는 이득
당불내인성	혈당개선, HbA1c 개선, 혈당강하제 및 인슐린 사용 감소
고혈압	혈압 개선, 항고혈압제 사용 감소
이상지질혈증	LDL 콜레스테롤 및 중성지방 감소, HDL 콜레스테롤 증가
코골이 및 수면 중 무호흡	코골이 및 무호흡 개선, 폐기능 향상
관절통	통증 감소, 운동능력 향상, 관절치료제 사용 감소
월경 이상	규칙적인 월경 유도
심리적 장애	불안 및 우울 감소, 삶의 질 향상
피로, 발한 등의 증상	관련 증상 감소
운동 능력 장애	운동능력 향상

출처: 대한비만학회(2018). 비만치료지침 2018.

(1) 에너지 제한

체중 감량을 위해서는 에너지 섭취를 줄여야 한다. 에너지 필요량보다 500 kcal 정도 적게 섭취하면, 1주일에 0.5 kg 정도의 체중 감량을 기대할 수 있다. 여러 연구 결과를 토대로 1일 평소 에너지 섭취량보다 500~1,000 kcal 정도 적게 섭취하는 저열량식은 건강에 위해를 주지 않고 체중 감량을 할 수 있고, 사람들이 따라 하기에 무리없는 것으로 많이 권장되고 있다.

에너지 섭취를 줄이기 위해 몇 가지 방법이 이용될 수 있는데, 1일 총에너지 섭취량을 남자는 1,500~1,800 kcal, 여자는 1,200~1,500 kcal 정도로 하면, 에너지 결핍 유도가 가능하다. 일반적으로 에너지 필요량 산출 공식을 이용하여 하루 필요한 에너지를 산출하고, 체중 감량 목표에 따라 적절한 수준을 감하여 처방 에너지를 결정한다.

| 표 6-7 | 활동강도에 따른 에너지요구량

생활활동 강도	직종	단위체중당 필요 에너지 (kcal/kg)
가벼운 활동	일반사무직, 관리직, 기술자, 어린 자녀가 없는 주부	25~30
보통 활동	제조업, 가공업, 서비스업(판매직 외), 어린 자녀가 있는 주부	30~35
강한 활동	농업, 어업, 건설작업원	35~40
아주 강한 활동	농번기의 농사, 산림업, 운동선수	40~

| 표 6-8 | 에너지 필요량 산출방법 및 처방 에너지

종류	특징	필요 에너지 산출방법 및 예	처방 에너지*
표준체중 이용	· 빠른 체중 감량을 원할 때 적용 · 아주 엄격한 방법	· 표준체중을 기준으로 활동강도에 따라 산출 예 신장 161 cm, 체중 68 kg, 여성, 보통활동(30~35 kcal/kg) 표준체중 = (161 − 100)×0.9 = 54.9 kg 비만도 = {(68−55)÷55}×100 = 23.6%: 비만 1일 필요 에너지: 55 kg×32.5 kcal/kg≒ 1,790 kcal - 고도비만자의 경우, 표준체중을 적용하여 산출한 에너지필요량은 평소섭취량에 비해 많이 적어 실천하기 부담스럽고 지속하기 어려움. 30%가 넘는 고도비만은 조정체중을 목표로 에너지필요량을 산출하는 것이 바람직함	−500 kcal (1,290 kcal)
조정체중 이용	· 비만도가 30~40% 이상일 때 적용 · 비교적 엄격한 방법	· 조정체중 = 표준체중 + (현재체중 − 표준체중)÷4 예 신장 161 cm, 74 kg, 여성, 보통 활동 비만도 = {(74 − 55)÷55}×100 = 34.5%: 고도비만 조정체중 = 55 + (74−55)÷4 = 59.75 kg 1일 필요 에너지: 60 kg×32.5 kcal/kg = 1,950 kcal	−500 kcal (1,450 kcal)
현재체중 이용	· 조금 천천히 감량되나 감량이 쉽고 오래 지속 가능함 · 요요현상이 적음 · 관대한 방법	· 현재체중을 기준으로 활동강도에 따라 산출 예 신장161 cm, 체중68 kg, 여성, 보통활동 표준체중 = 161−100)×0.9 = 54.9 kg 비만도 = {(68−55)÷55}×100 = 23.6%: 비만 1일 필요 에너지: 68 kg×32.5 kcal/kg = 2,210 kcal	−500 kcal (1,710 kcal)

종류	특징	필요 에너지 산출방법 및 예	처방 에너지*
평소 섭취량 이용	· 환자에게 최소한의 충격 · 아주 관대한 방법	· 평소섭취량보다 하루 500 kcal씩 줄이거나 20% 정도를 감량하여 1주일에 0.4~0.5 kg(최대 1 kg) 정도의 체중을 줄이는 방법	평소섭취량 −500 kcal
안정 시 에너지 소모량 이용	· 개개인의 상황에 맞게 열량 제한 정도 개별화	· Miffilin-St Jeor 공식을 이용, 안정 시 에너지 소모량을 산출한 후 활동계수를 곱함 여자: 10×체중(kg)+6.25×키(cm)−5×나이−161 kcal/일 남자: 10×체중(kg)+6.25×키(cm)−5×나이+5 kcal/일 활동계수: 가벼운 활동 1.3, 더 활동적 1.4-1.5	산출된 에너지필요량 −500 kcal

*1주일에 0.4~0.5 kg 정도(최대1 kg)의 체중 감량할 경우, 1일 300~500 kcal를 감량한 에너지양을 처방함. 운동을 하지 않을 경우, 500 kcal를 감량한 에너지양을 식사섭취량으로 처방함. 운동할 경우, 300 kcal를 감량한 에너지양을 식사섭취량으로 처방하고 200 kcal에 준하는 운동을 권장함

① 중등도 저에너지식(moderate low calorie diet)

일반적으로 평소섭취량보다 500~600 kcal 감량한 식사로 비만환자들이 적응하기 쉬워 장기간 에너지 감량 효과를 얻고자 할 때 유용하다. 식품교환표를 이용하여 균형적인 저에너지식을 계획할 수 있으며, 지속적으로 잘 이용하면 심한 에너지 제한식보다 체중 감량 효과가 더 크게 나타날 수 있다.

② 저에너지식(low calorie diet, LCD)

저에너지식은 하루 10~20 kcal/kg로 보통 1,200 kcal 정도의 에너지를 공급하는 식사이다. 비만 정도, 나이, 활동량 등을 고려하여 에너지를 결정하고, 적절한 영양소를 함유하도록 식품교환표를 이용하여 식사를 처방하면, 비교적 안전하게 균형 잡힌 저에너지식을 공급할 수 있다. 일반적으로 에너지 영양소의 비율은 탄수화물 50~60%, 단백질 15~20%, 지질 20~25%, 정도로 구성한다.

| 표 6-9 | 극단적인 열량제한식

<table>
<tr><th>종류</th><th>처방</th><th>실시대상</th><th>금기대상</th><th>생리적 현상 및 부작용</th></tr>
<tr><td>단식</td><td>• 반드시 의사 지시하에 실시
• 일부 의사들은 상추, 셀러리, 토마토, 블랙커피, 차 허용
• 충분한 수분 섭취 중요
• 비타민, 무기질 보충 필요</td><td>• 급속한 체중 감량이 필요한 성인
• 비만도 30~40% 이상(혹은 BMI 30 이상)
• 기존의 다이어트에 반응하지 않는 사람</td><td>• 심근경색, 부정맥, 혈관장애
• 뇌혈관장애, 간 · 신장기능장애
• 소모성질환
• 1형 당뇨병, 통풍
• 성장기
• 임신수유부
• 갑상샘호르몬제 복용자</td><td>• 일주일 평균 2 kg 정도 체중 감량
• 처음 하루 동안 빠지는 체중의 ½이 체액으로 저혈압 초래
• 처음 1달간 빠지는 체중의 50%가 제지방에서 기인(근육손실, 장기단백질 손실)
• 과도한 케톤체 생성으로 케토산증 및 혈중 요산 농도 상승으로 인한 통풍과 요산결석 위험
• 심부정맥, 심근경색, 저혈당, 메스꺼움, 피곤, 어지러움증, 신경질, 구취, 탈모, 빈혈, 생리불순, 골다공증 등
• 기초대사량 감소로, 단식 후 식사 시 예전 체중 혹은 그 이상으로 돌아가기 쉬움</td></tr>
<tr><td>초저에너지식 (Very low calorie diet, VLCD)</td><td>• 의사 지시하 입원 혹은 외래
• 체중당 10 kcal 미만으로 400~800 kcal 정도의 에너지, 비교적 높은 단백질 섭취(0.8~1.5 g/IBW)
• 비타민, 무기질, 필수지방산 충분공급
• 상업적인 단백질 포뮬라 사용 가능(33~70 g의 단백질, 30~45 g의 당질, 소량의 지방)를 사용하거나 살코기, 생선, 닭고기 등으로 단백질 공급
• 12~16주로 제한
• 단백질을 근육조직에 보유하기 위해 정상적인 운동을 권함(기초에너지 저하도 어느 정도 막음)</td><td>• BMI 30 이상으로 다른 식이요법으로 효과를 보지 못한 고도비만
• BMI 27 이상으로 비만으로 인한 합병증이 있는 환자</td><td>• 심근경색, 부정맥, 혈관장애
• 뇌혈관장애, 간, 신장기능장애
• 소모성질환
• 1형 당뇨병, 통풍
• 성장기
• 임신수유부
• 갑상샘호르몬제 복용자</td><td>• 12~16주 동안 20~25 kg 감량
• 체단백분해로 인해 잃어버리는 제지방을 단백질 섭취로 보충하므로 3주 후에는 질소평형에 도달
• 케톤증이 일어나기는 하나 단식처럼 심하지는 않음
• 복부팽만감, 오심, 구토, 복통, 설사, 부정맥, 피부건조, 탈모, 허약, 저혈압
• 원래 체중으로 돌아가기 쉬움(기초대사량 감소)</td></tr>
</table>

(2) 다량영양소의 구성

비만의 식사치료에 있어서 총에너지 섭취를 제한하는 것이 무엇보다 중요하지만, 저지방식, 고단백식 등이 체중 감량에 미치는 효과에 대한 연구결과들이 보고되면서 다량영양소 조성을 다르게 한 다양한 식사가 식사치료의 한 방법으로 제시되고 있다.

일반적으로 고지방식사는 비만 및 심혈관계질환의 유병률 증가와 관련 있는 것으로 알려져 왔지만, 에너지 섭취가 동일할 때, 저지방식사가 체중 감량에 더 효과적이라는 증거가 없으며 에너지 섭취를 줄이지 않고 지방 섭취만을 제한하는 것은 체중 감량에 효과적이지 않다고 보고되었다. 한 메타분석 연구에 의하면, 고단백식사가 저단백식사에 비해 체중 감량에 도움이 될 수는 있으나, 그 정도가 크지 않으며 오히려 과다섭취에 따른 위험을 고려해야 한다고 보고되었다.

또한, 고인슐린혈증 또는 인슐린 저항성을 가진 비만환자에서는 저탄수화물식이 저지방식보다 체중 감소가 컸으나 고인슐린혈증이 없는 비만 환자에서는 반대의 결과를 보였으며, 인슐린 민감성을 가진 정상 체중일 경우, 탄수화물 섭취보다 지방 섭취를 줄이는 것이 비만 예방에 더 효과적인 것으로 보고된 바 있다.

저탄수화물식, 저지방식, 고단백식 등 다량영양소의 조성을 다르게 한 식사의 경우 총 에너지 섭취량을 줄일 수 있다면 모두 체중 감량에 효과적이므로, 환자의 의학적 상태, 식생활습관, 식태도 등을 고려하여 적합한 방법을 이용할 수 있다. 다만, 에너지 섭취는 제한하되, 전체적인 영양 균형을 맞출 수 있도록 다른 영양소들을 적절하게 섭취하도록 한다.

| 표 6-10 | 저지방 중탄수화물 식사와 저탄수화물 고단백 식사

저지방 중탄수화물식(전통적인 다이어트식)	저탄수화물 고단백식(케톤식)
• 지방 열량비: 15~20% 내외 단백질 열량비: 20~25% 탄수화물 열량비: 50~60% • 체중이 천천히 빠지나 체지방이 더 많이 빠짐 • 장기간 유지 가능 • 배고픔을 더 느끼나 채소나 해조류의 섬유소와 물을 사용해 조절함 • 고지방, 고당분, 알코올만 제한하면 특별히 못 먹는 식품은 없음. 1,200 kcal 미만이 되지 않으면 여성의 경우 철을 제외하고 별로 영양소 결핍이 없음 • 기초대사량의 감소 폭이 적음	• 지방 열량비: 30~40% 단백질 열량비: 30~40% 탄수화물 열량비: 30~40% • 체중이 빨리 빠지나, 많은 부분이 체단백, 체수분이 빠지는 것에 기인함 • 인슐린 분비가 감소되고 몸이 극심한 분해상태가 되면서 지방의 분해산물인 케톤체가 많아짐. 케톤체가 소변으로 빠져나가면서 탈수가 생기기 쉽고, 칼슘이 함께 빠져나가 뼈가 약해짐. 혈중 요산증가로 신장에 부담, 통풍 악화 • 식사가 단조로워 오래 지속하기 어려움 • 케톤체 증가와 고단백식이로 인해 배고픔을 덜 느끼나, 메스꺼움, 피로, 저혈당 증세 있음 • 단백질이 많은 육류, 생선, 닭고기, 달걀위주식사, 우유와 치즈 일부 섭취하나 채소, 과일, 전곡류 섭취가 줄어들어 비타민, 무기질, 섬유소가 결핍 가능성 • 기초대사량 감소 폭이 큼

다량영양소의 조성은 개인의 상황에 맞추어 조절하되, 한국인의 영양소 섭취 기준 및 국민건강영양조사 결과를 참고하여 일반적인 원칙을 제시하면 다음과 같다.

① 탄수화물

단백질 절약 및 케톤증 예방을 위해 1일 최소한 100 g 이상의 탄수화물을 섭취해야 한다. 100 g 이하로 섭취하면, 인슐린 분비량이 감소하고 두뇌 등 포도당을 주된 에너지원으로 사용하는 조직에 필요한 에너지를 공급하기 위해 체단백질을 분해하게 된다. 전체 에너지의 55~60%를 탄수화물로 공급하며, 주로 잡곡, 채소, 과일 등 복합당질과 식이섬유가 풍부한 식품으로 제공한다. 식이섬유는 1일 20~25 g 이상 섭취하도록 한다. 식이섬유는 위 배출을 지연시켜 공복감을 줄여 주며, 대변의 용적을 증가시켜 식사량 감소로 생길 수 있는 변비를 예방한다.

② 단백질

단백질은 체조직의 보수 및 유지, 질소 균형을 위해 반드시 필요하므로 섭취 허용범위 내에서 충분히 공급하도록 한다. 총에너지의 15~20%를 양질의 단백질로 공급한다.

③ 지질

지질은 위에서의 체류시간이 비교적 길어 포만감을 주고, 지용성 비타민의 공급과 이용 및 필수지방산 공급에 필수적이다. 총에너지의 20~25%를 공급하되, 포화지방은 총 에너지의 6%, 트랜스지방 섭취는 최소화하도록 권장한다.

(3) 비타민과 무기질

체중 감량을 위해 에너지 섭취 제한 시, 음식물의 양과 종류에 제한이 따르는데, 이는 비타민과 무기질의 적절한 섭취에 영향을 줄 수 있다. 따라서 에너지 제한 식사 시 유제품, 채소, 과일 등 비타민과 무기질이 풍부한 식품을 다양하게 활용하도록 한다. 특히 1일 1,200 kcal 이하로 에너지를 제한하는 경우 비타민 및 무기질 보충제 사용을 권장한다.

항산화작용에 관여하는 비타민과 무기질 섭취는 체중 감량 자체에 영향을 주지는 않지만, 비만인의 경우 체내 산화스트레스가 증가될 위험이 높으므로 항산화 영양소를 적절히 섭취할 필요가 있다.

(4) 알코올

알코올은 체내에서 산화되면서 지방 산화를 방해하여 체중 조절에 부정적인 영향을 미친다. 또한, 1 g당 7 kcal를 내면서 안주 등 다른 음식을 통한 에너지 섭취를 증가시키는 요인으로 작용할 수 있다.

알코올 섭취량이 많을수록 탄수화물, 지방 및 단백질 섭취량이 증가하여 에너지 과다섭취가 초래되는 것으로 보고된 바 있다.

알코올은 체중 증가의 요인이 될 수 있고, 건강 및 영양상태에 부정적인 영향을 미치는 요인으로 작용할 수 있으므로 체중 감량이 필요한 과체중 및 비만인의 경우 적정 음주 수준(남자 2잔, 여자 및 노인 1잔)을 넘지 않도록 하는 것이 바람직하다.

※ 비만의 식사계획 시 고려할 사항

① 에너지 섭취 제한 시 체지방은 감소시키되, 체단백질은 감소되지 않도록 주의한다.
② 에너지를 심하게 제한하는 식사는 장기간 지속하기 어렵고 바람직하지 않다.
③ 초저에너지식을 제외하고는 하루 최저 남자 1,500 kcal, 여자 1,200 kcal를 유지하도록 식사를 계획한다.
④ 하루 필요 에너지는 3회나 그 이상으로 나누어 섭취하며, 규칙적인 시간에 식사한다. 규칙적인 식사시간, 식사횟수 및 계획된 섭취량은 체중 감량 계획에 필수적이다.
⑤ 식사요법에 잘 따르고 적응하기 위해서는 개개인의 식습관에 기초를 두고 포만감을 주는 식품을 선택한다.

※ 식품선택 방법

- 잡곡밥, 채소밥, 버섯밥은 비타민과 무기질 및 식이섬유가 풍부하며 포만감을 준다.
- 국은 포만감을 제공하므로 채소를 재료로 한 맑은국으로 멸칫국물을 이용하여 싱겁게 간한다.
- 해조류는 식이섬유가 많고, 열량이 적으므로 자주 이용한다.
- 우유는 저지방이나 무지방 우유를 선택한다.
- 튀김, 전, 볶음보다는 데치거나 찜, 샐러드를 선택한다.
- 마요네즈보다는 레몬소스나 간장을 이용한 드레싱을 이용한다.
- 과일 통조림이나 참치 통조림의 사용을 줄인다.
- 유부, 어묵 등은 기름에 데쳐서 사용한다.
- 당이 들어가지 않은 녹차, 전통차를 이용한다.
- 장아찌나 젓갈 등은 과식을 유발하므로 가급적 피한다.
- 알코올은 제한한다.

| 표 6-11 | 에너지별 영양기준량

식사명	에너지(kcal)	탄수화물(g)	단백질(g)	지방(g)
초저에너지식	800	109	50	22
저에너지식	1,000	135	50	30
	1,200	160	60	40
	1,400	205	65	40

| 표 6-12 | 에너지별 식품교환군 단위수의 예

식품군	곡류군	어육류군		채소군	지방군	우유군	과일군
		저지방군	중지방군				
800	3	3	-	7	2	2	0.5
1,000	4	3	-	7	2	1	1
1,200	5	4	-	7	3	1	1
1,300	6	4	-	7	3	1	1
1,400	7	5	-	7	3	1	1
1,500	7	5	-	7	3	1	2
1,600	8	5	-	7	3	1	2
1,700	8	5	-	7	3	2	2
1,800	8	5	-	7	4	2	2

출처: 대한비만학회(2018). 비만치료지침 2018.

| 표 6-13 | 식품교환표를 이용한 식단의 예

1200kcal

끼니	음식명	어림치	식품교환군별 단위 수					
			곡류군	어육류군	채소군	지방군	우유군	과일군
아침	호밀식빵	1.5쪽	1.5					
	저지방 우유	1컵					1	
	스크램블에그	1개		1		0.5		
	그린샐러드	1접시			2	0.5		
점심	현미밥	½공기	1.5					
	콩나물국				0.5			
	꽁치구이+와사비장	1토막(50 g)		1		0.5		
	오이부추무침	1접시			1	0.5		
	배추김치	4쪽			0.5			
저녁	콩보리밥	⅔공기	2					
	아욱된장국				0.5			
	닭불고기	40 g		1	1	0.5		
	연두부찜	½개 (150 g)		1				
	호박나물	1접시			1	0.5		
	깍두기	4개			0.5			
간식	오렌지	½개						1
계			5	4	7	3	1	1

1,500kcal

끼니	음식명	어림치	식품교환군별 단위 수					
			곡류군	어육류군	채소군	지방군	우유군	과일군
아침	호밀식빵	2쪽	2					
	저지방 우유	1컵					1	
	스크램블에그	1개		1		0.5		
	그린샐러드	1접시			2	0.5		
점심	현미밥	⅔공기	2					
	콩나물국				0.5			
	꽁치구이+와사비장	1토막(50 g)		1		0.5		
	편육냉채	40 g		1				
	오이부추무침	1접시			1	0.5		
	배추김치	4쪽			0.5			
저녁	콩보리밥	1공기	3					
	아욱된장국				0.5			
	닭불고기	40 g		1	1	0.5		
	연두부찜	½개 (150 g)		1				
	호박나물	1접시			1	0.5		
	깍두기	4개			0.5			
간식	오렌지	1개						2
계			7	5	7	3	1	2

| 표 6-14 | 저열량식사를 위한 식품선택의 예

자유롭게 드세요	너무 많이 먹지 마세요	되도록 피하세요
· **음료:** 보리차, 녹차, 홍차, 블랙커피, 다이어트 콜라 등 · **채소류:** 상추, 양배추, 양상추, 오이, 배추, 셀러리, 당근 등 · **버섯류** · **해조류:** 김, 미역, 다시마, 우무 등 · **기타:** 맑은 채솟국, 곤약, 천사채 등	· **음료:** 스포츠음료, 무가당 주스 등 · **과일류:** 사과, 귤, 오렌지, 바나나, 배, 감, 수박, 참외 등 · **어육류·두류·난류:** 기름기 제거한 살코기, 생선, 두부 및 대두 제품, 달걀 등 · **곡류:** 밥(잡곡밥, 쌀밥), 식빵류, 면류, 묵류, 감자, 고구마, 옥수수 등 · **유제품:** 우유, 두유, 무가당 요구르트	· **음료:** 콜라, 사이다, 꿀차, 가당 음료 등 · **모든 주류:** 맥주, 소주, 양주, 포도주 등 · **당류:** 설탕, 사탕 꿀, 잼, 초콜릿, 케이크류, 단 후식 · **기름기 많은 육류:** 갈비, 삼겹살, 프라이드치킨, 햄, 소시지 등 · **가공식품류:** 라면, 감자 칩, 스낵류, 도넛, 과일 통조림, 가당 요구르트, 가공우유(초코우유 등)

출처: 대한비만학회(2018). 비만치료지침 2018.

| 표 6-15 | 지방 섭취를 줄이기 위한 식품선택의 예

지방이 많은 음식	이렇게 바꾸어 보세요
프라이드치킨	껍질 벗긴 전기구이 통닭, 백숙
감자튀김	찐 감자, 구운 감자
소갈비구이	사태찜, 생등심구이, 수육
삼겹살구이, 돈까스	돼지고기편육
생선까스	생선조림, 생선구이
오징어튀김	오징어 데친 것
볶음밥	비빔밥, 초밥
튀김우동	메밀국수, 냄비우동
자장면	기스면
새우튀김	찐 새우, 새우구이
군만두	물만두, 찐만두
달걀프라이	달걀찜, 삶은달걀
다시마튀각, 미역자반	파래무침, 날 김 구운 것
잣죽, 깨죽	흰죽, 야채죽
우유	저지방우유, 무지방우유
아이스크림	셔벗
생크림케이크, 도넛	식빵, 모닝빵, 바게트
고구마맛탕	찐 고구마, 구운 고구마
팝콘	강냉이
마요네즈	간장소스, 겨자소스

7) 행동치료(행동수정요법)

식사치료, 운동 및 행동치료의 조합이 비만의 치료 및 예방에 있어 가장 효과적인 방법이다. 체중조절은 평생 지속해야 하므로 식습관을 비롯한 생활습관을 바꾸는 것이 중요하다. 에너지 섭취 제한도 중요하나, 식습관·식행동을 교정함으로써 자연스러운 에너지 섭취 감소를 유도하므로 식사치료와 운동치료 시 행동치료를 병행하면 감소된 체중을 오랫동안 유지하는 데 도움이 된다.

행동수정단계에는 자신을 관찰하여 문제점을 발견하고 목표를 세우는 자기관찰, 과식을 가져오는 환경을 조절하면서 식행동과 운동습관을 수정해 가는 자극조절, 바람직한 행동에 대해 보상을 하는 보상(자기강화)의 3단계로 나눌 수 있다.

(1) 자기관찰

문제행동을 관찰하고 정의할 수 있기 때문에 행동수정요법의 기본이 되는 단계이다. 1~2주 동안 식사일기와 활동량 일지를 통해 자신을 관찰함으로써 현재 자신이 가지고 있는 문제행동을 파악해 본다. 자신에 대한 새로운 인식을 통해 문제를 발견함으로써 문제해결책을 세우는 데 도움이 된다.

① 식사와 관련된 행동 파악

- 무슨 음식을 먹는가?
- 하루에 먹는 음식의 양은 얼마인가?
- 음식을 먹기 전에 혹은 먹으면서 어떤 행동을 하는가?
- 먹는 장소는 어디인가?
- 누구와 같이 있을 때 많이 먹는가?(혼자, 친구, 회사동료)
- 먹을 때의 감정은 어떠한가?(우울, 허탈, 따분)
- 먹는 시간은 어느 때인가?

- 하루에 하는 활동이나 운동의 종류, 시간

② 문제점 목록 작성

관찰된 행동 중 좋지 않은 행동이나 변해야 할 행동을 골라 순위를 정하고 고쳐야 할 행동을 위해서 구체적으로 실천해야 할 일을 적어서 시행하게 된다.

(2) 자극조절

적절한 자극하에서만 적절한 행동이 일어날 수 있도록 만드는 것으로, 계속적으로 음식을 먹게 하는 내적, 외적 자극을 조절하는 행동수정요법이다.

| 표 6-16 | 자극조절방법의 예

구분	내용
일상생활에서	• 계획된 시간에 정해진 장소에서 식사와 간식을 한다. • 음식을 보이지 않는 곳에 보관한다. • 식사 후에는 바로 식탁을 떠나거나 식당에서 나가도록 하며, 식탁 위에 음식물이나 그릇을 놓아두지 않는다. • 작은 양의 수저와 식기를 사용한다. • 음식이 아깝다고 남은 음식을 먹어 치우지 않는다. • 간식 대신에 운동으로 대체한다. • 다른 사람들이 권하는 음식을 적절하게 거절한다. • 배가 부를 때 음식을 구입하고, 미리 구입 목록표를 작성한다. • fast food나 조리하지 않고 먹는 음식을 피한다. • 시식코너 주변에는 가지 않는다. • 신선한 과일을 자주 구입한다.
회식 시	• 회식 전에 미리 간단하게 간식을 비롯한 음식을 먹는다. • 회식때 분위기 메이커 역할을 하지 않으며, 술을 적게 마신다. • 회식 시 고기를 먹을 때는 함께 식사를 한다. (고기를 먹은 후 식사를 하지 않는다.) • 음식이나 술을 정중하게 거절할 수 있는 방법을 연습한다.

외식 시	• 외식이 꼭 필요하지 않은 약속은 식사약속이 아닌 차를 마시는 약속이나 다른 활동을 중심으로 약속을 잡는다. • 외식이 예정되었을 때 기존의 식사계획은 계획대로 진행하고, 미리 어떤 음식을 어떻게 먹을 것인지 계획한다. • 외식 시에는 일품요리(예: 우동, 제육 덮밥)보다는 정식요리(예: 된장찌개 백반, 백반 정식)를 택하고, 일품요리의 경우 비빔밥 등 여러 가지 재료가 섞인 것을 선택한다. • 한 번에 많이 주문하지 말고, 부족하면 추가로 주문한다. • 후식은 미리 주문하지 말고, 식사 후에 주문한다. • 곁들인 야채를 우선적으로 먹고 드레싱은 가능한 한 사용하지 않는다. • 음료수는 가능한 한 주문하지 말고, 시원한 물이나 차로 대신한다. • 가격이 절약된다고 세트 메뉴를 주문하는 것은 피한다. • 코스요리를 피하고 필요한 음식만 주문해서 먹는다. • 여러 음식을 주문하여 한꺼번에 나누어 먹지 말고, 각자의 음식을 주문하여 자신의 음식만을 먹도록 한다.

(3) 보상(자기강화)

스스로 약속한 행동수정을 실행했을 때 그에 대한 보상을 해 주는 것이 중요하다. 보상은 올바른 식행동을 유지하는 원동력이 될 수 있다. 보상의 적용방법은 다음의 예와 같다.

- 주변의 친구나 가족에게 칭찬이나 물질적인 상을 주도록 부탁한다.
- 강화되어야 할 행동이 무엇인가 규명해 본다.
- 특정 행동에 대해서는 특별한 상을 계획한다. 특정 행동을 바람직한 방향으로 변화시킬 경우 선물을 하겠다는 내용을 문서로 계약서를 만들어서 시행한다.
- 상은 점점 더 얻기 어려운 것으로 한다.
- 세부 목표가 달성될 때마다 저금통에 돈을 넣어 자신에게 상을 주는 바람직한 일(영화보기, 좋아하는 장식품 사기 등)을 위해 쓰도록 한다.
- 여가시간에 할 활동과 취미생활에 대한 리스트를 작성해 본다.

8) 운동요법

규칙적인 운동은 인체에 긍정적인 영향을 미친다. 운동의 효과는 체지방 감소, 제지방 증가, 혈중 지질농도의 개선, 근·골격계 및 내분비 기능 향상, 면역기능 개선, 스트레스 해소 등 다양하다. 비만치료에 있어서 운동은 축적된 지방을 분해할 수 있다는 관점에서 적극적으로 활용될 뿐 아니라, 혈중 인슐린에 대한 조직의 민감도를 높이고, 혈중 지질 농도를 개선시킴으로써 비만의 합병증을 예방한다. 걷기 30분이 100 kcal, 조깅 30분이 300 kcal 소모되는 등 일반적인 운동으로 소비되는 에너지는 크지 않기 때문에 식사요법과 병행하는 것이 중요하다. 운동은 개인의 능력, 기호도, 환경 등 여러 요건을 감안하되 지속 가능하고, 생활의 일부로 즐길 수 있는 종목으로 선택하고, 유산소 운동과 근력 운동을 병행하는 것을 권장한다.

(1) 유산소 운동과 근력운동

유산소 운동은 대근육을 사용하여 몸 전체를 움직이는 운동으로, 유산소 대사과정을 통해 운동에 필요한 에너지를 공급받는다. 적절한 강도의 유산소운동을 지속하면 지방을 에너지로 소비하기 때문에 체지방 감소에 효과적이다. 운동 종목으로는 걷기, 달리기, 줄넘기, 자전거 타기, 계단 오르내리기, 수영, 등산 등이 있다.

근력 운동은 근력 향상을 위한 운동으로 근육량 증가를 통해 기초대사량 및 총 에너지 소비량 증가에 영향을 미친다. 운동 시 혈관저항 및 혈압 상승을 유발할 수 있으므로 고혈압 등 심혈관계질환 환자들은 주의하도록 한다. 운동 종목은 체중부하를 이용한 운동, 탄력도구를 이용한 운동, 덤벨과 머신 등 무게를 이용한 운동 등이 포함된다.

(2) 운동의 강도와 지속시간 및 빈도

운동의 중요한 두 가지 요소는 강도와 지속시간으로 운동의 강도를 높이면 지속시간이 짧아지고 강도를 낮게 하면 지속시간이 길어진다.

체중 감량을 위한 적정 운동 강도는 최대산소소모량의 40~60%로 적어도 20분을 지속해야 한다. 최대산소소모량의 약 50% 정도 되는 저강도 운동에서는 산소를 소비하여 지방을 에너지원으로 사용하는 정도가 높다. 운동지속시간은 적어도 20분을 넘어야 하는데, 저/중정도 강도로 운동을 실시하는 경우, 에너지 기질은 근육 내 글리코겐, 혈중 포도당, 혈중 지방산(지방조직에서 분해되어 나옴) 순으로 단계적으로 이용되므로 지방산이 주에너지원으로 쓰이기 위해서는 적어도 20분 이상을 계속해야 하며 체중 감량을 위해서는 30~60분 정도가 바람직하다. 스트레칭과 준비운동 10분, 본운동(강화운동) 20분, 마무리 운동과 스트레칭 10분 정도로 구성한다. 최대산소소모량의 40~60%를 유지하려면 맥박으로는 최대 맥박수의 50~70%를 유지해야 한다. 최대 맥박수는 220에서 자신의 나이를 뺀 것이 된다. 운동 중에 대화가 가능하고 운동 중이나 후에 고통이나 통증이 느껴지지 않는 강도의 유산소 운동을 권장하다.

운동에서는 운동 강도와 지속시간은 모두 중요하나, 비만인을 위해서는 적절한 에너지 소비와 상해 예방을 위해 운동 강도보다는 운동시간을 증가시키는 데 보다 중점을 두는 것이 효과적이다. 체중 감량을 위한 유산소 운동은 주당 200~300분 또는 2,000 kcal 이상 에너지 소비가 가능하도록, 중강도(최대심박수의 50~70%, 최대산소소비량의 40~60%)로 하루에 30~60분(또는 20~30분씩 2회)씩, 주 5회 이상 실시한다. 근력운동은 8~12회 반복할 수 있는 중량으로 8~10종목을 2~4세트 실시하며, 주당 2회로 한다.

9) 약물요법

비만의 기본적인 치료는 식사요법과 운동요법 및 행동수정을 통한 생활습관의 변화로 체중 감량을 시도하는 것이다. 이러한 비약물요법이 효과가 없는 경우에는 약물치료를 보조적인 치료로 사용한다. 약물치료는 안정성 및 투약 중지 후 체중이 다시 증가하는 등의 문제가 발생할 수 있으며, 식사와 운동, 행동수정요법과 병행하지 않고 단독으로 실시할 경우에는 효과가 적다.

약물치료가 필요한 경우는 체질량지수(BMI)가 25 kg/m^2 이상인 경우, 체질량지수(BMI)가 23 kg/m^2 이상이면서 고혈압, 당뇨, 고지혈증과 같은 비만 관련 질환을 동반하고 있는 경우, 6개월간의 식사 및 운동요법 후에도 체중 변화가 없는 경우이다.

국내에서 장기간 사용 허가를 받은 비만 치료제는 orlistat(제니칼®), lorcaserin(벨빅®), naltrexone-bupropion(콘트라브®), liraglutide(삭센다®) 네 가지가 있다. phentermine, phedimetrazine, diethylpropion, mazindol 성분의 약제는 단기간 투여에 대해 허가를 받은 약제들로, 4주 이내의 사용을 권고하고 있다.

※ **약물치료의 기본 원칙**

1) 비만에서의 약물치료는 비만으로 인한 심혈관질환 및 건강상의 문제로 체중 감량이 필요한 경우에만 적용되어야 하며, 미용을 목적으로 사용해서는 안 된다.
2) 비만 치료를 위해 식사 조절, 운동 등의 비약물치료를 한 뒤, 3~6개월 후에도 기존 체중의 10% 이상 감소되지 않으면 약물 치료를 시작한다.
3) 비만 약물치료는 장기적으로 안정성과 유효성이 확립된 것으로 시작한다.
4) 비만 치료는 표준 체중을 목표로 하는 것이 아니라 기존 체중의 5~10% 정도만 감소하여도 건강상의 이득이 있음을 환자에게 주지시켜야 한다.
5) 약물 치료는 비약물 치료를 대신할 수 없으며 생활습관 교정을 시행하면서 보조적으로 시행하여야 한다.
6) 비만 약물 치료는 반드시 의학적 감시하에서 이루어져야 한다.
7) 비만에서의 약물치료는 비만의 장기적 관리의 한 부분으로 이해되어야 하며, 약물 치료의 이득과 비만의 위험성을 잘 저울질하여 개개인의 건강 상태에 따라 신중하게 사용되어야 한다.
8) 어떠한 약제를 사용하든지 3개월 내에 5~10% 체중 감량이 없거나 동반 질환의 개선 효과가 보이지 않으면 더 이상 같은 약제를 지속하여서는 안 되며, 약제 변경을 고려하여야 한다.
9) 약물 치료는 모든 환자에서 효과가 동등하게 나타나는 것이 아니며, 약물 치료 시작 4주 후에도 2 kg 이상 감소되지 않으면 약물 순응도를 확인하고 식사요법 및 운동 요법의 재확인 및 교육, 약제의 용량 조절 등이 필요하다.
10) 약물 치료 시작 후 부작용에 대한 관찰은 지속적으로 이루어져야 한다.
11) 비만 치료제는 비만을 완치하는 약이 아니며, 체중에 대한 조절 및 관리의 개념으로 접근하여야 한다.
12) 비만 치료제는 장기적인 사용이 필요하므로 약제의 작용, 용량 및 부작용에 대한 정확한 지식을 갖고 사용하는 것이 필요하다.

출처: 대한비만학회(2018). 비만치료지침 2018.

10) 수술요법

체질량지수(BMI)가 35 kg/m^2 이상이거나 30 kg/m^{2}이면서 비만 동반질환을 가지고 있는 환자에서 비수술치료로 체중 감량에 실패한 경우에 수술을 고려할 수 있다.

비만 수술은 음식물 섭취를 제한하는 방법, 소장을 우회시켜 음식물 흡수를 억제시키는 방법, 그리고 혼합형 세 가지 종류로 구분한다. 대표적인 수술방법에는 조절형 위밴드술, 위소매절제술, 루와이 위우회술이 있으며, 조절형 위밴드술과 위소매절제술은 섭취 제한형, 루와이 위우회술은 섭취와 흡수를 모두 제한하는 혼합형 수술에 해당한다. 최근의 수술은 거의 모두 개복이 아닌 복강경으로 시행되고 있다. 조절형 위밴드설치술과 루와이 위우회술이 가장 많이 시행되는 수술방법으로, 복강경을 이용하여 위의 용적을 20 cc 정도로 줄일 수 있는 위치에 실리콘 밴드를 돌려 삽입한 뒤 수술 후 조금씩 풍선을 부풀려 서서히 목을 조여 음식 섭취량을 줄이거나([그림 6-1], 조절형 위밴드 설치술), 위의 일부만 남겨 놓고 잘라낸 뒤 음식물이 바로 소장으로 넘어가도록 우회로를 만드는 방법이다([그림 6-1], 루와이 위우회술). 이렇게 하면 음식물을 조금만 먹어도 금방 포만감을 느껴 많이 먹지 못하게 되므로 살이 빠지게 된다.

조절형 위밴드술의 장점은 위를 절단하거나 문합할 필요가 없어 단기 합병증 발생 측면에서는 가장 안전하며 수술 시간이 짧고, 밴드를 제거하면 수술 전과 동일하게 정상적인 해부학적 구조를 회복할 수 있다는 것이다. 하지만, 장기적으로는 밴드로 인한 위 탈출, 포드 감염, 밴드가 미끄러져 버리는 등의 합병증 발생률이 높아 세계적으로 시술 감소를 보이고 있다.

위소매절제술은 위암 발생률이 높은 지역에서 수술 후에도 위장관 구조의 해부학적인 변형이 없어 위의 내시경적 관찰이 자유롭기 때문에 위암선별검사로 지속적인 내시경 검사가 가능하다는 장점이 있으나, 누출, 협착, 출혈 등의 합병증이 발생할 수 있다.

루와이 위우회술은 위소매절제술과 더불어 가장 많은 비중을 차지하고 있으며, 대사증후군 치료에 효과적이다. 위-공장 및 공장-공장 문합술을 시행하기 때문에 문합 부위의 합병증이 발생할 수 있으며, 십이지장 및 공장상부에서의 영양소 흡수가 억제되므로 미량원소의 결핍이 생길 수 있어 필요시 적절한 보충제 복용이 필요하다.

복강경조절형 위 밴드 수술	위소매절제술	루와이 위우회술
식도와 위의 연결 부위를 밴드로 조여 음식섭취량을 줄임	위의 일부분을 절제해 위의 크기를 줄임	식도에서 위를 분리해 소장과 연결하여 음식의 흡수를 제한

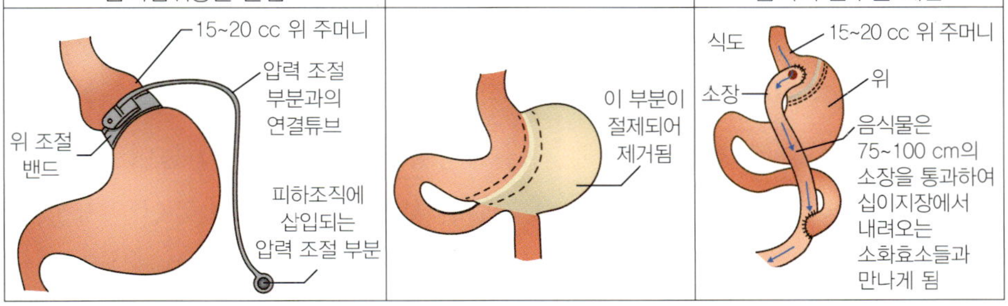

| 그림 6-1 | **비만치료에 적용되는 수술방법**

출처: 김미자 외(2018). 식사요법.

2. 식사장애

식사장애(eating disorder)란 식행동, 체중 혹은 체형에 대해 이상을 보이는 장애를 말한다. 대부분의 환자들은 체중이나 체형에 대해 지나친 집착을 보이며 살찌는 것에 대한 병적인 두려움을 가진다. 이로 인해 환자들은 지나친 단식과 운동, 폭식 후의 구토나 배변제 사용 등의 이상증세를 보이는 경우가 많으며, 연령층을 막론하고 남성보다는 여성에서 발생 빈도가 높다.

1) 신경성 식욕부진

신경성 식욕부진(anorexia nervosa, 거식증)은 주로 사춘기 이후 소녀들에게서 나타나며, 배고픔에도 심한 식사제한으로 생명을 위협할 정도의 극단적인 체중 감소가 특징이다. 객관적으로 말랐음에도 불구하고 계속 살이 쪘다고 자각하여 살이 찌는 것에 대한 강한 두려움을 가지며, 이러한 두려움은 체중이 감소되어도 줄어들지 않는다. 이는 단순한 체중 감소와 식욕부진만의 문제가 아니라, 자신불신과 관계된 정신적인 문제와 완벽주의자인 부모들과의 상호관계에 의해서도 영향을 받을 수 있다. 여성의 약 1~4%가 신경성식욕부진증을 보이며 남성은 여성 약 1/10 정도에서 나타난다.

신경성식욕부진증의 임상적인 특성은 신경질적인 우울, 열등의식, 수면 부족, 불면증, 빈혈, 저혈압, 월경불순, 골다공증, 면역기능 저하 등이 있다. 또한, 심한 영양실조와 전해질 불균형으로 인한 부정맥, 우울증으로 인한 자살 등으로 사망에 이를 수 있으며, 특히 체중이 30~40% 이상 감소된 환자에게서 사망률이 높다.

2) 신경성폭식증

신경성폭식증(bulimia nervorsa)은 살찌는 것에 대한 두려움 때문에 폭식 후 제거행동을 반복하는 증상을 말한다. 주로 스트레스, 불안, 우울 등으로 한번에 1,200~1,500 kcal 정도의 고에너지식품을 마구 섭취한 후, 자신의 행위에 대한 죄의식으로 하제, 구토, 관장을 통해 제거 및 배설하기를 시도한다. 반복되는 이상행동으로 인체의 생리적, 생화학적이 균형이 깨지며, 계속되는 구토로 식도와 위에 염증이 생기거나 파열될 수 있고, 산성의 토사물이 입, 식도, 후두의 점막을 부식시키며, 치아의 에나멜층을 파괴한다. 환자들의 체중은 대체로 정상체중이거나 15% 이내의 과체중인 경우가 많고, 체중의 변화가 자주 급격하게 나타난다.

3) 마구먹기장애

마구먹기장애(binge-eating disorder)는 신경성 식욕부진이나 신경성폭식증보다 훨씬 흔한 식사장애로, 다이어트에 실패 경험이 많은 비만인에서 흔히 발견된다. 신경성폭식증처럼 폭식이 반복적으로 일어나나 뒤이어 제거나 배설 행위가 없다. 기분이 우울할 때 우울감에서 벗어나려고 음식을 마구 먹거나, 문제가 생기면 먹는 것으로 해결하려고 하며, 매우 빠르게 배가 불러서 거북해질 때까지 먹고 배가 고프지 않으면서도 많은 양의 음식을 먹는다. 주로 혼자 먹으며 폭식 후에는 일시적으로 불안감이나 공허함을 잊을 수 있을 수 있지만, 심한 포만감으로 속이 거북해지고 죄책감와 우울증에 시달리는 악순환을 겪게 된다. 일반 인구의 0.7~4%의 유병률을 보이며 여자가 남자에 비해 1.5배 정도 많다.

4) 식사요법

식사장애의 치료는 영양적인 문제뿐 아니라, 환자의 정신적·심리적 문제의 상담 등 통합적인 치료가 필요하다.

신경성 식욕부진은 정신과적인 치료가 중요하며, 올바른 식행동과 식습관을 가지도록 상담과 교육을 실시한다. 체중 감소를 방지하고 목표체중에 도달하기 위해 점진적으로 열량을 증가시키면서 균형 잡힌 식습관을 갖도록 한다. 일반적으로 일주일에 1 kg의 체중 증가를 목표로 한다. 초기에는 위장관의 부담을 최소화하는 식품을 선택하며, 보충제나 정맥주사, 경관급식의 형태로 공급할 수 있다. 액상상태로 공급하면, 의사처방약으로 생각하게 하여 쉽게 수용할 수 있다. 대부분 자발적으로 조절이 힘들기 때문에 입원하게 되는데, 침대에 누워 있게 하는 것이 활동량을 줄여 체중 증가를 시키기에 좋으며 자신을 환자로 지각하게 함으로써 병원에서의 치료에 순응하게 하는 효과가 있다. 입원과 통원치료 전 과정을 통해 적절한 영양교육이 함께 이루어져야 하며, 가족들의 도움과 친구와의 대화, 가벼운 운동 등은 식사장애를 극복하는 데 도움을 준다.

신경성 대식증환자는 체중 감소를 목적으로 폭식과 강제배설을 반복하므로, 먼저 폭식-강제배설의 악순환을 끊고 정상적인 식행동과 균형 잡힌 식습관을 갖도록 하는 것이 중요하다. 식행동이 안정화된 후, 필요하면 체중 감량을 실시한다.

마구먹기장애의 경우, 지나친 공복감이 들지 않게 하는 것이 중요하다. 따라서 규칙적인 식사와 간식을 통해 공복시간이 3시간 이상을 넘기지 않도록 교육한다. 주위에 열량이 낮은 채소나 해조류를 준비하여 폭식 충동이 있을 때는 먹도록 한다. 식사일기를 써서 자신에 대한 관찰을 해 보도록 하며, 폭식을 대체할 수 있는 활동이나 취미생활을 개발하도록 한다.

| 표 6-17 | 식사장애의 특징과 원인 및 치료법

	신경성식욕부진증	신경성폭식증	마구먹기장애
취약군	사춘기소녀	성인초기	다이어트에 실패한 경험이 많은 비만인
식습관의 특징	성공적 다이어트에 대해 자부심을 느껴 극도로 식사량을 감소함	폭식과 장 비우기를 교대로 반복함	문제 발생 때마다 끊임없이 먹음
현질자각과 식행동의 원인	자신이 비만하다고 왜곡되게 믿고 자신의 행동이 비정상임을 부정함	자신의 행동이 비정상적임을 인정하고 폭식과 장 비우기를 비밀리에 행함	자신을 통제할 수 없다고 포기함
진단기준	· 체중 감소: 적어도 본래 체중의 15% 감소(1등급) 혹은 최소 25% 감소(2등급) · 저체중임에도 비만이 되는 것에 대한 강한 두려움을 지님 · 체중 감량을 향한 심한 활동 시도 · 계속해서 3회 이상 무월경이 나타남 · 체중 감소를 설명하는 알려진 신체적인 질병이 없음	· 정상 혹은 과체중임 · 뚱뚱해지는 것에 대한 강한 두려움을 지님 · 섭식패턴이 비정상적임을 깨닫고 있음 · 최소한 1주에 한 번은 다음과 같은 행동을 반복함 – 고에너지, 쉽게 소화되는 음식을 많이 먹음 – 복통, 불안감 등으로 마약, 알코올 남용 – 구토, 관장, 하제 등으로 체중 감량을 계속 시도	· 한 가지 다이어트 방법에서 다른 다이어트 방법으로 계속 옮김 · 체중이 많이 나갈 때는 남들 앞에서 적게 먹음 · 한꺼번에 너무 많은 음식을 먹음 · 배가 고프지 않아도 많은 양의 음식을 먹음 · 일단 먹기 시작하면 폭식을 통제할 수 없음 · 폭식 후에는 심한 자책감과 우울감에 빠짐 · 폭식 후 구토를 동반하진 않음
치료법	우선 기초대사량을 유지할 수 있도록 에너지 섭취를 증가시켜 체중을 회복한 후 문제의 원인을 찾도록 정신과 치료를 병행함	영양교육과 함께 자신을 인정하도록 하는 정신과 치료를 병행함	생리적으로 배고플 때만 먹도록 학습시킴

출처: 장유경 외(2016). 이해하기 쉬운 임상영양관리 및 실습.

CHAPTER 7

당뇨병

당뇨병은 인슐린의 분비나 작용의 문제로 혈중 포도당(글루코오즈, glucose) 농도가 높은 것을 특징으로 하는 질환으로 최근 세계적으로 그 유병률이 증가하고 있다. 우리나라 30세 이상 성인 7명 중 한 명(14.4%)이 당뇨병을 가지고 있으며, 65세 이상 성인에서는 10명 중 3명으로 증가했다는 보고가 있다(당뇨병 팩트 시트 2018, 대한당뇨병학회). 당뇨병은 꾸준한 관리가 필요한 질환으로 약물치료, 운동치료와 함께 영양치료는 당뇨병 관리의 핵심이라고 할 수 있다.

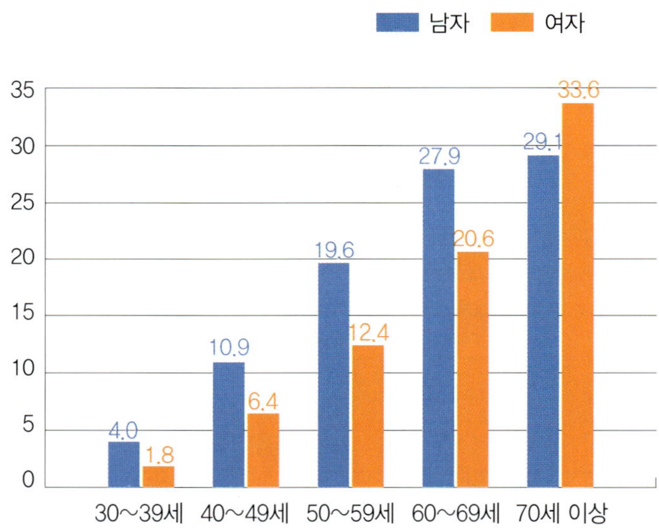

| 그림 7-1 | 당뇨병 연령별 유병률

1. 췌장의 구조와 기능

1) 췌장

췌장은 복강 내 위장 뒷부분에 위치하는 장기이며, 소화효소와 인슐린, 글루카곤과 같은 호르몬을 분비하는 역할을 한다. 외분비기능으로서 췌장(exocrine pancreas)은 다양한 소화효소를 생성하여 췌관을 통해 십이지장으로 분비하며, 내분비기능의 췌장은 췌장 내 랑게르한스섬의 알파세포에서는 글루카곤, 베타 세포에서는 인슐린을 분비하여 혈중 포도당을 조절한다.

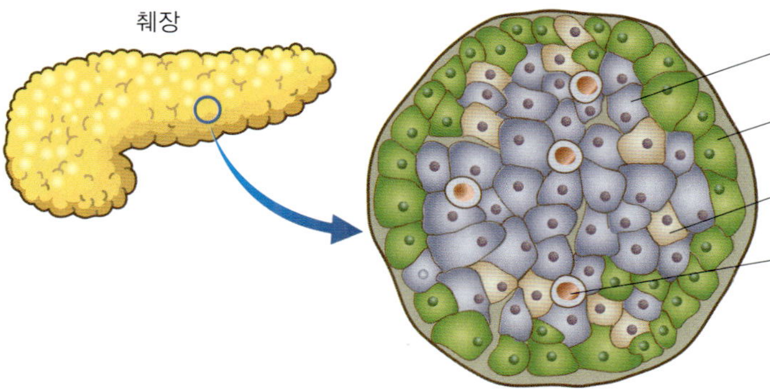

| 그림 7-2 | **췌장 랑게르한스섬에서 분비되는 호르몬**

2) 인슐린

인슐린은 췌장의 베타세포에서 분비되며 동화작용을 하는 호르몬으로 혈액으로 분비되어 당질, 단백질, 지질의 대사를 조절한다. 일반적으로 인슐린은 동화작용에 관여하여 포도당이 간, 근육, 지방세포로 흡수되는 것을 촉진하며 글리코겐, 중성지방, 단백질의 합성을 자극하는 작용을 한다. 인슐린은 혈중 포도당 농도가 상승하면 분비가 촉진된다.

3) 글루카곤

글루카곤은 혈중 포도당 수준이 정상 범위보다 낮아지면 췌장의 알파세포에서 분비된다. 글루카곤은 저장된 글리코겐의 분해(glycogenolysis)와 아미노산으로부터 새로운 포도당의 생성(gluconeogesis)으로 혈중 포도당 농도를 상승시킨다.

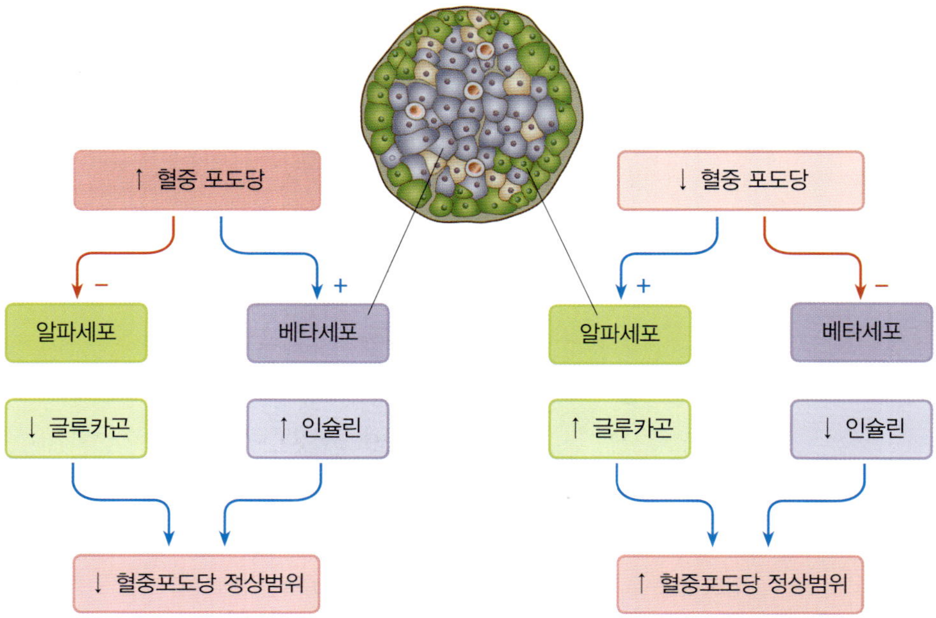

| 그림 7-3 | 인슐린과 글루카곤

2. 당뇨병의 정의와 분류

1) 당뇨병의 정의

당뇨병은 혈액중 포도당이 비정상적으로 상승하는 질병으로 인슐린의 작용이 비정상적이거나 인슐린 저항성이 높은 것에 기인한다. 이로 인해 여러 가지 대사이상을 수반하며, 만성적으로 혈당이 높을 경우 눈, 신장, 신경, 심장혈관 등 다양한 장기에 손상을 초래할 수 있다.

2) 당뇨병의 분류

(1) 제1형 당뇨병(Type 1 diabetes)

제1형 당뇨병의 주된 원인은 자가면역 등의 이유로 췌장의 베타세포가 파괴되어 인슐린 생성이 되지 않아 절대적 인슐린 결핍으로 인해 고혈당, 다뇨, 다갈, 체중 감소, 탈수, 전해질 이상, 케톤산증 등이 발생될 수 있다. 베타세포의 파괴되는 속도는 개인에 따라 다르며, 주로 영유아나 아동은 속도가 빠르고 성인은 느린 편이다. 제1형 당뇨병은 인슐린의 절대량이 부족한 상태로 인슐린으로 치료한다.

인슐린은 췌장에서 프로인슐린의 형태로 분비되는데, 프로인슐린은 두 개의 폴리펩티드 사슬과 이를 연결하는 C-펩티드(C-peptide)로 구성된다. 프로인슐린은 인슐린과 C-펩티드로 분리되어 체내에서 인슐린으로서 작용한다. 따라서 C-펩티드 검사는 체내에서 인슐린 분비량을 측정하는 데 사용되며, 제1형 당뇨병과 제2형 당뇨병을 구별하는 데 활용된다.

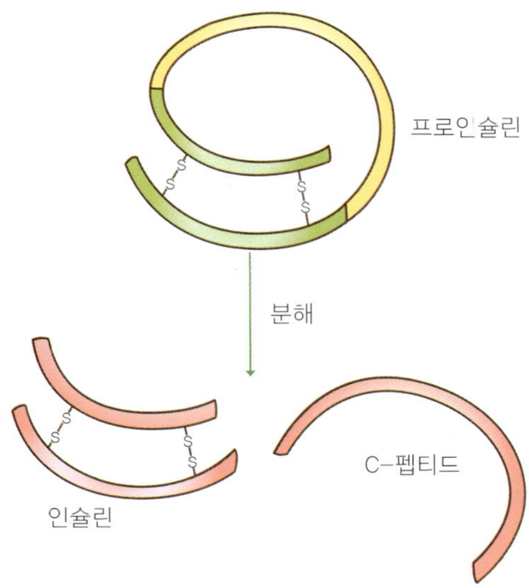

| 그림 7-4 | 인슐린과 C-펩티드

(2) 제2형 당뇨병(type 2 diabetes)

제2형 당뇨병은 인슐린의 분비와 작용의 복합적인 결함으로 발생하며 인슐린 저항성과 상대적 인슐린 부족증이 나타난다. 제2형 당뇨병은 전체 당뇨병의 90~95%에 해당하며 성인에게서 가장 빈발하지만 최근 어린이와 청소년에게서도 발병이 증가하고 있다. 제2형 당뇨병의 주요 발생위험요소는 비만, 가족력, 임신성당뇨병 이력, 당내성손상, 신체활동 부족 등이다. 서구에서는 많은 제2형 당뇨병 환자가 비만이지만 우리나라의 경우 비만이 아닌 제2형 당뇨병 환자도 많다.

(3) 당뇨병 전단계(prediabetes)

당뇨병 전단계는 공복혈당장애(Impaired Fasting Glucose, IFG)와 내당능장애(Impaired Glucose Tolerance, IGT)가 포함되며, 공복혈당이나 경구당부하검사(Oral Glucose Tolerance Test, OGTT)로 판정한다. 당뇨병 전단계 환자는 당뇨병으로 발전 가능성이 높다.

(4) 임신성 당뇨병(Gestational Diabetes Mellitus, GDM)

임신성 당뇨병은 임신 중 진단된 당뇨병으로 출산 후 대부분 정상으로 회복되나 이후 제2형 당뇨병 발생위험이 높아지므로 정기적인 검사와 바람직한 생활습관을 유지하는 것이 권장된다.

임신성 당뇨병은 주로 임신 2~3분기에 진단되며, 이 시기에 인슐린 길항 호르몬의 수준이 증가하고 인슐린 저항이 발생하기 때문이다. 임신성 당뇨병이 적절하게 관리되지 않으면 거대아 출산, 태아 저혈당 및 호흡곤란 등의 원인이 될 수 있다.

(5) 기타 당뇨병

특정 유전적 결함, 약물, 수술, 영양불량, 감염, 타질환과 관련된 당뇨병이 해당되며, 2차성 당뇨병은 다음과 같다.

- 베타세포 기능 또는 인슐린 작용의 유전적 결함에 의한 당뇨병
- 췌장 손상이나 간질환 등 기타 질환에 의한 당뇨병
- 인슐린 분비 또는 인슐린 작용을 방해하는 약물에 의한 당뇨병
- 쿠싱증후군, 갑상샘기능항진증, 말단비대증 등의 내분비질환에 의한 당뇨병

3. 당뇨병의 진단

당뇨병의 진단은 공복혈장포도당(fasting plasma glucose), 무작위혈장포도당(random plasma glucose), 경구 당부하 검사(oral glucose tolerance test), 당화혈색소(glycosylated hemoglobin, HbA1c) 등의 검사 결과로 할 수 있다. 당뇨병의 진단기준은 〈표 7-1〉과 같다.

1) 당화혈색소 검사

당화혈색소는 혈색소에 포도당이 결합하여 생성된 것으로, 혈당이 높을수록 당화혈색소의 양도 증가한다. 혈색소의 수명은 120일 정도이므로 당화혈색소는 최근 2~3개월간의 평균 혈장포도당농도를 반영한다고 할 수 있다. 이전에는 환자의 혈당관리 정도를 모니터링하는 수단으로 당화혈색소 검사를 활용했으나, 최근에는 6.5% 이상인 경우 당뇨병으로 진단한다.

2) 혈청 인슐린과 C-펩티드 농도

프로 인슐린은 인슐린과 C-펩티드의 연결된 형태로 췌장에서 분비되며, C-펩티드와 인슐린이 1:1로 분리되어 비로소 인슐린으로서 체내 활성화된다. 따라서 C-펩티드의 농도로 체내 인슐린 생성 정도를 확인할 수 있다.

| 표 7-1 | 당뇨병의 진단기준

진단	진단기준
정상	· 공복혈장포도당 100 mg/dℓ 미만 · 75 g 경구당부하 후 2시간 혈장포도당 140 mg/dℓ 미만
당뇨병	· 당화혈색소 6.5% 이상 또는 · 공복혈장포도당 126 mg/dℓ 이상 또는 · 75 g 경구당부하 후 2시간 혈장포도당 200 mg/dℓ 이상 또는 · 당뇨병의 전형적인 증상(다뇨, 다음, 설명되지 않는 체중 감소)이 있으면서 무작위 혈장포도당 200 mg/dℓ 이상
당뇨병 전단계	· 공복혈당장애: 공복혈장포도당 100~125 mg/dℓ · 내당능장애: 75 g 경구당부하 후 2시간 혈장포도당 140~199 mg/dℓ · 당뇨병 전단계: 당화혈색소 5.7~6.4%
임신성 당뇨병	시기: 임신 24~28주에 선별검사 시행 [1단계 접근법] · 75 g 경구당부하검사에서 다음 중 하나 이상 만족 - 공복혈장포도당 92 mg/dℓ 이상 - 당부하 후 1시간 혈장포도당 180 mg/dℓ 이상 - 당부하 후 2시간 혈장포도당 153 mg/dℓ 이상 [2단계 접근법] · 1단계: 50 g 경구당부하검사에서 양성 - (당부하 후 1시간 혈장포도당 140 mg/dℓ 이상 130 mg/dℓ 이상의 고위험 산모인 경우) · 2단계: 100 g 경구당부하검사에서 다음 두 가지 이상 만족 - 공복혈장포도당 95 mg/dℓ 이상 - 당부하 후 1시간 혈장포도당 180 mg/dℓ 이상 - 당부하 후 2시간 혈장포도당 155 mg/dℓ 이상 - 당부하 후 3시간 혈장포도당 140 mg/dℓ 이상
공복: 최소 8시간 이상 음식을 섭취하지 않은 상태	

출처: 대한당뇨병학회(2019). 당뇨병 진료지침.

4. 당뇨병의 대사

1) 당질 대사

당질은 식후 혈당 상승과 연관이 큰 요인이다. 인슐린은 혈액 내 존재하는 포도당을 세포로 이동시키거나 세포 내에서 포도당의 연소와 글리코겐 생성을 촉진하여 혈중 포도당 농도를 일정하게 유지시켜 주는 역할을 한다. 식후 혈당 상승은 인슐린 분비를 촉진시켜 혈중 포도당을 간과 근육 세포로 신속하게 이동하도록 한다. 포도당은 세포 내에서 에너지원인 ATP를 생성하며, 남은 포도당은 간이나 근육에서 글리코젠의 형태로 저장된다. 식사 후 시간이 지나 혈당이 낮아지면 글리코젠은 분해되어 혈당을 정상수준으로 유지할 수 있도록 한다.

당뇨병 환자는 인슐린의 부족 또는 작용의 문제로 혈중 포도당의 농도는 높지만 세포 안으로 이동은 어려워, 세포는 포도당을 이용할 수 없고 환자는 배고픔을 느껴 많이 먹고자 한다. 또한 혈당이 높으면 신장의 세뇨관에서 포도당 재흡수가 완전하게 되지 않아 소변으로 포도당이 배설된다. 소변으로 포도당이 배설되기 위해 물과 나트륨의 배설도 함께 증가되어 갈증을 느끼게 된다.

2) 지질 대사

당뇨병이 있는 경우 세포의 포도당 이용이 감소되고 글리코젠 합성이 저하되며 간의 글리코젠 저장량이 감소되어 대체 에너지원인 지질 사용이 촉진된다. 이로 인해 중성지방과 혈중 유리지방산의 농도가 증가하고 간에서 아세틸-CoA로부터 콜레스테롤 합성이 증가하여 혈중 콜레스테롤 수치가 상승한다. 이러한 이상지질혈증은 심혈관계질환을 유발할 수 있다. 또한 간에서는 당질대사 저하로 옥살로아세트산이 부족하여 생성된 아세틸-CoA가 TCA회로 반응으로 사용되지 못하고 축적되어 케톤체가 형성되며 이로 인해 케톤산혈증을 유발하게 되며 심하면 당뇨병성 혼수(diabetic coma) 상태가 된다.

3) 단백질 대사

당뇨병 환자는 포도당이 에너지원으로서 효과적으로 사용이 되지 않는 상태로 간과 근육에서 지방분해뿐 아니라 단백질분해도 촉진된다. 당백질분해로 생성된 아미노산은 당신생반응으로 포도당으로 전환되어 혈당을 상승시킨다. 이때 아미노산의 분해로 요소합성이 촉진되며, 요소의 배설을 위해 소변 내 질소 배설량이 증가한다. 당뇨병 관리가 되지 않은 당뇨병 환자는 음의 질소평형으로 체단백질이 분해되어 신체쇠약, 성장저하, 감염에 대한 저항력 저하 등이 발생한다.

4) 수분 및 전해질 대사

당뇨병 환자는 혈당 상승으로 삼투압이 증가하여 수분이 조직에서 혈액으로 이동한다. 또한 혈중 포도당과 케톤체가 소변으로 배설되면서 많은 양의 수분이 함께 배설되어 소변량이 증가하고 탈수 및 갈증을 유발한다. 체단백질의 분해가 촉진됨에 따라 세포 내 칼륨이 유출되며 나트륨과 칼륨 등 전해질이 소변으로 배설되어 전해질 대사에 이상이 생긴다.

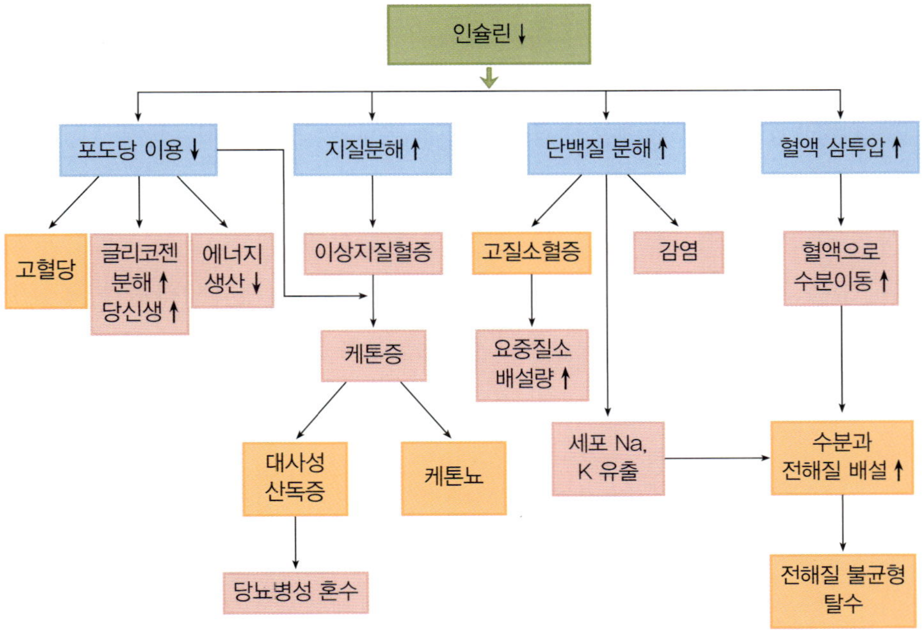

| 그림 7-5 | 당뇨병의 대사이상

출처: 이미숙 외(2018). 임상영양학.

5. 당뇨병의 합병증

1) 급성 합병증

(1) 고혈당증(hyperglycemia)

고혈당은 과식, 단순당 및 열량 섭취 증가, 고지방식사 등과 같은 식사성 요인과 스트레스, 생리주기, 임신, 운동, 감염, 여명현상 등 대사적인 요인과 잘못된 인슐린 투여에 관련 요인이 있다. 또한 고혈당이 지속되면 고삼투압성 고혈당 비케톤성 증후군과 당뇨병성 케톤산증이 발생할 수 있다.

① 고삼투압성 고혈당 비케톤성 증후군(hyperosmolar hyperglycemic nonketotic syndrome)

고삼투압성 고혈당 비케톤성 증후군은 케톤체 상승은 없지만 글루카곤과 같은 길항 호르몬이 과다하게 분비되어 당생성이 증가되면서 혈당이 600 mg/dℓ 이상 증가하여 중추신경장애, 심한 탈수, 신기능장애 등으로 높은 사망률을 보인다. 보통 복막투석을 하는 고령의 제2형 당뇨병 환자에게서 나타난다.

이때는 수분과 전해질을 공급하고 적당한 양의 인슐린 투여와 칼륨 보충을 한다.

② 당뇨병성 케톤산증(diabetic ketoacidosis)

당뇨병성 케톤산증은 제1형 당뇨병에서 나타나며, 인슐린 투여량이 부족하거나 과식으로 지방이 에너지원으로 이용되는 과정에서 불완전 연소에 의해 중간 대사물인 케톤체가 증가하면서 산독증이 일어난다.

당뇨병성 케톤산증은 적절한 용량의 인슐린을 투여하고 탈수와 전해질 불균형을 교정하여 치료한다. 혼수상태인 경우 신속한 인슐린 요법이 필요하며, 수분과 전해질은 정맥주사를 통해 공급한다.

(2) 저혈당증(hypoglycemia)

저혈당증은 혈당이 정상수준보다 낮은 상태로 일반적으로 50~70 mg/dℓ이하인 경우에 나타난다. 식은땀, 손 떨림, 가슴 두근거림, 현기증, 불안증, 두통, 피로감 등이 나타난다. 혈당이 50 mg/dℓ 이하로 심하게 낮아지면 이상행동을 보이거나 경련이 유발되고 심하면 혼수상태가 되기도 한다.

저혈당 시 환자가 의식이 있는 경우 단순당 15~20 g을 포함한 식품(오렌지주스 또는 콜라 100 cc, 꿀 1큰술, 요구르트 1개, 사탕 3~4개)을 섭취하도록 한다. 치료 15분 후에도 혈당이 낮으면 포도당 섭취를 반복한다. 의식이 없거나 스스로 처치할 수 없는 중증저혈당 환자는 10~25 g의 포도당을 1~3분에 걸쳐 정맥주사한다.

15g 당질 식품의 예				

½컵 음료수 또는 가당 주스	½컵 탄산음료	사탕 또는 젤리 3~4개	설탕 또는 꿀 또는 메이플 시럽 1수저	요구르트 1개

| 그림 7-6 | **15 g 당질 식품의 예**

2) 만성 합병증

(1) 대혈관질환

① 지질대사이상

당뇨병 환자들은 지질대사이상으로 인한 심혈관계질환의 유병율이 높다. 제2형 당뇨병 환자에서 심혈관질환 위험인자[나이(남자 45세 이상, 여자 55세 이상), 고혈압, 흡연, 관상동맥질환 조기발병 가족력(남자 55세 미만, 여자 65세 미만), 이상지질혈증(고LDL 콜레스테롤, 저HDL 콜레스테롤)]의 평가를 권고한다.

심혈관질환이 없는 당뇨병 환자는 LDL 콜레스테롤을 100 mg/dℓ 미만으로, 심혈관질환이 있는 당뇨병 환자는 LDL 콜레스테롤을 70 mg/dℓ 미만으로 조절한다. 알부민뇨, 만성신질환(사구체여과율 60 mℓ/min/1.73 m^2 미만) 등의 표적 장기 손상이나 고혈압, 흡연, 관상동맥질환 조기발병 가족력 등의 위험인자를 가지고 있는 당뇨병 환자는 LDL 콜레스테롤을 70 mg/dℓ 미만으로 조절한다.

중성지방의 조절 목표는 150 mg/dℓ 미만, HDL 콜레스테롤은 남자에게서 40 mg/dℓ, 여자에게서 50 mg/dℓ 초과이며, 이를 위해 생활습관을 적극적으로 교정하고 혈당조절을 엄격히 한다.

이상지질혈증(dyslipidemia)이 있는 경우 적극적인 생활습관교정을 하도록 교육하고, 스타틴을 일차치료약제로 사용한다.

② 고혈압

당뇨병 환자의 혈압이 120/80 mm Hg를 초과한다면 정상혈압 유지를 위하여 생활습관교정을 해야 한다. 적극적인 생활습관교정은 적절한 운동 및 식사조절을 포함하며, 나트륨 섭취를 줄이고 칼륨 섭취는 증가시키며 음주는 최소화하고 운동량은 증가시키도록 한다. 당뇨병 환자의 수축기혈압 목표는 140 mm Hg 미만이며, 이완기혈압 목표는 85 mm Hg 미만이다. 심혈관질환이 동반된 당뇨병 환자는 혈압을 130/80 mm Hg 미만으로 조절한다.

(2) 미세혈관질환

① 당뇨병성신증

당뇨병성신증은 신장의 모세혈관 손상으로 발병하며, 단백질 특히 알부민이 소변으로 배설되는 증세를 보이다가 사구체 경화로 만성신부전 상태가 된다. 혈당과 혈압을 정상으로 유지하는 것이 당뇨병성신증의 발생과 진행을 억제하는 데 중요하다. 당뇨병성신증 환자에게 단백질은 하루 0.8~1.0g/kg로 섭취하도록 하며, 이보다 과하거나 제한을 하지 않도록 한다. 단백질 제한으로 부족한 열량은 당질이나 지방으로 보충하되 혈당관리를 위해 단순당질이 아닌 복합당질로 골고루 배분하여 섭취할 수 있도록 한다.

② 당뇨병성망막병증

당뇨병성망막병증은 망막 모세혈관에 생기는 병변으로 당뇨병으로 인한 실명의 원인이 된다. 당뇨병성망막병증의 발생 위험을 낮추거나 진행을 억제하기 위해 최적의 혈당, 혈압 및 지질조절이 권장된다.

(3) 당뇨병성신경병증(diabetic neuropathy)

당뇨병 환자는 신경조직이 손상되어 신경 자극 전달이 둔화된다. 말초신경병증은 손과 발의 감각을 둔하게 하여 족부질환, 궤양, 절단 등의 원인이 된다. 자율신경의 저하는 소화기계, 방광, 심장, 혈관 등에 영향을 미쳐 오심, 식도염, 위 마비, 위 배출 지연, 설사나 변비 등의 문제를 발생시킨다. 이 경우 소량씩 자주 식사하고, 부드러운 음식을 섭취하도록 한다.

당뇨병성신경병증을 예방하기 위해서 엄격한 혈당조절이 필요하다.

6. 당뇨병의 관리

당뇨병은 합병증 예방을 위해 생활습관을 개선시키고 필요시 약물치료를 병행하여 지속적으로 혈당을 정상화시키는 것이 필요하다. 당뇨병의 관리로는 임상영양요법, 운동요법, 약물치료가 있으며 환자의 나이, 병력, 생활양식, 경제력, 동기유발 정도 등에 따라 개별화되어야 한다.

1) 임상영양요법

당뇨병 임상영양요법의 목표는 바람직한 식습관 형성, 적절한 체중 유지, 정상 혈당 및 혈청 지질 수준 유지 및 급성, 만성 합병증의 예방이다.

(1) 열량

혈당, 혈압, 지질의 조절 정도, 체중 변화, 연령, 성별, 에너지 소비량, 합병증 유무 등을 충분히 고려하여 열량 섭취량을 조절할 필요가 있다. 당뇨병 환자를 위한 총열량 섭취 중에서 탄수화물, 단백질, 지방의 이상적 비율은 정해져 있지 않으며, 총섭취열량을 유지하면서 다양한 영양소의 질, 환자의 목표혈당, 개인의 선호도 등을 고려하여 개별화되어야 한다.

과체중이나 비만한 제2형 당뇨병 환자와 당뇨병 고위험군에서 열량 섭취량 감소와 생활습관 중재가 필요하며, 초저열량 식사를 통하여 단기적인 혈당 개선 및 체중 감량은 가능하나 장기간의 효과와 안전성은 증명되지 않았다.

성인 당뇨병 환자의 열량 필요량은 다음과 같다.

▪ 1일 필요 열량(kcal) = 표준체중(kg) × 활동별 열량(kcal/kg)

활동 정도	활동별 열량(kcal)
육체활동이 거의 없는 환자	25~30
보통의 활동을 하는 환자	30~35
심한 육체활동을 하는 환자	35~40

▪ 표준체중(BMI를 이용한 계산법)

· 남자: 표준체중(kg) = 키(m) × 키(m) × 22

· 여자: 표준체중(kg) = 키(m) × 키(m) × 21

출처: 대한당뇨병학회(www.diabetes.or.kr).

비만도 120% 이상인 경우 조정체중을 이용하여 필요열량을 산출한다.

조정체중(kg) = 표준체중 + (실제체중 − 표준체중) × 0.25

(2) 당질

당뇨병 환자의 당질은 전곡, 채소, 콩류, 과일 및 유제품 등의 식품으로 섭취하도록 하며, 식이섬유가 많은 식품을 우선적으로 선택한다. 또한 규칙적인 시간에 일정량의 당질을 섭취하는 것이 혈당과 체중조절에 도움이 된다. 당뇨병 환자의 혈당조절을 위해서는 당질 계산(carbohydrate counting), 교환(exchange) 또는 경험에 의한 측정 등 다양한 방법으로 당질 섭취량을 감시하는 것이 중요하다.

당뇨병 환자를 위한 이상적인 영양소 비율은 없으나, 당질 섭취량이 많은 우리나라의 식습관을 고려하여, 한국인 당뇨병 환자에서 당질 섭취량은 총열량의 50~60%를 권고하되 환자의 대사상태(지질농도, 신기능)와 개별적 목표달성을 위해 조정할 수 있다. 단순당의 섭취는 제한하도록 하며 하루 총열량 섭취량의 10% 이상의 당류 섭취는 혈당과 총콜레스테롤을 증가시킬 수 있으므로 10% 이내로 섭취하도록 한다.

(3) 섬유소

식이섬유소는 물에 대한 용해도를 기준으로 수용성(가지, 귀리 가공식품, 콩, 보리 등)과 불용성(밀기울, 사과·배의 껍질, 곡물, 감자류 등)으로 분류한다. 수용성 식이섬유소는 위통과 및 위 배출 시간을 지연시키며 불용성 섬유소에 비해 당뇨병 환자의 혈당 및 인슐린 요구량을 감소시킨다. 또한 포만감을 주고 혈청 콜레스테롤 및 중성지방을 저하시키는 효과가 있다. 총 식이섬유소의 섭취증가는 당뇨병 발생 감소, 혈당조절 개선 및 심혈관질환 감소효과가 있다. 식이섬유소는 일반적으로 하루 1,000 kcalℓ당 12 g 이상 섭취가 권장되며, 성인 충분 섭취량은 20~25 g/day이다.

(4) 단백질

단백질 섭취 목표량은 개인의 식습관, 혈당조절 및 대사 목표에 따라 개별화하여야 하되, 1~1.2 g/kg/day 섭취를 권장한다. 다만 당뇨병성신증이 있는 경우 초기부터 엄격한 단백질 섭취 제한은 필요하지 않으나, 총열량의 20% 이상(> 1.5 g/kg/day)의 과다한 단백질 섭취는 권장하지 않는다. 당뇨병성신증(알부민뇨 또는 만성콩팥병 4단계 이상의 감소된 사구체여과율)을 동반한 당뇨병 환자에게서는 0.8 g/kg/day의 권장섭취량을 유지하도록 한다.

(5) 지방

2015년 국민건강통계에 따르면 우리나라 사람들의 열량 섭취량 중 지방비율은 21.8%로, 서구에 비해 낮은 편이지만 개인차를 고려하여 총지방섭취량이 30%가 넘지 않도록 한다. 섭취하는 양뿐만 아니라 심혈관질환 예방을 위해 섭취하는 지방의 종류 선택에 주의하도록 한다. 포화지방은 총열량의 7% 이하로 섭취하며, 트랜스지방은 최소화하거나 섭취를 제한한다. 콜레스테롤은 하루 300 mg 미만으로 조절하고, 다가불포화지방이나 단일부포화지방의 섭취를 증가시켜 LDL 콜레스테롤을 낮출 수 있도록 한다. 다가불포화지방산(polyunsaturated fatty acid, PUFA)과 단일불포화지방산(monounsaturated fatty acid, MUFA)이 풍부한 지중해식 식사는 혈당조절 및 지질개선의 효과와 심혈관질환 사망률 감소 효과가 있는 것으로 보고되었다.

(6) 나트륨

당뇨병성 합병증의 발생이나 진행의 지연을 위해서는 혈당뿐 아니라 혈압조절도 중요하다. 제1형 및 2형 당뇨병 환자에서 소금 섭취량 감소는 혈압개선 효과가 있으며, 제2형 당뇨병 환자에서 DASH(Dietary Approaches to Stop Hypertension) 식단과 2,300 mg 이하의 나트륨 섭취 감소는 혈압과 심혈관 위험을 개선시킬 수 있다. 당뇨병 환자는 혈압조절 및 합병증 예방을 위해 1일 나트륨 섭취를 2,000 mg(소금 5 g) 이내로 제한하는 것이 권장된다.

(7) 비타민, 무기질

비타민은 탄수화물, 단백질, 지방의 영양소 대사에 관여하고, 무기질은 많은 효소들의 구성성분으로 생체 기능유지에 필수적이다. 그러나 당뇨병 환자에서 이들 미량영양소 보충의 효과에 대한 근거는 확실치 않다. 단, 저열량식(1,200 kcal 이하)을 하는 환자, 엄격한 채식주의자, 노인, 임산부 등 결핍이 있는 경우에는 보충할 수 있다.

(8) 알코올

알코올 섭취는 합병증이 없고 간질환을 동반하지 않은 혈당조절이 양호한 환자에서는 반드시 금지할 필요는 없다. 과한 알코올 섭취(>30 g/day)는 당뇨병 위험도의 증가 및 고혈당, 체중 증가 등을 초래할 수 있으므로 음주량을 스스로 제한할 수 없으면 금주하는 것이 바람직하다. 세계보건기구는 성인 여자에서는 1잔, 남자에서는 2잔 이하(각 주류별로 흔히 사용되는 잔 기준)로 하루 섭취량을 제한하고 있으며 일주일에 적어도 2일 이상의 금주기간을 두도록 권고한다.

알코올은 간에서 포도당 신생을 방해하여 경구혈당강하제(설폰요소제) 복용 및 인슐린을 주사하는 환자가 음식을 섭취하지 않고 알코올만 섭취할 경우 저혈당의 위험이 있으므로 혈당측정을 자주 하고 식사를 거르지 않도록 주의가 필요하다.

(9) 인공감미료

솔비톨, 만니톨, 자일리톨과 같은 당알코올은 설탕에 비해 혈당지수 및 열량이 낮으나(2 kcal/g) 당알코올을 함유한 식품은 위장관계 문제나 설사를 유발할 수 있다. 사카린, 아스파탐, 네오탐, 아세설팜, 수크랄로스 등은 열량이 없는 감미료이다. 인공감미료의 사용이 혈당조절에 유의한 효과를 보이지는 않으나, 전반적인 열량과 탄수화물 섭취를 줄이는 데 도움이 될 수 있다.

2) 운동요법

규칙적인 운동은 혈당조절을 향상시키고 심혈관질환 위험을 감소시키며 체중 감소에 도움이 된다. 또한 제2형 당뇨병 고위험군에서는 당뇨병 예방효과가 있다. 유산소 운동으로는 걷기, 자전거 타기, 조깅, 수영 등이 있고, 저항성 운동은 근력을 이용하여 무게나 저항력에 대항하는 운동으로 장비를 이용한 웨이트 트레이닝 등이 있다.

운동의 빈도는 중강도로 30분 이상 가능한 한 일주일 내내 실시하는 것이 이상적이며, 유산소 운동과 저항성 운동을 병행할 것을 권장한다. 매일 유산소 운동을 하기 어려운 경우 1회 운동 시간을 더 늘릴 수 있다. 적어도 일주일에 150분 이상 중강도의 유산소 운동이 권장되며, 운동은 일주일에 적어도 3일 이상 해야 하며, 보통 1회의 유산소 운동이 인슐린 감수성에 미치는 효과는 24~72시간 지속되므로 연속해서 2일 이상 운동을 쉬지 않도록 한다.

저항성 운동도 유산소 운동과 동일한 정도로 인슐린 감수성을 개선시킨다. 또한 유산소 운동과 저항성 운동을 함께하는 경우 혈당조절 면에서 추가적인 효과가 있다. 금기사항이 없는 한 일주일에 2회 이상 저항성 운동을 하도록 한다.

다만 케톤산증이 있을 경우 고강도 운동은 금해야 한다. 케톤산증이 없고 전신상태가 양호하다면 고혈당이 있다고 해도 운동을 연기하거나 금할 필요는 없다. 인슐린분비촉진제나 인슐린을 사용하는 경우에는 운동으로 인해 저혈당이 발생할 수 있으므로 운동 전후 혈당을 측정하여 운동 전 혈당이 100 mg/dℓ 미만인 경우에는 당질을 섭취하도록 한다.

3) 약물치료

(1) 인슐린

인슐린 치료는 제1형 당뇨병 환자와 식사조절 및 운동요법, 경구혈당강하제로 혈당이 조절되지 않는 제2형 당뇨병 환자, 임신성 당뇨병, 케톤산증이나 고삼투압성 비케톤성 혼수 환자 등에게 적용된다.

이상적인 인슐린 치료는 췌장에서 인슐린이 분비되는 것과 유사하게 하는 것이다. 인슐린은 효과 발현시간 및 최대 효과시간 등이 종류에 따라 다르며, 초속효성, 속효성, 중간형, 지속형, 혼합형 등이 있다. 따라서 환자의 병세와 혈당 수준, 식사내용을 고려하여 각 환자에게 가장 적합한 인슐린의 종류와 용량을 결정해야 한다. 또한 인슐린 주사 후 최적 시간과 식사시간이 잘 맞도록 식사시간을 철저히 지킬 수 있도록 한다.

| 표 7-2 | 국내 시판 인슐린 제품 및 특성

초속효성 인슐린 유사체	효과 발현	최대 효과	지속시간	주사시간
· 초속효성 인슐린 유사체 - 인슐린아스파르트(NovoRapid) - 인슐린 리스프로(Humalog) - 인슐린 글루리진(Apidra)	 10~15분 10~15분 10~15분	 1~1.5시간 1~2시간 1~1.5시간	 3~5시간 3.5~4.75시간 3~5시간	식사 직전~식전 15분
· 속효성 인슐린 - 휴물린 R	30분			식전 30분
· 중간형 인슐린 - 휴물린 N	1~3시간			식전 30분~45분
· 지속형 인슐린 유사체 - 인슐린 디터미어(Lecemir) - 인슐린 글라르진(Lantus) - 인슐린 디글루덱(Tresiva) - 인슐린 글라-300(Toujeo)	 90분 90분 60~90분 6시간	없음	 24시간 24시간 42시간 이상 36시간	하루 한 번 같은 시각
· 혼합형 인슐린 - 노보믹스 30(insulin aspart protamine suspension 70%+Aspart 30%) - 노보믹스 50(insulin lispro protamine suspension 50%+Aspart 30%) - 휴마그로믹스 25(insulin lispro protamine suspension 75%+lispro 25% - 휴마그로믹스 50(insulin lispro protamine suspension 50%+lispro 50% - 휴뮬린 70/30, 믹스타드 30 (NPH 70%+RI 30%)	고정비율의 인슐린이 바이알 또는 펜형 인슐린 안에 섞여 있는 형태			식사 직전~식전 15분 식전 30분

출처: 대한당뇨병학회(2018). 당뇨병 교육자가 알아야 할 핵심지식.

| 표 7-3 | 인슐린 치료 프로그램에 따른 투여 방법

방법	특징
기저 인슐린 요법	· 지속형 또는 중간형 인슐린을 자기 전이나 아침 식전에 1회 주사 · 식후 혈당 조절을 위해 대개 경구혈당강하제와 병합치료 · 저혈당 발생 및 체중 증가가 적으나 혈색소가 높은 경우 목표 당화혈색소에 도달하기 어려움 · 대개 10단위 혹은 체중 kg당 0.1~0.2 단위로 시작하여 3~7일 간격으로 용량을 2~4단위 조절: 공복혈당 측정하여 평균값에 따라 용량 증감
혼합형 인슐린 요법	· 주로 아침저녁 식전 2회 투여 · 당화혈색소가 높은 경우 효과적 · 기저 인슐린 요법에 비해 저혈당 발생 빈도가 높고 체중 증가가 많으며 용량이 많아야 함 · kg당 0.1~0.2단위로 시작 · 하루 용량의 $\frac{2}{3}$는 아침 식전에, 나머지 $\frac{1}{3}$은 저녁 식전에 투여
집중(기저-식전) 인슐린 요법	· 지속형 인슐린 1회(주로 자기 전) 주사 후 초속효성 인슐린 식전 1회 이상 추가 주사: 식후 혈당에 따라 단계별로 추가하므로 다회 인슐린 요법(4회/1일)으로 이행 가능 · 기저 인슐린 요법에 비해 주사 횟수가 많고 저혈당 발생 빈도가 높음 · 기저 및 식사 인슐린을 각각 0.1~.2 단위/kg/day로 시작
지속피하 인슐린 요법	· 인슐린 펌프를 이용하는 방법으로 바늘을 복부의 피하지방층에 찔러 고정한 후 하루종일 인슐린을 주입 · 주로 초속효성 혹은 속효성 인슐린을 사용하고 기저 인슐린양과 식사 인슐린양의 비를 50:50으로 하는 것이 기본이나 상황에 따라 주입량 조절 · 인슐린 투여 때마다 주사해야 하는 번거로움을 줄일 수 있음

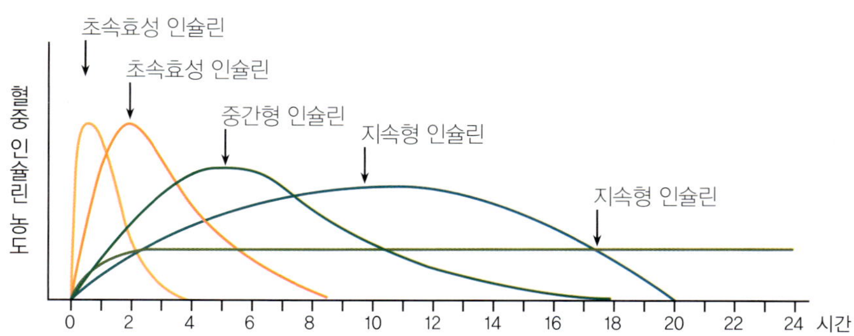

*'기저 인슐린' 용량(basal level of insulin): 정상인은 췌장에서 적은 양의 인슐린이 하루종일 분비되어 혈류로 방출되는데 이것을 기저 인슐린 용량이라고 함

**'식사 인슐린' 용량(bolus dose): 식사 시 췌장은 더 많은 양의 인슐린을 분비하는데 이것을 식사 인슐린 용량이라고 함

출처: 대한당뇨병학회(2018). 당뇨병 교육자가 알아야 할 핵심지식.

(2) 경구혈당강하제

제2형 당뇨병 환자의 혈당조절에 사용되며, 작용기전에 따라 인슐린 분비 촉진, 인슐린 감수성 향상, 소화관에서 당질의 분해 및 흡수 지연으로 분류된다.

| 표 7-4 | 경구혈당강하제의 종류와 특징

종류	약물(상품명)	특징
설폰요소제 (sulfonylurea)	· 글리피지드(다이그린) · 글리부리드(다오닐, 유글루콘) · 글리메피라이드(아마릴)	· 췌장의 베타세포를 자극하여 인슐린 분비를 증가시키고 간에서 당신생을 억제 · 말초조직에서 인슐린 저항을 감소시킴
비구아나이드제 (biguanide)	· 메트포르민(글루코파지)	· 인슐린 분비를 자극하지는 않으나 간에서 당신생을 감소 · 소화관에서의 당 흡수를 억제 · 말초조직에서 인슐린 감수성을 증가시킴으로써 혈당을 저하시킴
알파글루코시다아제 억제제 (α-glucosidase inhibitor)	· 아카보스(글루코바이, 베이슨)	· 알파글루코시다아제의 활성을 저해하여 장내 당실 소화와 당 흡수를 지연시킴
티아졸리디네디온제 (thiazolidinediones)	· 피로글리타존(액토스) · 로지글리타존(아반디아)	· 인슐린 분비를 자극 · 인슐린의 표적 장기인 근육, 간 및 지방조직에서 인슐린 작용을 증가
메글리티나이드네제 (meglitinides)	· 나테글리나이드(파스틱)	· 인슐린 분비를 자극

출처: 대한영양사협회(2008). 임상영양지침서.

7. 당뇨병의 식사요법

1) 식품교환표

식품교환표는 영양소의 구성과 열량이 유사한 식품끼리 모아 곡류군, 어육류군, 채소군, 지방군, 우유군, 과일군 등 총 여섯 가지 식품군으로 만든 표이다.

동일한 식품군에서 같은 열량을 내는 식품의 양을 정한 것이 교환단위이다. 당뇨병 환자의 하루 열량 섭취량을 산정한 후 식품교환표를 이용하여 식사를 계획할 수 있다.

2) 식품교환표를 이용한 식사계획

열량별 각 식품군 교환단위수를 계획한 후 식품군별 교환단위수에 맞는 식품으로 메뉴를 작성하도록 한다.

- 제1형 당뇨병 환자는 간식이 권장되며, 식사시간을 정확히 준수하도록 한다.
- 제2형 당뇨병 환자는 1일 열량 분배 시 3끼니에 균등하게 배분될 수 있도록 한다.
- 청소년기는 성장과 발육에 필요한 충분한 열량과 영양소 공급이 필요하다.

| 표 7-5 | 열량별 각 식품군 교환단위수 예

열량 (kcal)	곡류군	어육류군		채소군	지방군	우유군	과일군
		저지방	중지방				
1,000	4	1	2	7	2	1	1
1,200	5	1	3	7	3	1	1
1,400	7	1	3	7	3	1	1
1,600	8	2	3	7	4	1	1
1,800	8	2	3	7	4	2	2
2,000	9	2	3	7	4	2	2
2,200	11	2	4	7	4	2	2
2,400	12	3	4	7	5	2	2

| 표 7-6 | 당뇨병 환자를 위한 1,800 kcal 식단 예

식품군	총 교환 단위 수	아침	점심	저녁
곡류군	8	2	3	3
		70 g×교환=140 g 잡곡밥 ⅔공기(140 g)	70 g×3교환=210 g 조밥 1공기(210 g)	70 g×3교환=210 g 흑미밥 1공기(210 g)
어육류군	5	1	2	2
		연두부 1교환(150 g)	스테이크볶음 (쇠고기 1교환, 40 g) 오징어초무침 (오징어 1교환, 50 g)	돈육고추잡채 (돼지고기 1교환, 40 g) 동태전 (동태살 1교환, 50 g)
채소군	7	2	3	2
		콩나물국 1교환(70 g) 미역줄기볶음 0.5교환(35 g) 나박김치 0.5교환(35 g)	들깨팽이버섯탕/스테이크 볶음/오징어초무침에 포함된 채소 1교환 연근조림 1교환(40 g) 청경채나물 1교환(70 g)	근대된장국 (근대 1교환, 70 g) 마늘종볶음 (마늘종 1교환, 40 g)
지방군	4	1	1.5	1.5
		식용유 1 tsp(5 g) 미역줄기볶음	들깻가루 0.5교환(4 g) 식용유/참기름 1 tsp(5 g)	식용유 1.5 작은술(7.5 g) 마늘종볶음/ 동태전 조리용
우유군	2	식사시간 사이 간식으로 드세요. 우유 1교환(1컵, 200 cc) 두유 1교환(1컵, 200 cc)		
과일군	2	식사시간 사이 간식으로 드세요. 사과 1교환(⅓개, 80 g) 딸기 1교환(150 g)		

3) 혈당지수(Glycemic index, GI)

혈당지수란 일정한 양의 당질을 섭취한 후 혈당 상승 정도를 같은 양의 표준 당질 식품을 섭취 후 혈당 상승 정도와 비교한 값을 의미한다. 같은 열량의 식품이라도 혈당지수의 숫자가 높을수록 혈당을 빠르게 높이고 낮을수록 혈당을 천천히 높인다.

| 표 7-7 | 식품별 혈당지수

GI지수(혈당지수)표

콩류·해조류	
체에 거른 팥소	80
으깬 팥소	78
두부 무침	46
팥	45
완두콩	45
유부	43
두부	42
연두부	42
비지	35
청국장	33
된장	33
콩	30
풋콩	30
캐슈너트	29
아몬드	25
두유	23
피스타치오	23
땅콩	20
톳	19
다시마	17
녹조류	16
미역	16
김	15
한천	12
큰실말	12

설탕·과자·음료	
백설탕	109
맥아당	105
얼음과자	100
초콜릿	90
찹쌀떡	88
벌꿀	88
도넛	86
캐러멜	86
감자튀김	85
쇼트케이크	82
핫케이크	80
쿠키	77
메이플시럽	73
크래커	70
카스테라	69
감자칩	60
푸딩	52
코코아	47
젤리	46
천연과즙주스	42
카페오레	39
과당	30
프림	24
녹차	10
홍차	10

곡류·빵·면	
바게트빵	93
식빵	91
떡	85
우동	85
정백미	84
롤빵	83
팥빵	77
베이글	75
콘플레이크	75
라면	73
마카로니	71
크루아상	70
현미+정백미	65
현미 플레이크	65
파스타	65
흰죽	57
현미	56
밀가루	55
호밀빵	55
오트밀	55
메밀국수	54
중화면	50
보리	50
통밀빵	50
현미죽	47

과일	
딸기잼	82
파인애플	65
황도통조림	63
건포도	57
귤통조림	57
바나나	55
포도	50
망고	49
멜로	41
복숭아	41
감	37
사과	36
서양배	36
키위	35
블루베리	34
자두	34
레몬	34
귤	33
배	32
오렌지	31
포도통조림	31
자몽	31
파파야	30
살구	29
딸기	29

우유·유제품·난류	
연유(가당)	82
아이스크림	65
생크림	39
크림치즈	33
드링킹요구르트	33
마가린	31
가공치즈	31
탈지유	30
버터	30
달걀	30
저지방우유	26
플레인요구르트	25
우유	25

조미료	
후추	73
카레	49
고추냉이	44
청국장	33
된장	33
마요네즈	15
간장	11
양겨자	10
소금	10
식초(곡물초)	3

육류·어패류	
구운어묵	55
찐어묵	51
참치통조림	50
베이컨	49
살라미	48
생선경단	47
햄	46
돼지고기	46
소시지	46
닭고기	45
오리고기	45
양고기	45
굴	45
바지락	44
전복	44
장어구이	43
대합	43
가리비	42
모시조개	40
참치	40
붕장어·새우	40
오징어·낙지	40
명란	40
말린멸치	40
연어알	40
고등어	40

야채·근채류	
감자	90
당근	80
산마	75
옥수수	75
참마	65
호박	65
토란	64
밤	60
은행	58
고구마	55
마늘	49
우엉	45
연근	38
양파	30
토마토	30
송이버섯	29
팽이버섯	29
오크라	28
대파	28
새송이버섯	28
표고버섯	28
생강	27
양배추	26
피망	26
꼬투리강낭콩	26
무	26
죽순	26
풋고추	26
부추	26
팽나무버섯	26
목이버섯	26
아스파라거스	25
브로콜리	25
쑥갓	25
가지	25
양송이	24
모로헤이야	24
곤약	24
여주	24
셀러리	24
무순	24
실곤약	23
양상추	23
양하	23
물냉이	23
소송채	23
청경채	23
오이	23
샐러드채	22
숙주	22
콩나물	22
시금치	15

4) 당부하지수(Glycemic Load, GL)

당부하지수는 당질의 흡수 속도뿐 아니라 식사 중 섭취하는 당질의 양까지 고려한 값으로 식품의 1회 분량에 함유된 당질함량(g)×혈당지수÷100으로 10 이하인 경우 낮은 편으로, 11~19는 중간, 20 이상은 높은 편으로 간주한다.

| 표 7-8 | 식품별 당지수와 당부하지수

식품	당지수(포도당=10)	1회 섭취량(g)	1회 섭취량당 함유 당질량(g)	1회 섭취량당 당부하지수
대두콩	18	150	6	1
우유	27	250	12	3
사과	38	120	15	6
배	38	120	11	4
밀크초콜릿	43	50	28	12
포도	46	120	18	8
쥐눈이콩	42	150	30	13
호밀빵	50	30	12	6
현미밥	55	150	33	18
파인애플	59	120	13	7
페이스트리	59	57	26	15
고구마	61	150	28	17
아이스크림	61	50	13	8
환타	68	250	34	23
수박	72	120	6	4
늙은호박	75	80	4	3
게토레이	78	250	15	12
콘플레이크	81	30	26	21
구운 감자	85	150	30	26
흰밥	86	150	43	37
떡	91	30	25	23
찹쌀밥	92	150	48	44

8. 당뇨병 영양관리과정(nutrition care process) 사례

김○○는 43세 남성으로 최근 종합병원 내분비내과에서 당뇨병 진단을 받고 임상영양사에게 영양관리가 의뢰되어 교육을 위해 외래 영양상담실을 방문하였다.

김○○의 키는 178 cm이며 평소 체중은 98 kg이나 최근 3개월 동안 10 kg이 감소하여 현재 체중은 88 kg이다. 다른 질병에 대한 이력은 없으며, 가족력으로 부친이 당뇨병 진단을 받은 이력이 있다. 당뇨병으로 인한 약물처방은 Amaryl(Glimepiride/Metformin, 혈당강하제)이다. 생화학적 검사결과는 Glucose 280 mg/dℓ(▲), Total Protein 7.3 g/dℓ, Albumin 4.26 g/dℓ, Total Cholesterol 253 mg/dℓ(▲), Triglyceride 395 mg/dℓ(▲), HDL-Cholesterol 33 mg/dℓ(▼), LDL-Cholesterol 88 mg/dℓ이다. 식품/영양소와 관련된 식사력으로 평소 아침식사는 잘 하지 않아 하루 두 끼만 섭취하며 식사시간은 불규칙하고 10분 정도로 비교적 빠르게 식사하곤 한다. 간식은 다양한 과자류를 하루 1회씩 먹고, 외식은 거의 매일 하며 일본식 또는 중국식 식당에서 한다. 술은 주 2~3회 마시며 1회당 소주 1.5병 정도 마신다. 운동은 거의 하지 않고 있다.

김OO의 영양관리과정을 작성하시오.

영양판정	
환자 과거력	
신체계측	
생화학적 자료	
식품/영양소와 관련된 식사력	
영양필요량	

영양진단		
문제	원인	징후/증상

<table>
<tr><th colspan="4">영양중재</th></tr>
<tr><td>영양처방</td><td colspan="3"></td></tr>
<tr><td rowspan="5">영양중재</td><td colspan="3">□ 식품/영양소 제공 □ 영양교육 □ 영양상담 □ 다분야협의</td></tr>
<tr><td>영양진단</td><td>중재내용</td><td>목표/기대효과</td></tr>
<tr><td></td><td></td><td></td></tr>
<tr><td></td><td></td><td></td></tr>
<tr><td></td><td></td><td></td></tr>
<tr><td>제공 교육자료</td><td colspan="3"></td></tr>
</table>

CHAPTER 8

비뇨기계질환

콩팥은 체내 노폐물을 여과, 분비, 재흡수하여 체외로 배출할 수 있도록 하는 기관이다. 이외에도 산·염기 평형, 혈압조절, 호르몬 분비, 적혈구 생성 촉진 등 다양한 역할을 담당한다. 이러한 콩팥에 질환이 발생하면 노폐물이 체내 축적되는 등 다양한 장애가 발생될 수 있다.

1. 콩팥의 구조와 기능

1) 콩팥의 구조

콩팥은 척추의 좌우로 하나씩 위치하며 후복벽에 위치한 강낭콩 모양의 장기이다[그림 8-1]. 콩팥은 주먹 정도의 크기로 무게는 약 150 g 정도이며, 콩팥 1개에는 약 100~150만 개의 네프론(nephron)이 있다. 네프론은 콩팥의 기능적 단위로 사구체(glomerulus)와 보우만 주머니(Bowman's capsule), 근위세뇨관, 헨레고리, 원위세뇨관, 집합관으로 구성되어 있다[그림 8-2].

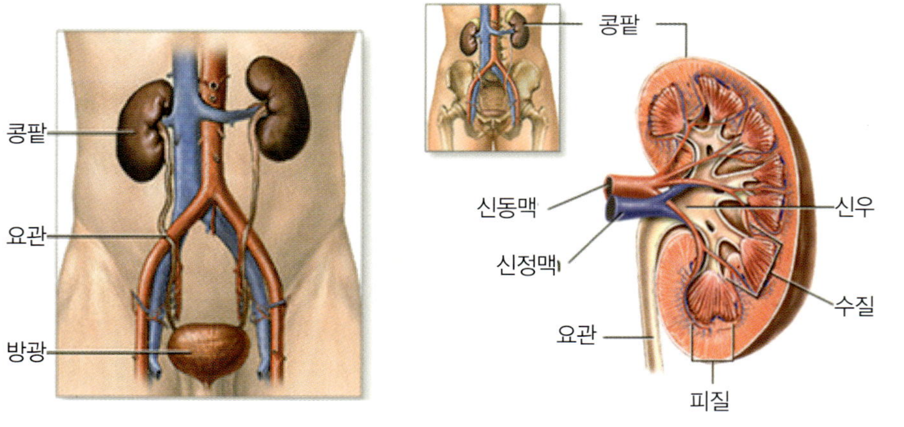

| 그림 8-1 | 콩팥

출처: A.D.A.M.(http://www.adamimages.com/)

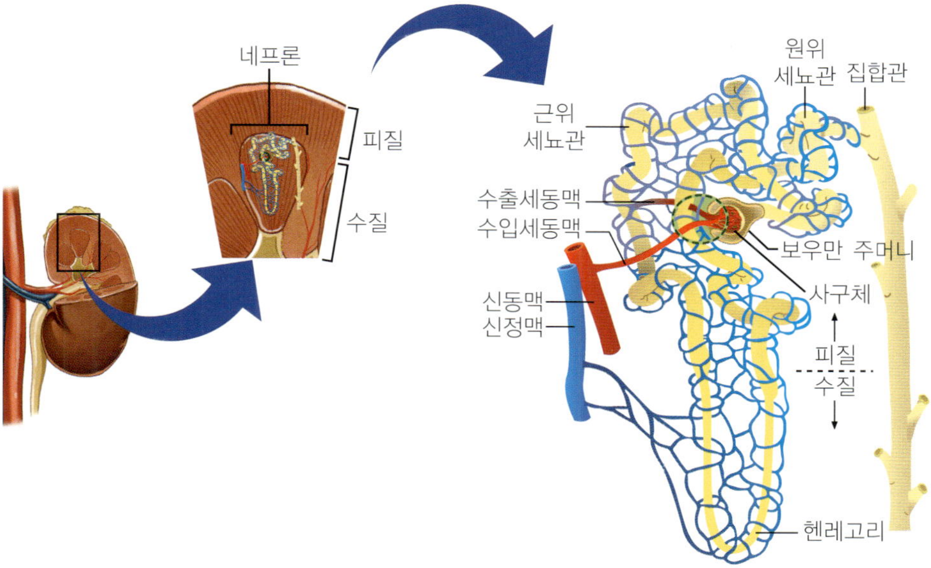

| 그림 8-2 | 네프론

출처: 김미자 외(2018). 식사요법.

2) 콩팥의 기능

(1) 배설기능

콩팥은 심장에서 나오는 혈액의 20%를 받아 하루에 약 1,600ℓ의 혈액을 걸러내고 1.5ℓ의 소변을 만들어 낸다. 사구체는 콩팥으로 들어온 혈액을 수동적인 확산으로 한외여과물을 생산하고, 세뇨관은 한외여과물에서 우리 몸에 필요한 여러 가지 물질을 능동적 작용으로 재흡수한다. 세뇨관에서는 재흡수뿐 아니라 일부 분비와 농축을 통해 전해질, 삼투압, 산·염기, 소변의 양 등이 조절되어 소변을 생산한다. 이렇게 생산된 소변은 집합관을 통해 신우(renal pelvis)에 모였다가 요관(ureter)을 통해 방광(bladder)로 보내지며, 방광에서는 일정량의 소변을 모아 체외로 배출한다.

(2) 체액 평형유지

콩팥은 Na^+/K^+의 재흡수를 통해 전해질 농도를 조절하고, $HCO3^-/H^+$ 재흡수로 산·염기 평형을 유지한다. 또한 수분 섭취량에 따라 소변의 양을 조절하여 전체 체액의 양을 일정하게 유지한다.

(3) 혈압조절

콩팥은 레닌(renin)을 분비하여 앤지오텐신(angiotensin)과 알도스테론(aldosterone)의 생산과 분비를 증가시킨다. 앤지오텐신은 혈압을 상승시키는 역할을 하며, 부신피질에서 알도스테론이 분비되도록 한다. 알도스테론은 Na^+의 재흡수를 촉진한다. 이러한 레닌-앤지오텐신-알도스테론 시스템이 활성화되면 혈액량이 증가하고 혈압이 상승하게 된다.

(4) 조혈조절

콩팥은 조혈인자인 에리스로포이에틴(erythropoietin)을 생성하여 골수를 자극하여 적혈구의 분화, 증식, 성숙하게 한다. 만성콩팥병의 경우 조혈인자의 결핍으로 심한 빈혈을 초래할 수 있다.

(5) 칼슘 평형 유지

콩팥은 칼슘과 인, 비타민 D의 대사에 관여한다. 콩팥은 비타민 D를 활성화하여 소장에서 칼슘 흡수 및 세뇨관에서의 칼슘 재흡수를 촉진하고 뼈에서 칼슘을 용출하게 하여 혈중 칼슘의 농도를 높인다.

2. 콩팥질환의 진단

콩팥 기능의 지표로는 혈중요소질소(BUN), 크레아티닌, 요산, 콜레스테롤, 알부민 등이 있으며 각각의 정상 범위와 콩팥 기능 관련 변동내용은 〈표 8-1〉과 같다.

| 표 8-1 | 콩팥 기능의 혈액 검사 지표

혈액 검사 지표	정상 범위	콩팥 기능 관련 변동
혈중요소질소(BUN)	10~26 mg/dℓ	신부전인 경우 증가
크레아티닌	0.7~1.4 mg/dℓ	신부전인 경우 증가 근단백이 분해되면 증가
요산	4.0~8.5 mg/dℓ	신부전인 경우 증가 증가되면 통풍의 원인
콜레스테롤	150~200 mg/dℓ	신증후군인 경우 증가
알부민	3.3~5.0 g/dℓ	신증후군인 경우 감소

3. 콩팥질환의 종류

콩팥질환은 신장결석(kidney stones 혹은 nephrolithiasis), 급성신장기능상실(Acute Kidney Injury, AKI), 신증후군(Nephrotic Syndrome, NS), 만성콩팥병(Chronic Kidney Disease, CKD), 말기콩팥병(End-Stage Renal Disease, ESRD)으로 구분할 수 있다.

1) 신증후군

신증후군이란 소변으로 단백질이 과다하게 배설되는 질환으로 단백뇨나 부종 외 심혈관계 증상이 나타난다.

(1) 원인

사구체의 손상으로 혈액의 단백질이 사구체를 투과하여 소변으로 배설되는 질환으로 원인은 감염, 화학물질에 의한 손상, 면역이상, 유전질환, 당뇨병, 특정 암 등이다.

(2) 증상 및 합병증

신증후군은 여러 가지 증상이 나타나며, 요소 등의 질소화합물은 적당히 배설하고 고혈압이나 혈뇨는 잘 나타나지 않는다. 그러나 사구체 투과성이 증가되어 단백뇨가 심하며, 이로 인해 저알부민혈증, 부종이 나타나고, 혈중 지질농도 증가, 혈액응고 장애 등의 증상이 나타난다.

① 부종

혈액 중 알부민이 소변으로 과다하게 배출되면서 혈중 알부민 수치가 낮아지면서 혈장의 수분이 혈관 밖 조직에 축적되어 부종이 나타난다. 그리고 신장 기능 이상으로 나트륨이 체내에 축적되면서 수분이 더 많이 증가하여 부종이 심해진다.

② 심혈관계 증상

간에서 지단백질 합성이 촉진되어 LDL과 VLDL의 혈중 수치가 상승하여 이상지질혈증이 나타난다. 또한 혈관 벽에서 지단백질 지방분해효소(lipoprotein lipase, LPL)가 감소하는 것도 VLDL 증가의 원인이 된다.

③ 기타 증상

전신권태감, 설사, 식욕부진 등이 있을 수 있으며, 단백뇨 증상이 장기화되면 단백질-에너지 결핍성 영양불량과 근육소모가 나타날 수 있다.

(3) 영양치료

단백질 영양불량을 방지하고 부종을 완화하도록 하는 것이 식사요법의 목표이다.

| 표 8-2 | 신증후군의 영양치료

영양소	내용
에너지(kcal/kg)	• 35(비만이 아닌 경우, 부종이 있는 경우 건체중 이용) • 복합 당질
단백질(g/kg)	• 0.8~1 • 요 손실의 보충은 논쟁의 여지가 있는 상태
지방	• 콜레스테롤 1일 300 mg 이하 • P:M:S=1:1:1
나트륨(g/일)	• 1~2
칼륨(g/일)	• 제한하지 않음
인(mg/g 단백질 또는 mg/일)	• 혈청 정상 범위 내 유지
칼슘(g/일)	• 영양 섭취 기준, 혈청 정상 범위 내 유지
수분(cc/일)	• 균형 유지
비타민/무기질(1일)	• B복합체와 C: 영양 섭취 기준에 따름 • D: 적절히 보충 • 철분과 아연은 개별화
섬유소(g/일)	-

2) 급성신장기능상실

급성신장기능상실(Acute Kidney Injury, AKI 혹은 Acute Renal Failure, ARF)은 급성신부전 혹은 급성 콩팥손상이라고도 하며, 사구체여과율의 감소나 세뇨관 손상 등으로 콩팥 기능이 저하되는 질환이다. 외상, 약물의 오남용, 패혈증, 갑작스런 수술이나 외상 등이 원인이 될 수 있다.

급성신장기능상실은 신장 기능이 수시간 또는 수일 내에 급속하게 손상되어 소변배설량이 감소하고 질소성 노폐물이 혈액에 축적되는 질병이다.

(1) 원인

신전성(prerenal), 내인성(intrinsic), 신후성(postrenal 혹은 obstruction, 폐쇄적)으로 분류한다. 신전성은 신장으로 유입되는 혈류가 감소된 것으로 혈류량을 정상화시키면 신장의 기능도 빠르게 정상화된다. 내인성은 신장의 해부학적 구조가 손상된 것으로 약물이나 화학요법 또는 조영제 등과 같은 독성물질로 인해 발생할 수 있다. 신후성은 요도 또는 방광 등 세뇨관 이하 부위의 폐쇄로 보우만강의 내압이 증가하여 사구체여과율이 감소한다.

(2) 증상

급성신장기능상실 환자는 하루 소변량이 500 mℓ 이하(무뇨 또는 핍뇨)이며 전해질 농도 이상이 나타난다. 이로 인해 부종, 요독증이 발생하며, 사구체여과율과 소변량에 따라 핍뇨기, 이뇨기, 회복기로 나눌 수 있다. 핍뇨기에는 사구체여과율 25 mℓ/min 미만, 소변량 하루 500 mℓ 이하로 수분과 전해질 이상에 따른 심부전, 폐수종, 고혈압 및 부종의 증상과 요독증이 나타날 수 있다. 이뇨기는 사구체여과율 25 mℓ/min 이상 55 mℓ/min 미만이며 소변량 하루 3,000 mℓ이하로 세뇨관의 재흡수능력이 저하되어 다량의 수분과 전해질의 상실이 있을 수 있어 적절한 보충이 필요하다. 회복기는 사구체여과율 55 mℓ/min 이상이며 소변량 800 mℓ 이상으로 정상수준이며, 이뇨기 후 서서히 회복되는 시기이다.

(3) 영양치료

급성신장기능상실의 영양치료는 환자의 영양상태, 이화상태, 각종 검사 결과 및 신대체요법 여부 등에 따라 달라진다. 환자가 식욕부진 등으로 적절한 경구섭취가 되지 않을 경우 영양지원이 필요하다.

급성신장기능상실의 영양치료는 〈표 8-3〉과 같다.

| 표 8-3 | 급성신장기능상실 영양치료

영양소	내용
에너지(kcal/kg)	• 30~40 • 열량을 충분히 공급하여 이화작용 막음
단백질(g/kg)	• 투석을 하지 않을 경우: 0.6~0.8 • 투석을 하는 경우: 1~2 • 음의 질소 평형과 근육소모를 막기 위해 충분한 단백질 섭취
나트륨(g/일)	• 핍뇨기: 1~2(소변량, 부종, 투석, 혈청 Na^- 수준에 따라 조절 필요) • 이뇨기: 소실량에 대한 대체
칼륨(g/일)	• 핍뇨기: 1.2~2(소변량, 투석, 혈청 K^+ 수준에 따라 조절 필요) • 이뇨기: 소실량에 대한 대체
인(mg/g 단백질 또는 mg/일)	• 필요시 제한
칼슘(g/일)	• 혈청 정상 범위 내 유지
수분(cc/일)	• 전일 소변량+500 mℓ
비타민/무기질(1일)	• 영양 섭취 기준에 따름
섬유소(g/일)	-

3) 만성콩팥병

만성콩팥병(Chronic Kidney Disease, CKD)은 신장기능이 점진적이고 비가역적으로 손상되는 질병이다. 콩팥은 기능이 50~70%까지 낮아져도 일부 생화학적 지표를 제외하고는 특별한 증상이 나타나지 않는다.

(1) 원인

당뇨병과 고혈압이 만성콩팥병의 주된 원인이며, 만성사구체신염나 루프스와 같은 자가면역질환, 다낭성 신질환, 만성신우신염 등의 감염성질환, 기타 약물이나 방사선 조영제 등 신독성 물질도 원인이 될 수 있다.

(2) 증상

① 콩팥기능의 손상

미국국립콩팥병교육프로그램(the National Kidney Disease Education Program, NKDEP)에서는 3개월 이상 GFR이 60 mℓ/min/1.73 m^2 미만이거나 알부민뇨가 요크레아티닌 g당 30 mg 이상인 경우 만성콩팥병으로 정의한다. 미국국립신장재단(the National Kidney Foundation, NKF)에서는 만성콩팥병의 상태를 5개의 단계로 나누었다〈표 8-4〉. 만성콩팥병 5단계는 생명 유지를 위해 신장대체요법(Renal Replacement Therapy, RRT)이나 신장이식이 필요하다.

| 표 8-4 | 만성콩팥병(CKD)의 진행단계

단계	GFR(mℓ/min/1.73 m^2)	설명
1	≥ 90	정상적 혹은 증가된 GFR을 동반한 신장손상
2	60~89	약간 감소된 GFR을 동반한 신장손상
3	30~59	GFR의 중정도 감소
4	15~29	GFR의 심각한 감소
5	<15 (또는 투석)	신장기능 상실(End-Stage of Renal Disease, ESRD)

② 전해질과 호르몬 불균형

만성콩팥병은 상당 부분 기능이 저하될 때까지 수분과 전해질 장애가 나타나지 않는다. 사구체여과율이 감소함에 따라 손상되지 않은 네프론의 활성도가 오히려 높아지기 때문이다. 또한 콩팥의 기능이 저하된 것을 보완하기 위해 많은 호르몬의 작용으로 전해질의 농도는 유지되나 이 때문에 합병증이 발생한다. 혈청 칼륨농도의 상승을 억제하기 위한 알도스테론의 분비는 고혈압을 유발하고, 부갑상샘 호르몬은 혈청 인 상승을 억제하지만 골손실을 촉진한다.

③ 요독증

요독증(uremia)은 콩팥기능이 손상되어 소변량이 감소함에 따라 질소노폐물이 체외로 배설되지 못하고 혈액 중 축적되고, 체단백의 분해가 질병으로 가중되어 질소성 노폐물 생성이 증가되는 것을 말한다.

초기 증상은 야뇨증, 수면장애, 피로감, 소화장애 등이며, 질병이 진행됨에 따라 부종, 가려움증, 기억력 감퇴 등을 보이다가 심하면 호흡곤란, 심전도장애, 경련, 혼수 등을 야기한다.

요독증은 사구체여과율이 15 mℓ/min 미만이고 BUN이 60 mg/dℓ 초과할 때 발생한다. 또한 혈중 요소농도가 정상수준의 5배 이상으로 상승하고 크레아티닌 농도가 10~12 mg/dℓ 상승한다.

④ 영양치료

만성콩팥병의 영양치료는 질병과 관련이 있는 증상(부종, 저알부민혈증, 고지혈증)을 관리하고, 질병의 진행을 늦추며 좋은 영양상태를 유지하는 것이다. 만성콩팥병 환자는 체계적인 영양치료 프로토콜에 따라 지속적인 영양치료를 할 것이 권장된다.

| 표 8-5 | 만성콩팥병의 영양치료

영양소	내용
에너지(kcal/kg)	• 30~35(60세 이상) • 35(60세 미만)
단백질(g/kg)	• 0.8 • 50% 이상 생물가 높은 식품으로 공급
나트륨(g/일)	• 2

영양소	내용
칼륨(g/일)	• 혈청 칼륨 수치가 높지 않으면 제한하지 않음
인(mg/g 단백질 또는 mg/일)	• 10~12 mg/g 단백질 • 800~1000 mg/일 • 혈청 인과 부갑상샘호르몬은 정상 범위 내 유지
칼슘(g/일)	• 영양 섭취 기준, 혈청 정상 범위 내 유지
수분(cc/일)	• 일반적으로 제한하지 않음
비타민/무기질(1일)	• B복합체와 C: 영양 섭취 기준에 따름 • D: 적절히 보충 • 철분과 아연은 개별화
섬유소(g/일)	• 20~30

⑤ 약물치료

만성콩팥병의 진행을 지연시키고 합병증의 치료를 위해 약물치료를 한다. 항고혈압제는 만성콩팥병 환자에게 많이 처방되는 약물로 혈압을 정상수준으로 관리하면 질병의 진행속도를 늦추고 심혈관계질환이 위험을 낮출 수 있기 때문이다. 또한 빈혈을 치료하기 위해 에리스로포이에틴을 주사하며, 혈청 인의 농도 감소를 위해서는 인결합제를 사용한다. 혈청 칼륨 수치 감소를 위해 항고칼륨제를 사용하여 칼륨의 배설을 촉진한다. 이외에도 이뇨제를 통해 체내 저류되어 있는 수분을 제거한다.

4. 투석

투석(dialysis)은 신대체요법으로 혈액투석과 복막투석이 있다. 콩팥의 기능이 비가역적으로 손실된 만성콩팥병 환자에게 투석은 생존을 위해 필요하다.

투석의 원리는 혈액과 조성이 비슷한 투석액과 환자의 혈액 사이의 반투막을 통해 물질교환이 일어나도록 하는 것이다. 이때 제거해야 하는 노폐물은 투석액으로 이동하고, 제거하지 않을 성분은 혈액과 투석액의 농도를 동일하게 하여 물질교환이 일어나지 않도록 한다. [그림 8-3]은 혈액투석과 복막투석의 모습이다.

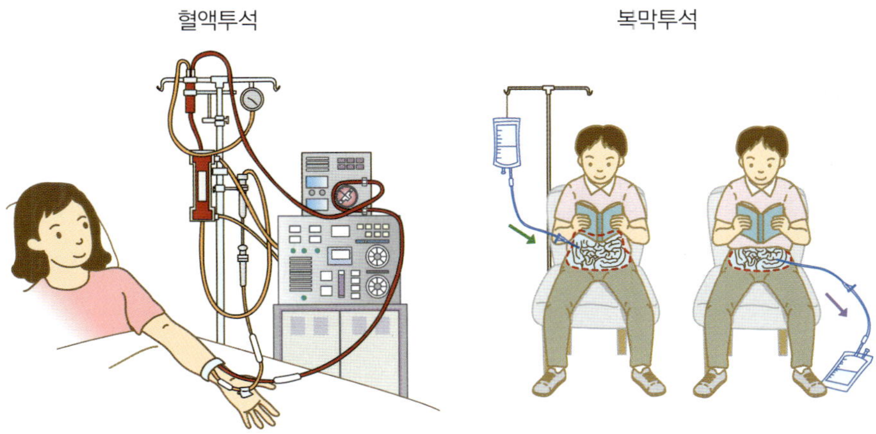

| 그림 8-3 | **혈액투석과 복막투석**

출처: 김미자 외(2018). 식사요법.

1) 혈액투석

혈액투석(hemodialysis)은 환자의 혈액을 투석기를 통과하게 하여 노폐물을 제거한 후 다시 환자에게 주입하도록 하는 것이다[그림 8-4].

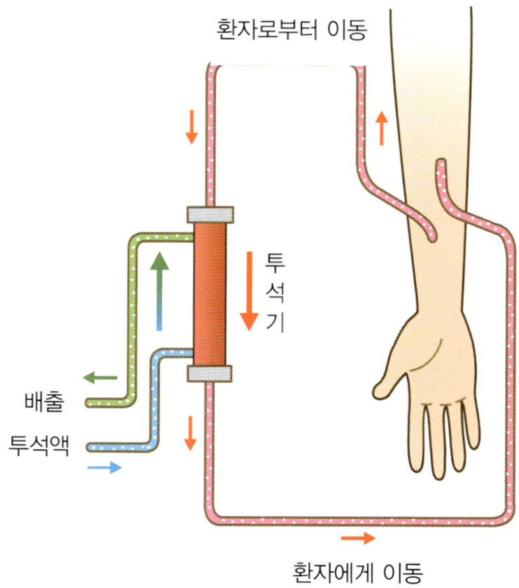

| 그림 8-4 | **혈액투석**

혈액투석은 일반적으로 주 2~3회, 1회당 4~5시간씩 시행한다. 혈액투석을 할 때 혈관 연결 부위에 감염이 일어나거나 혈액이 응고하고, 두통, 메스꺼움, 구토 등의 증상이 발생할 수 있다.

혈액투석의 영양치료는 〈표 8-6〉과 같다.

| 표 8-6 | **혈액투석의 영양치료**

영양소	내용
에너지(kcal/kg)	• 30~35(60세 이상) • 35(60세 미만)
단백질(g/kg)	• 1.2 이상 • 50% 이상 생물가 높은 식품으로 공급
나트륨(g/일)	• 2
칼륨(g/일)	• 2~3 • 혈청 수준에 보정

영양소	내용
인(mg/g 단백질 또는 mg/일)	• 800~1000 mg/일 • 단백질 요구량을 충족하기 위하여 보정할 경우 10~12 mg/g 단백질
칼슘(g/일)	• 결합제 부하를 고려하여 < 2 • 혈청 정상 범위 내 유지
수분(cc/일)	• 전일 소변량+1000 mℓ • 이상적인 체중 증가 범위 내 섭취
비타민/무기질(1일)	• C: 60~100 mg • B_6: 2 mg • folate: 1~5 mg • B_{12} 3 μg • E: 15 IU • 아연: 15 mg • 철분과 비타민 D는 개별화함
섬유소(g/일)	• 20~25

2) 복막투석

복막투석(peritoneal dialysis)은 복막을 이용하여 체내 노폐물과 수분을 제거하는 방법이다. 복막투석을 위해서는 환자의 복부에 수술을 통해 카테너를 삽입하며, 이 관을 통해 복막투석액을 주입하고 배액한다. 복막투석의 원리는 복강으로 노폐물이 없는 투석액(포도당 1.5~4.25% 용액)을 주입하면, 환자의 혈액 내에 존재하는 높은 농도의 노폐물이 복막의 모세혈관 벽을 통해 투석액 쪽으로 확산되고, 혈액 내의 수분을 삼투현상을 통해 투석액 쪽으로 이동하게 하여 노폐물과 수분을 제거하는 것이다. 지속적 외래복막투석(Continuous Ambulatory Peritoneal Dialysis, CAPD)은 혈액투석과 달리 환자가 병원으로 방문하지 않고 투석액을 하루 4~5회 교환한다[그림 8-5].

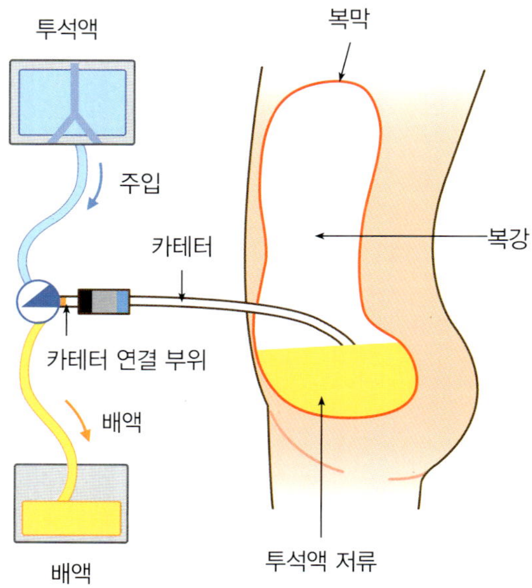

| 그림 8-5 | 복막투석

복막투석은 혈액투석에 비해 식사요법이 비교적 자유롭다. 복막투석 시 투석액으로 손실되는 단백질을 보충하기 위해 충분한 양의 단백질을 섭취하도록 하며, 투석액에 포함된 덱스트로스는 열량 계산을 하여 하루 총 섭취 열량에서 제외하도록 한다. 영양치료는 〈표 8-7〉과 같다.

| 표 8-7 | 복막투석의 영양치료

영양소	내용
에너지(kcal/kg)	• 30~35(60세 이상) • 35(60세 미만) • 투석액으로부터 얻는 열량=덱스트로스 농도(g/ℓ)×3.4 kcal×0.8×투석액의 양(ℓ)
단백질(g/kg)	• 1.2~1.3 이상 • 50% 이상 생물가 높은 식품으로 공급
나트륨(g/일)	• 2 • 수분 균형 모니터링

영양소	내용
칼륨(g/일)	• 3~4 • 혈청 수준에 보정
인(mg/g 단백질 또는 mg/일)	• 800~1,000 mg/일 • 단백질 요구량을 충족하기 위하여 보정할 경우 10~12 mg/g 단백질
칼슘(g/일)	• 결합제 부하를 고려하여 < 2 • 혈청 정상 범위 내 유지
수분(cc/일)	• 균형 유지
비타민/무기질(1일)	• C: 60~100 mg • B_1: 1.5~2 mg • B_6: 2 mg • folate: 1~5 mg • B_{12} 3 μg • E: 15 IU • 아연: 15 mg • 철분과 비타민 D는 개별화함
섬유소(g/일)	• 20~25

5. 콩팥이식

콩팥이식(kidney transplantation 혹은 renal transplantation)은 말기 콩팥병 환자에게 투석을 대체하는 가장 좋은 치료법이다[그림 8-6]. 콩팥이식수술 후에는 조직거부반응을 막기 위해 사이클로스포린, 코르티코티코이드 등의 면역억제제가 투여된다. 이러한 면역억제제의 도움으로 다양하고 많은 이식이 가능하게 되었으나 메스꺼움, 구토, 설사, 포도당불내증, 혈중 지질농도 변화, 체수분 축적, 고혈압 등의 부작용이 있을 수 있으며, 식품 매개 감염의 위험이 증가되어 식품의 선택과 섭취 시 주의가 필요하다.

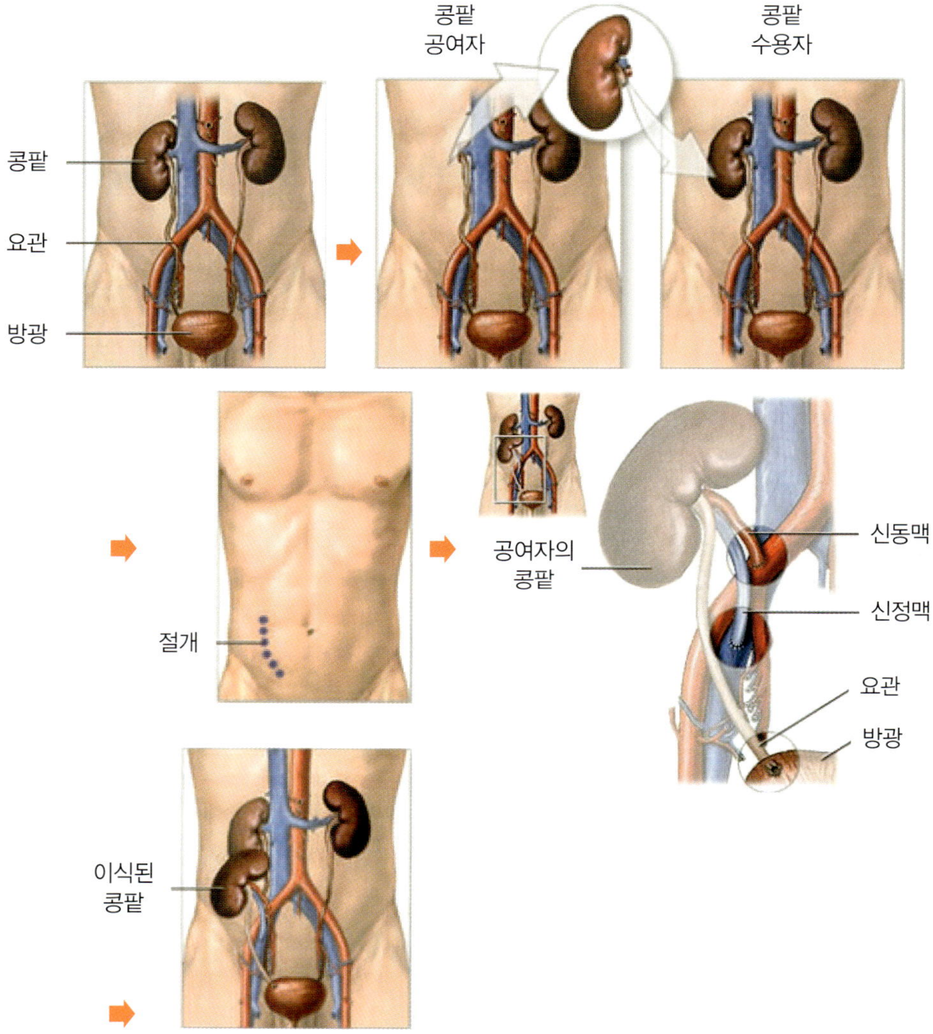

| 그림 8-6 | 콩팥이식

출처: A.D.A.M.(http://www.adamimages.com/)

콩팥이식의 영양치료는 〈표 8-8〉과 같다.

| 표 8-8 | 콩팥이식의 영양치료

영양소	내용
에너지(kcal/kg)	• 30~35(이식 직후 초기) • 25~30(이식 후 6주 이상 장기) • 정상체중 유지
단백질(g/kg)	• 1.3~1.5(이식 직후 초기) • 1(이식 후 6주 이상 장기)
지방	• 포화지방: 총열량의 10% 미만 • 콜레스테롤: 300 mg 미만
단순당	• 섭취 제한
나트륨(g/일)	• 2~4(이식 직후 초기) • 고혈압인 경우 2~4
칼륨(g/일)	• 일반적으로 제한하지 않음 • 혈청 정상 범위 내 유지
인(mg/g 단백질 또는 mg/일)	• 800~1,000 mg/일 • 단백질 요구량을 충족하기 위하여 보정할 경우 10~12 mg/g 단백질
칼슘(g/일)	• 1.2 • 코르티코스테로이드는 소변으로 칼슘 배설 증가시켜 보충 필요
수분(cc/일)	• 제한하지 않음

6. 신결석

1) 원인과 증상

신결석(kidney stone, renal calculus)은 소변 성분이 요관에서 형성되는 것으로서([그림 8-7] 참조), 보통 증상이 없으나 요관을 막거나 이동하면 심한 통증과 혈뇨, 발열, 구토와 식은땀 등이 생길 수 있다. 가족력이나 비만, 당뇨병, 대사증후군 환자에게서 나타나며 40~50대에서 빈발하고 재발이 흔하다. 신결석의 약 75%는 수산칼슘 결석이며, 나머지는 요산, 시스틴, 스트루바이트 등으로 만들어진다. 소변량이 감소하거나 요관이 막히거나 결석을 형성하는 물질의 농도가 증가하면 형성이 촉진된다.

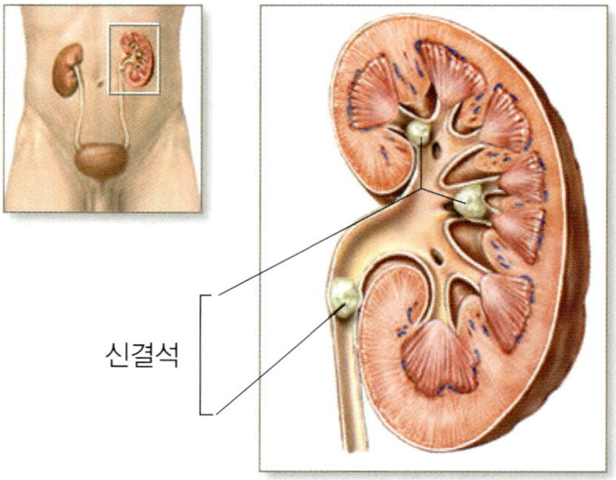

| 그림 8-7 | 신결석

출처: A.D.A.M.(http://www.adamimages.com/)

2) 신결석의 영양치료

신결석은 결석의 종류에 따라 영양소 제한이 상이할 수 있으나, 모든 경우에서 소변 희석을 위해 하루 2ℓ 이상의 수분을 섭취할 것을 권장한다. 결석의 종류에 따른 영양치료는 〈표 8-9〉와 같다.

| 표 8-9 | 신결석의 영양치료

결석의 종류	내용	
수산칼슘결석, 인산칼슘결석	단백질	• 동물성 단백질 섭취 제한 (과다 섭취시 칼슘 배설 증가)
	칼슘	• 600~800 mg (성별과 나이에 맞는 칼슘 섭취 권장)
	나트륨	• 과다 섭취 제한
	수산	• 수산 함량이 높은 식품 제한 (생맥주, 차, 코코아, 커피, 각종 차, 밀기울, 통밀, 시금치, 근대, 비트, 견과류, 베리류 등)
요산 결석	• 동물성 단백질의 과다한 섭취는 요산의 배설을 증가시키므로 제한 • 혈중 요산수치 상승 시 퓨린 함량이 높은 식품 제한 (동물의 내장, 육류, 등푸른 생선, 조개류, 콩류, 시금치, 버섯, 아스파라거스)	
시스틴 결석	• 거의 모든 식품에 시스틴이 함유되어 있어 저시스틴 식사는 어려움이 있음 • 다량의 수분 섭취와 알칼리성 식사요법 병행하여 시스틴 용해도를 증가시키며, 소변의 pH를 7 정도로 유지	
스트루바이트 결석	• 주로 여성에게 흔함 • 요로 감염이 결석 형성의 주원인	
수분(cc/일)	• 2,000 이상 섭취	

7. 콩팥질환 영양관리과정(nutrition care process) 사례

박ㅇㅇ는 48세 남성으로 10년 전 고혈압을 진단받았으나 특별히 약물치료를 하지 않으며 지내오다가 최근 몸이 붓고 숨이 차는 증상이 있어 내원했다. 혈액검사 결과 콩팥 기능이 저하되어(Chronic kidney disease, stage 5) 신대체요법이 필요하다는 의사의 소견을 듣고, 복막투석을 위한 시술을 시행하기로 결정했다. 복막투석을 위한 시술 후, 적절한 영양관리에 대해 의뢰가 있어 환자는 영양상담실을 방문하였다.

박ㅇㅇ의 키는 178cm이며 체중은 평소 90 kg이었으나 최근 4개월 동안 10 kg가 감소하여 현재 체중은 80 kg이다.

생화학적 검사결과 BUN 49.4 mg/dℓ(▲), 크레아티닌 5.61 mg/dℓ(▲), eGFR 11(▼), Hemoglobin 10.2 g/dℓ(▼), Total lymphocyte count 1,250/mm^3(▼)이다. 식품/영양소와 관련된 식사력으로 평소 하루 두 끼를 먹었으며, 한 끼 식사 시 밥 1.5공기, 육류와 쌈 위주의 식사를 하곤 했다. 식사시간은 불규칙한 편이며, 간식으로 사탕이나 커피 1잔 정도를 마셨다.

박○○는 1.5% 덱스트로스(dextrose) 용액 2ℓ씩 하루 4회 투석할 계획이다.

박OO의 영양관리과정을 작성하시오.

<table>
<tr><th colspan="2">영양판정</th></tr>
<tr><td>환자 과거력</td><td></td></tr>
<tr><td>신체계측</td><td></td></tr>
<tr><td>생화학적 자료</td><td></td></tr>
<tr><td>식품/영양소와
관련된 식사력</td><td></td></tr>
<tr><td>영양필요량</td><td></td></tr>
</table>

<table>
<tr><th colspan="3">영양진단</th></tr>
<tr><td>문제</td><td>원인</td><td>징후/증상</td></tr>
<tr><td></td><td></td><td></td></tr>
<tr><td></td><td></td><td></td></tr>
<tr><td></td><td></td><td></td></tr>
</table>

<table>
<tr><th colspan="4">영양중재</th></tr>
<tr><td>영양처방</td><td colspan="3"></td></tr>
<tr><td rowspan="5">영양중재</td><td colspan="3">□ 식품/영양소 제공 □ 영양교육 □ 영양상담 □ 다분야협의</td></tr>
<tr><td>영양진단</td><td>중재내용</td><td>목표/기대효과</td></tr>
<tr><td></td><td></td><td></td></tr>
<tr><td></td><td></td><td></td></tr>
<tr><td></td><td></td><td></td></tr>
<tr><td>제공 교육자료</td><td colspan="3"></td></tr>
</table>

CHAPTER 9

빈혈

1. 혈액의 기능 및 생리

건강한 성인 체중의 약 7~8% 정도를 차지하고 있는 혈액은 원심분리하면 혈액의 약 55%를 차지하는 투명한 액체인 혈장(blood plasma)과 45%를 차지하는 붉은 침전물인 혈구(formed element)로 나뉜다[그림 9-1].

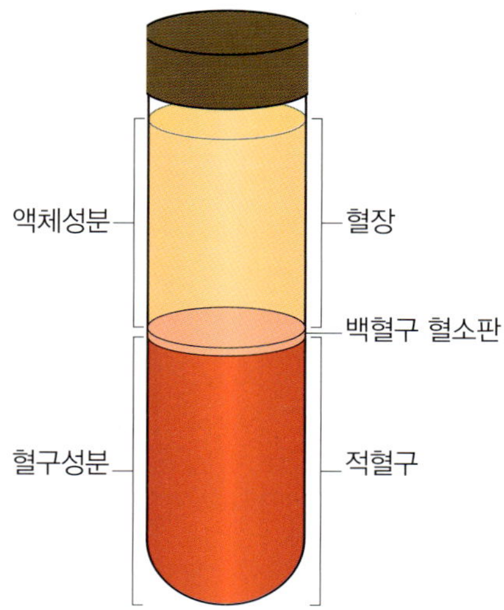

| 그림 9-1 | 혈액의 구성

1) 혈장

혈액 중 액체 부분으로, 혈장에는 수분이 90~92%, 단백질이 약 6~8%를 차지하고 있고, 나머지는 포도당, 지방, 무기질, 비타민이 차지하고 있다. 혈장단백질에는 삼투압을 높게 유지하여 수분평형과 혈압을 조절하는 알부민(albumin, 55%)과 글로불린(globulin, 38%)이 있고, 지혈에 중요한 역할을 하는 피브리노젠(fibrinogen)이 약 4%가량 함유되어 있다.

2) 혈구

혈구는 적혈구(erythrocyte, red blood cell), 백혈구(eukocyte, white blood cell), 혈소판(blood platelet)으로 구성되어 있다. 혈구의 대부분을 차지하는 적혈구는 양면의 가운데가 오목하게 들어가서 표면적이 넓어 산소를 운반하기에 적절하다. 적혈구는 혈액 1 mm^{3}당 남자에게 약 500만 개, 여자에게 약 450만 개가 들어 있고, 한 개의 적혈구에는 3억 개 정도의 혈색소인 헤모글로빈(hemoglobin, Hb)이 들어 있다. 헤모글로빈은 철을 함유한 네 개의 헴(heme)과 글로빈이라는 단백질의 복합체이다. 적혈구의 생성과정은 다능성 줄기세포(puripotent stem cell)인 혈구모세포에서 여러 단계의 분화과정을 거쳐, 핵과 세포소기관이 없는 성숙한 적혈구가 되는데, 이 과정을 조혈작용이라 한다. 골수에서 생성된 적혈구는 약 120일 정도의 수명을 가지므로 지속적으로 생성되지 않으면, 빈혈로 이어진다. 노화된 적혈구는 간, 비장, 림프샘 등에서 분해되고, 분해된 헤모글로빈은 다시 글로빈과 헴으로 분리된다. 글로빈은 아미노산으로 분해되어 체내에서 재활용되고, 헴에서 분리된 철이온은 트랜스페린(transferrin)과 결합한 상태로 혈액을 따라 이동되어 새로운 헴을 합성하거나, 페리틴(feritin)으로 저장되었다가 재사용된다. 헴의 포르피린 고리(porphyrin ring)는 비장과 간에서 대식세포에 의해 빌리버딘(biliverdin)으로 전환된 후 이어서 빌리루빈(bilirubin)이라는 담즙색소로 전환되어 담낭에 저장되었다가 소장 내로 분비되고, 대장에서 세균에 의해 대사되어 분변과 함께 배출된다.

백혈구는 혈구 중에서 가장 크고, 여러 형태로 존재한다. 세포 내 과립의 유무에 따라 과립 백혈구(granulocyte), 무과립 백혈구(agranulocyte)로 구분되고, 과립 백혈구는 염색성에 따라 호중성 백혈구(neutrophil), 호산성 백혈구(eosinophil), 호염기성 백혈구(basophil) 세 종류로 나누어지며, 무과립 백혈구는 소형의 원형 핵을 가진 림프구(lymphocyte)와 말굽 모양의 핵을 갖는 단핵구(monocyte)로 나누어진다〈표 9-1〉. 백혈구는 항체를 생성하거나, 혈액세포로 침입한 세균과 이물질이 침입한 장소 또는 손상된 조직으로 이동하여, 식작용을 통하여 신체를 보호하는 면역기능을 수행한다.

혈소판은 혈구 중에서 가장 크기가 작고, 모양이 일정하지 않으며, 수명은 5~9일로 혈관에 상처가 났을 때 혈액응고 기능을 하지만, 혈관 벽에 손상이 생기기 전에는 활성화되지 않는다.

| 표 9-1 | 백혈구의 종류

종류	특징
과립 백혈구	세포질에 과립 존재
중성 백혈구	과립이 중성 색소에 염색
호산성 백혈구	과립이 산성 색소에 염색
호염기성 백혈구	과립이 염기성 색소에 염색
무과립 백혈구	세포질에 과립이 존재하지 않음
림프구	소형의 원형 핵을 가짐. 적혈구보다 약간 큼
단핵구	말굽 모양의 핵을 가짐. 적혈구 크기의 2~3배

2. 빈혈의 진단

빈혈은 헤모글로빈 농도와 헤마토크리트의 측정치가 정상치 범위를 벗어난 상태를 말한다〈표 9-2〉.

| 표 9-2 | 빈혈의 진단기준

구분	유아	소아	성인남자	성인여자	임신부
Hb(g/dℓ)	11.0	12.0	13.0	12.0	11.0
Hct(%)	33.0	36.0	39.0	38.0	33.0

출처: WHO의 빈혈판정기준.

1) 헤모글로빈 농도(Hemoglobin, Hb)

헤모글로빈 농도는 혈액 1 dℓ 속에 들어 있는 헤모글로빈의 중량을 g으로 나타낸 것으로, 성인 남성의 경우 13~17 g/dℓ, 성인 여성의 경우 12~16 g/dℓ이 정상치 범위이다. 보통 빈혈을 판정하는 데 많이 사용되는 헤모글로빈 농도의 빈혈 판정 기준치로는 성인 남성은 13 g/dℓ, 성인 여성은 12 g/dℓ 이하가 사용되지만, 철분결핍의 마지막 단계인 빈혈상태에서만 헤모글로빈 농도가 감소하므로 철분결핍 초기단계를 판정하는 데는 어려움이 있다.

2) 헤마토크리트(Hematocrit, Hct)

헤마토크리트치는 전체 혈액 부피 중 적혈구가 차지하는 용적 비율(적혈구용적률)을 나타내는 것으로, 성인 남성의 경우 39~54%, 성인 여성의 경우 38~47%가 정상 범위에 해당한다. 탈수나 다혈구혈증(polycythemia)의 경우 증가하고, 빈혈, 과수화상태 및 용혈이 있는 경우 감소한다.

3) 평균 적혈구 용적(Mean Corpuscular Volume, MCV)

평균 적혈구 용적은 헤마토크리트치를 적혈구 수로 나는 값으로 적혈구 한 개의 평균 부피를 나타낸다. 정상 평균치는 82~92 mm^3이다. 평균 적혈구 용적은 엽산결핍이나 알코올의 과잉섭취에 따른 대적혈구혈증이 있을 경우 증가하며, 철결핍성 빈혈, 흡수불량 및 혈액손실 등으로 인한 소적혈구혈증 시 감소한다.

3. 빈혈의 종류

1) 영양성 빈혈

(1) 철결핍성 빈혈

① 원인

철결핍성 빈혈은 가장 흔한 빈혈로서, 적혈구를 만드는 주요 영양소인 철의 부족으로 헤모글로빈 합성이 저하되어 발생한다. 출혈성 궤양, 출혈성 치질 등으로 인한 만성적인 혈액의 손실로 인한 헤모글로빈 부족이 발생할 수 있다. 또한 성장기, 월경, 임신 등 생애특성에 따른 철의 요구량은 증가하는 데 비하여 식사로부터 철의 공급은 증가하지 않을 경우에도 발생할 수 있다.

- 섭취 부족: 다이어트 등으로 하루에 1,300Kcal 미만으로 섭취하는 경우
  - 헴철이 부족한 식사를 하는 채식주의자
- 흡수 부족: 만성소화기장애로 흡수율 저하
  - 출혈성 궤양, 출혈성 치질 등의 만성 출혈
  - 비헴철 위주의 식사(비헴철 흡수율 2~8%, 헴철 흡수율 20~35%)
  - 철 흡수에 영향을 미치는 비타민 C, 유기산 등이 부족한 식사를 하는 경우
- 필요량 증가: 유아기, 사춘기, 임신기, 수유 시에 철 섭취량이 증가하지 않은 경우

② 증상

철결핍성 빈혈은 철 결핍과 산소 공급량 부족으로 다양한 증상이 나타난다.

- 일반적인 증상으로는 피로, 두통, 허약, 발한 등이 나타난다.
- 손톱이 얇아져서 스푼 모양이 되거나 잘 부서지고, 손톱에 세로줄이 생기기도 한다.

- 혀가 아프고 빨갛게 되며, 심한 경우 설염이 생길 수 있다.
- 소화기관이 위축되어 식욕부진이 나타나고, 변비가 생긴다.
- 어린이의 경우 집중력이 저하되어 학습능력이 저하될 수 있다.
- 여성의 경우 생리과다로 인하여 철결핍성 빈혈이 더 심해질 수 있다.
- 청소년의 경우 신장과 체중발달 저하가 나타난다.

③ 철결핍성 빈혈 단계

철결핍성 빈혈 판정에는 일반적으로 헤모글로빈과 헤마토크리트가 사용되지만, 철 결핍 단계를 잘 나타내지 못하므로 다음의 지표를 함께 고려하는 것이 좋다.

가) 철 저장량의 고갈 단계

철의 흡수량이 배설량에 비해 적을 경우 저장된 철이 적혈구 합성에 쓰여 저장철은 감소하나 혈청철의 결핍은 변화가 없는 철 결핍 1단계에 해당한다.

- 철 저장량이 고갈되면서 철을 저장하고 있는 페리틴의 일부가 떨어져 나와 혈청에 존재하는 혈청 페리틴(serum ferritin)이 20 ㎍/ℓ로 감소한다.
- 총 철 결합능력(Total Iron Binding Capacity, TIBC)은 철 운반단백질인 트랜스페린(transferrin)이 철과 결합할 수 있는 총 능력으로 철의 이용도를 반영한다.

나) 철 결핍 단계

철 결핍 2단계로 철 결핍이 지속되어 저장된 철이 고갈되고 나면 혈청 철이 감소하여 체내 조직에서는 철을 함유하는 효소의 기능이 떨어지지만, 혈액 내 헤모글로빈 농도는 정상 범위에 있는 경우가 많다.

- 혈청 철이 감소하여 철을 운반하는 트랜스페린의 철 포화도(transferrin saturation)가 감소한다.

- 생성되는 적혈구에 철이 결합하지 않아 프로토포르피린(protoporphyrin)이 증가한다.

다) 철 결핍빈혈의 단계

헤모글로빈 농도가 감소하면서 적혈구의 크기가 작아지고, 산소운반능력이 감소하여 빈혈 증상이 나타난다.

- 헤모글로빈이 성인 남성의 경우 13 g/dℓ, 성인 여성의 경우 12 g/dℓ 미만으로 감소한다.
- 평균 적혈구 용적(MCV)이 80 미만으로 감소한다.

④ 식사요법

철결핍성 빈혈의 경우는 철뿐만 아니라 열량과 에너지, 비타민 공급도 충분히 섭취하는 것이 좋다. 철의 흡수율은 평균 10% 정도이나 철의 종류에 따라 흡수율이 다르다. 헴철의 흡수율은 20~35% 정도이고, 비헴철의 흡수율은 2~8% 정도이다. 동물성 식품의 철 40%는 헴철이고, 식물성 식품의 철은 100% 비헴철이므로, 동물성 식품(간, 굴, 생선, 고기 등)을 통하여 철을 섭취하는 것이 좋다. 녹색채소와 해조류는 철 함량은 높으나 수산과 섬유소 때문에 흡수율이 낮다. 비타민 C는 철의 흡수를 증가시키므로 식후에는 신선한 과일이나 과일음료를 먹는 것이 좋다. 철분을 영양제로 복용할 경우 녹차, 커피, 홍차 등을 섭취하면 흡수율이 떨어진다.

(2) 거대적아구성 빈혈

① 원인

엽산이나 비타민 B_{12}가 부족하게 되면 적혈구의 분열이 제대로 일어나지 못하여 거대적아구가 생기는데, 이것의 크기는 크지만, 막이 쉽게 터져 빈혈이 나타나게 된다.

가) 엽산 결핍

엽산의 체내 저장량은 5,000 ㎍이고, 하루 권장섭취량은 400 ㎍이다. 단조로운 식사를 주로 하는 경우 결핍증상이 나타날 수 있다.

나) 비타민 B_{12} 결핍

비타민 B_{12}의 하루 권장섭취량은 2.4 ㎍밖에 되지 않고, 체내에서 다시 재활용되어 식사로 인한 결핍은 장기간 채식주의를 하는 경우를 제외하고는 나타나지 않는다. 그러나 비타민 B_{12} 흡수에는 위에서 분비되는 내적인자(Intrinsic Factor, IF)가 필요하므로, 위액 분비가 감소되는 노인이나, 위 수술 환자, 위축성 위염 등으로 인해 위액 분비가 감소되는 경우에는 비타민 B_{12}의 결핍이 나타날 수 있다.

② 증상

일반적인 빈혈증상인 피로, 식욕감퇴, 집중력 저하 등이 나타난다.

- 거대적아구가 나타난다.
- 매끄럽고 윤기 나는 설염증상이 나타난다.
- 소화기관의 장애로 변비나 설사 증상이 나타난다.
- B_{12}로 인한 거대적아구성 빈혈의 경우 팔, 다리마비 등의 신경계증상이 나타난다.

③ 식사요법

충분한 열량과 단백질, 비타민과 함께 결핍된 영양소를 공급한다. 엽산은 간, 굴, 콩, 녹색잎 채소에 많이 함유되어 있다. 엽산 섭취량을 2~3주간은 1 mg 상당으로 섭취하여 필요량을 충당할 수 있도록 하는 것이 좋다. 비타민 B_{12} 결핍의 경우는 채식주의자거나 내적인자 부족에 의한 경우가 많으므로 약제나 주사를 통하여 비타민 B_{12}를 공급한다. 비타민 B_{12}는 간, 굴, 조개류, 난황 등에 많이 함유되어 있고, 식물성 식품에는 거의 함유되어 있지 않다. 비타민 B_{12} 결핍으로 인한 빈혈 증상을 엽산 결핍으로 인한 거대적아구성 빈혈 증상으로 판정하여 엽산만 다량 투여하는 경우, 빈혈증상은 호전될 수 있으나 신경계합병증은 개선되지 않고 더욱 악화될 수 있으므로 정확하게 원인을 진단하고 그에 맞는 식사요법을 병행하는 것이 중요하다.

(3) 용혈성 빈혈

비타민 E가 500 $\mu g/d\ell$ 이하로 부족하면 항산화작용이 약해져서 적혈구 세포막을 구성하고 있는 다가불포화지방산의 과산화로 인해 라디칼 생성이 많아지고, 이것이 적혈구 세포막을 손상시켜 적혈구의 용혈현상이 쉽게 나타난다. 미숙아의 경우 비타민 E의 저장량이 적어 용혈성 빈혈의 위험이 크다.

2) 비영양성 빈혈

(1) 출혈성 빈혈

외상에 의한 급성출혈과 장기간 손상에 의한 만성출혈로 나눌 수 있다. 외상에 의한 손실이 있을 때 우리 몸은 손실된 혈장을 먼저 채워 혈액이 묽어져 저색소성 빈혈이 일어날 수 있으나, 혈액 손실이 크지 않을 경우에는 적혈구 생성이 진행되어 3~4주 내에 정상화될 수 있다. 출혈성 궤양, 출혈성 치질, 자궁근종 등으로 본인이 인지하지 못하는 사이에 발병한 만성출혈의 경우 식사를 통한 철 섭취량이 질환으로 인하여 철이 손실되는 양만큼 충분하지 않으면 빈혈이 발생할 수 있다.

(2) 재생불량성 빈혈

방사능 조사, 화학약품, 약제 등에 과다하게 노출되어 골수의 기능이 저하되면 적혈구 생성이 원활하지 못하게 되어 재생불량성 빈혈이 발생하는데, 이를 무형성 빈혈이라고도 한다.

(3) 스포츠빈혈

과도한 운동 중에는 조직량 증가로 혈액의 부피가 증가되고, 철은 땀으로 손실되어 혈액의 희석현상이 나타나 일시적으로 빈혈이 생길 수 있다. 운동할 때 영양을 보충하기 위해서는 에너지와 단백질을 충분히 섭취하면서 철, 엽산 등의 조혈 영양소가 풍부한 식사를 하는 것이 좋다.

CHAPTER 10

신경 및 골격계질환

1. 신경계질환

1) 치매

치매(dementia)는 뇌기능의 저하로 인해 기억과 인지능력을 점차적으로 상실하는 상태로 대뇌피질 및 해마를 손상시키는 병변에 의해 지능과 행동이 점진적으로 퇴화되어 일상생활이 어려워진다. 정상적인 노화과정에서 나타나는 건망증과는 구별된다. 치매에는 알츠하이머성 치매, 질병으로 인해 뇌혈관이 파열되어 출혈로 뇌조직이 손상되는 뇌혈관성치매, 약물 등으로 인한 기타의 치매가 있다.

(1) 종류 및 원인

① 알츠하이머

알츠하이머(alzheimer's disease)는 치매의 원인 중 가장 흔하여 전체 치매의 50~60% 정도를 차지하며 고령에서 발병률이 높아 60세 이후에 주로 발생한다. 발생 기전은 신경세포와 신경세포 사이에 노인성반(senile plaque)이 생기는 것과 신경세포의 신경원 섬유의 변화로 신경원이 구부러지고 뇌고랑이 깊고 넓어지며 뇌열이 좁아지는 것이다. 신경원 세포가 변형되고 노인성반이 생기는 것은 신경세포로의 혈액공급이 부족하거나 유해산소가 작용해서 생기는 것으로 추측한다. 이러한 원인으로는 신경세포 내에 변성 단백질인 β-아밀로이드(amyloid)의 축적으로 알려져 있다. 알츠하이머의 원인으로는 고령(65세 이상), 가족력 및 유전, 머리 외상, 고혈압, 이상지질혈증, 당뇨병, 비만 등의 심혈관계 위험인자, 금속 침착, 바이러스성 요인 등이다.

② 혈관성치매

혈관성치매(vascular dementia)는 다발성 뇌경색성 치매라고도 하며, 알츠하이머에 이어 두 번째로 빈번하게 나타나 전체 치매의 20~30%를 차지한다. 주로 뇌의 크고 작은 혈관이 막히거나 좁아져서 나타나는 뇌혈류 장애나 뇌졸중 이후에 발생하며, 기존에 고혈압, 이상지질혈증, 당뇨병, 비만 등 심혈관계질환이 있는 경우에 발생률이 높다.

(2) 증상

알츠하이머는 장기간에 걸쳐 서서히 완만하게 진행되는데, 초기에는 기억력의 감퇴가 나타나며, 병이 진행되면 정서적 불안과 동요, 복합 지적능력의 결여, 행동 및 인격의 변화, 운동장애 등이 나타나게 된다. 병세가 심해지면서 몸을 움직이지 못하고 지적활동이 멈추는 상태로 남의 도움 없이는 일상적인 생활도 할 수 없게 된다.

혈관성치매는 갑자기 발생하고, 인지 및 정신기능이 저하되고 한동안 유지되다가 갑자기 더 나빠지고 유지되는 단계적 악화양상을 보인다. 뇌경색이 나타나는 부위와 범위에 따라 증상이 다르며, 운동장애, 언어장애, 시야장애 등이 나타난다.

(3) 식사요법

치매의 일반적인 영양관리는 체중 감소 혹은 과도한 체중 증가 방지, 변비와 탈수 예방, 혼자 식사할 수 있는 능력을 키우는 것을 목표로 하여 적절한 영양지원 방법을 선택한다. 알츠하이머병의 초기에는 포도당 대사의 손상을 보여 공복 시 높은 혈당치와 인슐린 농도를 나타낸다. 왕성한 식욕을 보이기도 하나 일반적으로 체중 감소가 나타나는데, 감염으로 인한 대사항진, 식품섭취량 부족, 독립성 감소, 스스로 식사할 수 없게 되는 것들이 원인이 될 수 있다. 치매 환자에 대한 구체적인 식사요법의 지침은 다음과 같다.

- 적절한 영양상태 유지를 위해 충분한 단백질과 에너지를 공급한다.
- 단것을 좋아하는 경향이 증가하므로 영양소 농도가 높은 간식을 공급한다.
- 비타민 E, 셀레늄, 콜린을 충분하게 공급한다.
- 적절한 수분 섭취가 필수적이나 밤에는 과량의 수분 공급을 피한다.
- 연하곤란이 있는 경우, 연하보조식이나 퓌레 상태로 된 음식을 제공한다.
- 수저를 사용할 수 없는 경우, 환자가 음식을 손으로 잡고 먹을 수 있는 형태로 만들어 준다.
- 가능한 한 식사시간을 규칙적으로 하며, 천천히 씹어서 식사하도록 한다.
- 식사하는 동안 세심하게 관찰한다.

| 표 10-1 | 치매 진행에 따른 영양문제와 식사지침

진행단계	증상	영양문제	식사지침
1단계 (초기)	• 기억손상 • 사회적·직업적 기능 감소 • 작업, 가사, 재정관리 어려움 • 길을 잃어버림 • 성격이 변함	• 식품구매 및 요리하기 어려움 • 식사하는 것을 잊어버림 • 미각과 후각 변화 • 달고 짠 음식에 대한 기호 증가 • 식욕조절 기능 감퇴	• 영양소 농도가 높은 간식 공급 • 한 번에 한 가지씩 음식 제공 • 보조 식사도구 사용 • 적당한 온도의 음식 제공
2단계 (중기)	• 사물의 이름을 기억하지 못함 • 시간 관념이 없어짐 • 망상, 우울 • 격양된 감정	• 에너지 요구량 증가 • 음식을 입에 물고 있거나, 삼키는 것을 잊어버리거나, 식기를 사용할 수 없게 되어 숟가락 또는 손으로 먹기	• 충분한 단백질과 열량 공급 • 손에서 손으로 지도 • 손가락으로 쉽게 집어먹을 수 있는 음식들(finger food menus) 제공(예: 주먹밥) • 일몰증후군이 있는 환자는 중식메뉴에 가장 큰 비중을 둠
3단계 (말기)	• 지남력 감각상실(disorientation) • 자기 이름을 잊어버림 • 가족을 알아보지 못함 • 언어능력 손상 • 기본적인 자기관리도 불가능 • 대·소변 가리지 못함	• 음식을 인지하지 못함 • 먹는 것을 거부하거나 먹일 때 입을 열지 않음 • Kluver-Bucy 증후군(식품이 아닌 것을 먹기) • 비위장관 급식이 필요한 경우 발생	• 경관영양이나 퓌레 상태로 된 음식 제공

출처: 김미자 외(2018). 식사요법.

2) 파킨슨병

파킨슨병(Parkinson' disease)은 뇌의 신경세포가 퇴화되면서 도파민 합성이 감소하여 떨림, 경직 등의 운동장애가 나타나는 질환이다. 알츠하이머 다음으로 흔한 신경계질환 중 하나로 연령이 증가함에 따라 발병률도 증가하여 50대 이후 발생률이 높고 전 세계 60세 이상 인구의 약 1% 정도로 추정된다.

(1) 원인 및 증상

파킨슨병은 뇌의 흑질(substantia nigra) 내 신경세포가 점진적으로 파괴되면서 신경전달물질인 도파민 합성이 감소되어 발생한다. 원인은 아직 정확히 밝혀진 바 없으나, 유전과 환경적인 요인들의 상호작용에 의해 발생하는 것으로 추측하고 있다. 대부분 몇 년에 걸쳐 서서히 점진적으로 증상이 나타나며, 주로 손발 떨림, 팔다리 근육의 경직, 운동지연 등이다. 초기에는 통증, 우울증, 관절 동작 이상 등으로 행동이 느려지고 미세한 행동 조절이 잘 안 되어 일상생활에 어려움을 느끼기 시작한다. 병이 진행되면서 몸의 떨림이나 경직증상이 나타나며, 다리, 턱, 혀에서도 떨림이 발생한다. 점차 자세가 불안정해지고 반사능력이 떨어져 자주 넘어지게 된다. 또한, 위 배출 지연, 변비, 연하곤란, 기립성 저혈압, 배뇨장애 등의 자율신경계 장애도 나타나며, 10 kg 이상의 체중 감소가 동반된다.

(2) 식사요법

식사요법의 목표는 파킨슨병의 주요 치료제인 L-도파(levodopa)의 투여효과를 높이고, 식사능력을 증진하여 적절한 체중과 신체 기능을 유지하는 데 있다. L-도파는 도파민의 전구체로, 도파민이 뇌혈관장벽(brain blood barrier)을 통과할 수 없으므로, L-도파를 투여하여 뇌에서 도파민으로 전환하도록 한다.

다량의 중성아미노산이 장에서 흡수될 때 L-도파와 경쟁하여 혈액 및 뇌로 들어가는 속도를 늦추고, L-도파의 흡수를 지연시켜 효과를 감소시키므로, 단백질의 과다섭취는 피하도록 한다. L-도파의 효과를 높이기 위해서는 적절한 단백질 섭취량과 함께 하루 식사 중 배분이 중요하다. 체중 1kg당 0.8g 정도가 바람직한데, 낮 시간에 경직 증상으로 행동에 지장을 받지 않도록 아침과 점심 식사는 저단백식으로 공급하고, 활동이 적은 저녁과 밤에는 단백질 섭취를 증가시켜 1일 단백질 권장섭취량을 맞추도록 한다. 또한, 과량의 피리독신은 간에서 L-도파의 전환을 증가시켜 뇌에서의 전환은 감소시킬 수 있으므로, 비타민 B_6 보충제는 금한다. L-도파는 공복에 흡수가 잘되지만, 오심이 있으면 음식과 함께 투여한다.

식사는 소량씩 자주, 식품을 작게 자르거나 다진 부드러운 형태로 공급한다. 큰 숟가락이나 포크를 사용하여 혼자 식사할 수 있도록 돕는다. 삼키고 빠는 능력이 감소하므로, 반고형식 형태로 공급하거나 빨대를 이용한다. 체중 감소가 심하면, 경관급식을 고려한다. 알코올은 L-도파와 길항작용을 하므로 제한한다.

3) 뇌전증

뇌신경세포가 갑작스럽게 과도한 전기를 방출시켜 일어나는 경련, 감각장애, 의식불명 등의 신경계 증상을 발작(seizure)이라고 하며, 발작이 반복적으로 나타나는 상태를 뇌전증(epilepsy, 간질)이라고 한다. 뇌전증은 세계 인구의

0.5~1%에서 발생하는 질병이며 우리나라 뇌전증 환자는 약 30~50만 명으로 주로 어린이와 노인에게서 증상이 나타나며, 대개 약에 의하여 잘 조절되고 보통 일정 기간 후에 저절로 좋아진다.

(1) 원인 및 증상

뇌전증은 유전, 출생 시 뇌손상, 미숙아, 머리 외상, 뇌의 감염, 열성 경련, 알코올 의존증, 중금속 중독 등에 의해 발생하며, 원인을 알 수 없는 경우도 50% 정도로 많다.

뇌전증의 전형적인 증상인 발작은 크게 전신발작과 부분발작으로 구분하며, 전신발작은 가장 흔한 형태의 발작으로 아무런 전조증상 없이 갑자기 의식을 잃고 쓰러지며, 전신 근육에 경련이 수분 정도 일어난다. 부분발작은 스스로 전구증상을 느낄 수 있으며, 손, 발, 입 등에 자신도 모르는 반복적인 행동을 보인다.

(2) 식사요법

뇌전증의 치료 목적은 모든 발작을 멈추게 하는 것이며, 주로 약물치료로 항경련제를 사용한다. 약물요법과 함께 영양적으로 균형된 식사를 섭취하는 것이 가장 좋은 치료법이다. 약물치료에 반응하지 않는 일부 환자에서는 외과적 수술이나 케톤식의 식사요법 등을 시행한다.

① 케톤식: 저탄수화물 고지방식, 단백질은 충분히

케톤식은 혈중 케톤체의 농도가 높을 때 항경련성 효과가 큰 것을 활용하여 케톤증(ketosis) 상태가 되도록 고안된 식사이다. 뇌세포가 지방으로부터 전환되는 케톤체를 주된 에너지원으로 사용하도록 하는 방법으로, 10세 이하의 아동에게 효과가 크다. 이는 연령이 낮을수록 뇌에서 케톤체를 산화하여 에너지원으로 사용하는 능력이 더 크기 때문이다.

케톤식은 탄수화물의 섭취량을 엄격하게 제한하고, 지질의 섭취를 총 에너지의 80~90%까지 증가시킨다. 에너지는 일반적인 필요량의 80~90%로 약간 적게 공급하고, 지방(케톤성)과 탄수화물 및 단백질(비케톤성)의 섭취 비율은 4:1 정도로 유지한다. 급속한 케톤증을 유도하기 위해서는 일정기간 동안의 절식이 필요하며, 3~5일의 절식기간 동안 제한된 양의 물, 고기국물, 차, 과일, 150~240 mℓ 정도의 무가당 오렌지 주스를 공급한다. 처음에는 탄수화물 공급을 1일 75 g으로 시작하고 나중에는 1일 15~30 g이 되게 하며, 나머지 필요 에너지는 모두 지질로 대체한다. 이러한 식사를 통해 케톤증을 일으키는 데 약 1주일이 소요된다.

단백질은 어린이의 적절한 성장을 위해 1~1.2 g/kg을 공급하고 탄수화물은 총 에너지의 10% 미만으로 소량 공급한다. 수분은 65 mℓ/kg 정도로 제공하여 하루 2ℓ를 넘지 않도록 한다. 식사의 특성상 비타민과 무기질이 부족하기 쉬우므로, 필요한 경우 보충제를 사용한다.

중간사슬중성지방(MCT)식은 전체 섭취 에너지의 60%를 MCT oil로 제공하는 방법이다. 탄수화물과 단백질 공급이 조금 더 가능하므로 고전적인 케톤식에 비해 간편하다는 장점이 있다.

케톤식은 극도로 맛이 없어 어린이들이 섭취하기 매우 어렵고 성인도 오랜 기간 섭취하는 것이 어렵다. 부작용으로는 식욕저하, 메스꺼움과 구토, 설사, 체중 감소, 과민반응 등이 있다. 저혈당증이 나타날 수 있으므로 케톤식을 시작하기 전, 케톤성 저혈당증의 경향이 있는지 확인해 보는 것이 좋다.

② 뇌전증 환자의 식사지침

- 식사를 거르지 않고 규칙적으로, 정해진 분량을 전량 섭취하도록 한다.
- 모든 식품은 저울에 계량하여 조리한다.
- 튀김, 구이, 볶음과 같이 기름을 많이 사용하는 조리법을 이용한다.
- 기름, 드레싱, 마요네즈, 호두, 땅콩 등의 유지류는 조리 시 다양하게 사용

한다.

- 단순당(설탕, 꿀, 물엿 등)의 사용은 제한한다.
- 저혈당 시 알맞은 당질 식품을 섭취해야 하나, 과다 섭취를 피한다.
- 물은 생수를 이용한다.

| 표 10-2 | 케톤식의 1일 식단의 예

끼니	식단	식품(g)		영양소구분			
				탄수화물(g)	단백질(g)	지방(g)	열량(kcal)
아침	쇠고기	쇠고기	6	0.012	1.26	0.846	13.08
	양송이볶음	양송이	10	0.14	0.39	0.03	1.7
	두부조림	두부	23	0.69	1.932	0.805	18.17
	우유		20	0.94	0.64	0.64	12.0
	사과주스		9	1.035	0.009	0.009	3.87
	땅콩		3	0.519	0.777	1.464	17.07
	올리브유		31	0.0	0.0	29.884	266.29
	계			3.336	5.008	33.678	332.18
점심	연두부양념없음	연두부	30	0.21	1.56	0.72	12.3
	닭살무침	닭살	6	0.0	1.614	1.134	17.1
	당근볶음	당근	20	1.44	0.26	0.02	6.4
	우유		25	1.175	0.8	0.8	15.0
	땅콩		3	0.519	0.777	1.464	17.07
	올리브유		31	0.0	0.0	29.884	266.29
	계			3.344	5.011	34.022	334.16
저녁	달걀찜	달걀	23	0.023	2.783	2.415	34.73
	치즈		5	0.275	0.915	1.21	15.6
	호박볶음	호박	11	1.034	0.121	0.022	0.418
	우유		20	0.94	0.64	0.64	12.0
	수박		10	0.75	0.07	0.02	3.1
	땅콩		2	0.346	0.518	0.976	11.38
	올리브유		30	0.0	0.0	28.92	257.7
	계			3.368	5.047	34.203	334.928
총계				10.0	15.1	101.9	1,001

출처: 장유경 외(2016). 이해하기 쉬운 임상영양관리 및 실습.

4) 다발성신경염

(1) 원인 및 증상

다발성신경염(polyneuritis)은 말초신경계의 장애가 좌우대칭형으로 일어나는 신경의 염증 증상으로 비타민 결핍이나 알코올 중독, 중금속, 감염, 대사 장애, 면역이상 및 유전 등에 의해 발생할 수 있다. 말초신경에 해당되는 운동신경, 감각신경, 자율신경 중 손상을 받은 신경의 위치에 따라 다양한 증상이 나타나는데, 주로 손발저림, 동통, 감각이상, 마비 등을 동반한다. 다발성신경염은 비타민 B 복합체 중 어느 하나의 섭취나 흡수 결핍만으로도 나타날 수 있다.

| 표 10-3 | 비타민 결핍으로 인한 신경계질환 및 행동장애

비타민	신경계질환	행동장애
티아민	베르니케-코르사코프증후군(Wernicke-Korsakoff syndrome), 말초신경염, 다발성신경염	우울, 냉담, 근심, 신경과민
리보플래빈	EEG* 비정상	
니아신	신경의 퇴화 진행	펠라그라 관련 증상: 냉담, 우울, 근심, 정신 이상
비타민 B_6	경련, EEG 변화	우울, 신경과민
판토텐산	신경염	불안, 신경과민, 피로
비오틴	피부 민감도의 비정상적 증가	우울, 권태, 고독
비타민 B_{12}	신경병증, 신경장애	신경과민, 불면증, 건망증, 편집증
엽산	영아의 정신발달 지연	건망증, 불면, 우울
비타민 C	신경퇴행	권태, 피로, 우울, 신경과민
*EEG(뇌파기록, electroencephalogram)		

출처: 장유경 외(2016). 이해하기 쉬운 임상영양관리 및 실습.

(2) 식사요법

다발성신경염은 여러 영양소의 장기 결핍에 의해 일어나는데, 한 가지 영양소의 결핍만으로도 다른 영양소의 흡수와 이용을 방해할 수 있으므로, 모든 영양소를 골고루 포함시키는 식사를 공급한다. 특히 충분한 양의 비타민을 포함하도록 하고, 필요시 비타민 B 복합체를 보충한다. 펠라그라성 정신증상에는 니아신을, 악성빈혈성 신경계질환은 비타민 B_{12}를 충분히 공급한다. 환자의 대부분은 노인들이며, 주로 경제적인 어려움과 함께, 만성질환이나 약물복용으로 영양불량 상태에 있으므로, 적절한 영양 섭취와 함께 경제적·심리적 어려움을 해결할 수 있도록 도움을 주도록 한다.

5) 다발성경화증

(1) 원인 및 증상

다발성경화증(multiple sclerosis)은 신경세포의 수초와 축삭이 염증으로 인해 탈락하여 뇌와 척수 부위에 산발적으로 영향을 미치고, 신경자극전달 장애를 초래하는 퇴행성 신경계질환이다. 원인은 정확히 밝혀지지 않았으나, 자가면역체계 이상, 바이러스 등과 유전적인 요인이 복합적으로 작용하여 발생한다. 주로 20~40대의 젊은 연령층에서 발생하는 것으로 알려져 있다.

뇌, 척수, 시신경 등 중추신경계의 어느 부위에도 발생할 수 있으며, 경화된 부위에 따라 운동성 약화, 부분적 마비, 시력저하, 연하곤란, 경련 등의 증상이 나타나며, 보행 및 일상생활 능력이 감퇴한다. 대부분의 환자에서 완화-악화를 반복하는 재발성을 보이는데, 이 과정의 반복으로 신경계 손상이 심해진다.

(2) 식사요법

다발성경화증 환자는 활동량 감소와 우울증으로 체중이 쉽게 증가하므로, 적절한 체중관리와 수분조절, 신경성 증상에 대한 대처가 영양관리 목표이다. 신경장애성 방광(neurogenic bladder)으로 급하게 자주 소변보는 습관이 있어, 잠들기 전에는 수분 섭취를 제한하는 것이 바람직하다. 또한, 신경장애성 대장(neurogenic bowel)으로 인해 설사 또는 변비가 발생할 수 있으므로, 적당한 수분 섭취와 배변을 돕는 식이섬유가 충분한 식사를 공급한다. 연하곤란증이 있으면, 흡인의 가능성이 크므로 경장영양을 고려한다.

2. 골격계질환

골격계의 기본적인 기능으로는 운동기능이 있다. 운동기능 외에도 골격계는 신체를 지탱하고 보호하며, 무기질, 지질과 같은 영양소의 저장고 역할을 하고, 혈액세포 생성에도 관여하고 있다.

1) 골격과 관절

(1) 골격의 구조와 대사

① 골격의 구조

일반조직과 달리 무기질이 많은 성분을 차지하는 골격의 구조는 크게, 골격의 80%를 차지하는 치밀골(compact bone)과 20%를 차지하는 해면골(spongy bone)로 구분할 수 있다. 치밀골은 골격의 표면층에 많고, 넓이보다 길이가 긴 장골의 중간부분인 골간(epiphysis) 부위를 구성하고 있다. 해면골은 뼈 사이에 수많은 골강이 나타나는 구조로 치밀골에 비해 밀도가 낮은 편이다[그림 10-1].

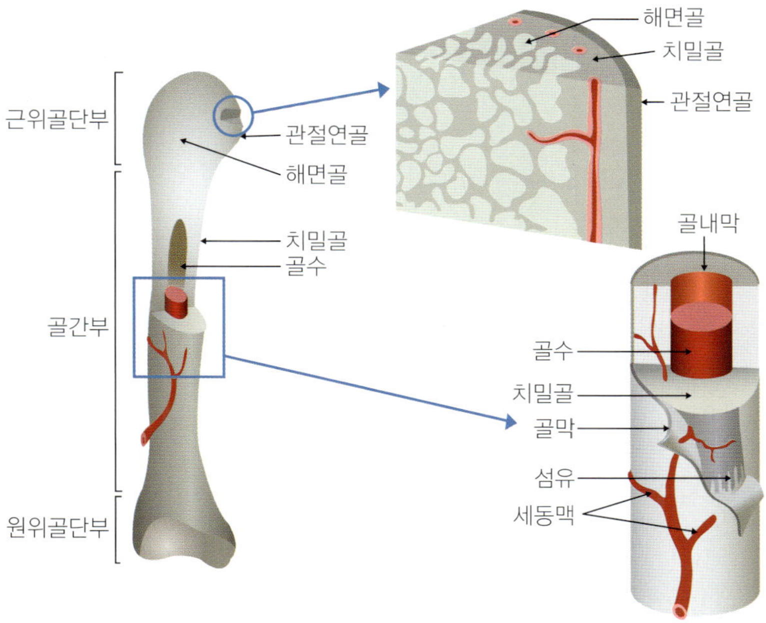

| 그림 10–1 | 장골의 구조

출처: 김미자 외(2018). 식사요법.

골격의 뼈세포에는 조골세포(osteoblast), 파골세포(oesteoclast), 골세포(osteocyte) 세 종류가 있다. 조골세포는 뼈를 형성하는 세포로서 당단백질과 콜라겐을 합성하고 칼슘과 인을 침착시키는 역할을 한다. 조골세포로부터 생성되는 골세포는 뼈를 구성하는 세포로 뼈의 가장 일반적인 형태이다. 파골세포는 뼈에서 무기질을 용출시키고 콜라젠 분해에 관여한다. 파골세포가 뼈의 표면에서 산과 단백질 가수분해효소를 분비하여 각각의 골격을 구성하는 무기질과 콜라젠 기질을 용해시키면 빈 공간이 만들어진다. 다음으로 조골세포가 골격의 빈 공간에 콜라젠 기질을 형성한 후, 그 안에 인산칼슘염이 석회화 과정을 촉진하여 뼈를 재형성시킨다. 파골세포에 의해서 뼈가 분해되는 데는 1~3주가 소요되나, 조골세포에 의하여 뼈가 형성되는 데는 3개월 이상의 기간이 필요하다. 이러한 특징을 통해 오래되었거나, 손상을 입었거나, 불필요한 뼈를 분해하고 새로운 뼈세포를 구성하는 과정이 반복된다.

② 골격의 대사

뼈는 성장이 종료된 후에도 계속적인 분해와 생성이 일어나므로, 뼈의 생성과 분해의 균형은 골질량 결정에 매우 중요하다. 정상적인 골질량을 유지하기 위해 가장 중요한 것은 칼슘농도를 정상적으로 유지하는 것이다. 혈중 칼슘농도는 부갑상샘 호르몬(Parathyroid Hormone, PTH), 칼시토닌(calcitonin), 비타민 D_3(cholecalciferol)에 의해 9~11 mg/dℓ 수준으로 항상 일정하게 유지된다.

혈중 칼슘 농도가 낮아지면, 부갑상샘에서 부갑상샘 호르몬이 분비되어 신장으로부터 칼슘 재흡수를 증가시키고, 뼈로부터 칼슘의 용출을 촉진하여 혈중 칼슘 농도를 높여 준다. 또한, 부갑상샘 호르몬은 신장에서 활성형 비타민 $1,25(OH)_2D_3$의 형성을 촉진하여 소장에서 칼슘 결합 단백질의 생성과 작용을 조절하여 칼슘 흡수를 활발하게 하고 혈청 칼슘 항상성을 유지시키는 작용을 하나, 과잉분비되면 골질량을 감소시키는 작용을 한다[그림 10-2].

반면 혈중 칼슘 농도가 높아지면, 갑상샘에서 칼시토닌이 분비되어 신장에서 칼슘 재흡수를 감소시키고, 뼈에 칼슘 침착을 증가시키는 작용을 한다.

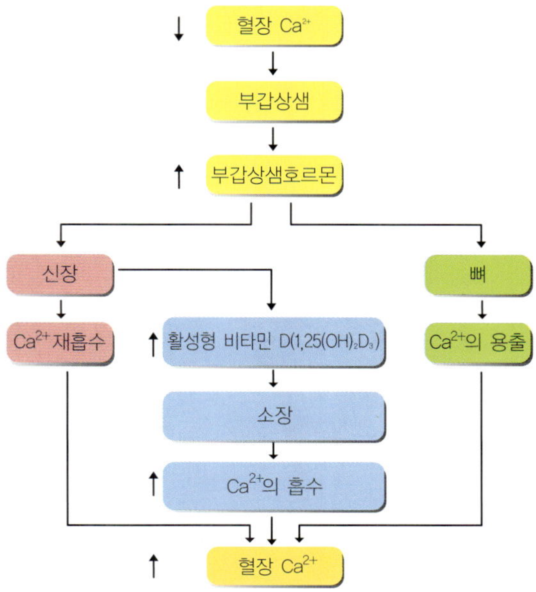

| 그림 10-2 | **부갑상샘호르몬의 혈중 칼슘농도 조절**

출처: 김미자 외(2018). 식사요법.

(2) 관절의 구조와 기능

정상적인 관절은 압축성과 탄성을 가지고, 표면에 윤활제를 분비하여 일상생활과 운동 시 골의 마찰을 방지한다. 관절의 양쪽 뼈는 관절활액막으로 연결되어 있고, 그 내부에는 윤활작용을 하는 관절액이 들어 있다. 뼈의 말단은 관절연골이 덮고 있는데, 연골에는 혈관이 없어서 혈액으로부터 영양분을 직접 흡수한다[그림 10-3].

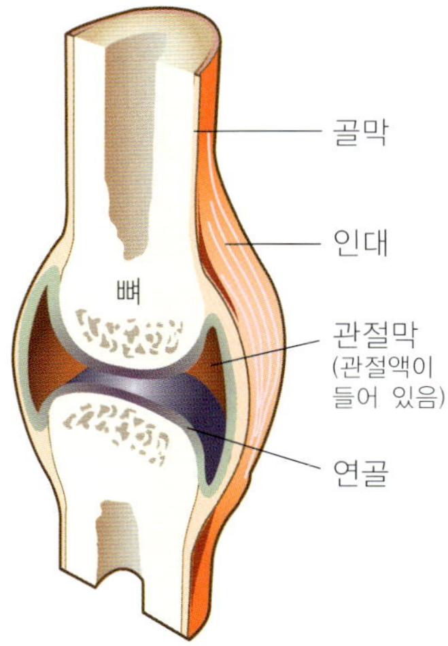

| 그림 10-3 | 관절의 구조

2) 골격계질환의 종류

(1) 골질환

① 골다공증

가) 원인

골다공증(osteoporosis)은 칼슘대사 불균형으로 인한 골질량의 감소로 나타나는 대사성골질환이다. 뼈는 나이가 많아짐에 따라 조골세포에 비해 파골세포의 활성이 크게 증가하여 골질량 또는 골밀도가 감소하여 골다공증이 되기도 한다. 골다공증은 남성에 비해 여성에게서 발병률이 높은데, 그 이유는 여성이 남성에 비해 성인기의 최대 골질량이 낮고, 특히 폐경기 이후에 에스트로젠 생성이 감소하기 때문이다[그림 10-4].

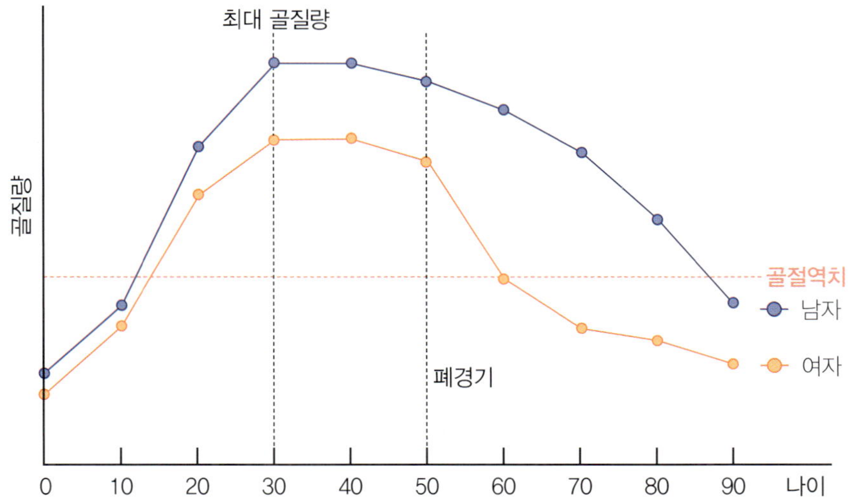

| 그림 10-4 | 성별에 따른 최대 골질량

출처: 대한골대사학회지침서편찬위원회(2013). 골다공증의 진단 및 치료지침.

나) 분류

• 1형(폐경 후 골다공증)

에스트로겐은 뼈에서 칼슘의 용출을 억제하는 역할을 한다. 1형 골다공증은 폐경 후 난소에서 에스트로겐의 분비가 감소하여 에스트로겐 부족으로 골질량의 소실이 가속화되어 나타나는 골다공증이다. 폐경기성골다공증은 특히 해면골이 많은 부위에 영향을 주고, 주로 요추의 파열골절을 일으킨다. 일반적으로 비만한 여성이 마른 여성보다 1형 골다공증에 걸릴 위험이 적은 것으로 나타났는데, 이는 지방세포가 에스트로겐 합성에 영향을 끼치기 때문으로 여겨진다.

• 2형(노인성 골다공증)

2형 골다공증은 파골세포의 활성은 유지되지만, 노화가 진행됨에 따라 조골세포의 활성이 현저하게 감소되어 나타나는 골 손실로, 70세 이후의 남성과 여성 모두에게서 발생한다. 주로 해면골과 치밀골 부위에 영향을 끼치며, 골반에 골절을 일으킨다. 노인의 피부를 통한 비타민 D의 합성 능력 저하로 인한 1,25$(OH)_2D_3$ 합성의 감소와 부삽상선호르몬의 활성 증가 및 골형성 장애 등이 노인성 골다공증의 주요 원인이라고 할 수 있다.

• 이차성 골다공증

이차성 골다공증은 일차적인 원인으로 인하여 부차적으로 나타나는 골다공증이다. 이차성 골다공증의 원인이 되는 질환으로는 갑상샘기능항진증, 부갑상샘기능항진증, 부신피질기능항진증, 당뇨병, 콩팥질환, 만성간질환, 일부 암(림프종, 백혈병, 다발성골수증) 등이 있다. 또한, 원인 질환의 치료를 위해 복용하는 약물로 인해서도 이차성 골다공증이 나타날 수 있는데, 코르티코스테로이드, 헤파린, 갑상샘 호르몬 등의 약물 사용이 그 원인이 된다.

다) 위험요인

• 유전 및 인종

개인의 골밀도 차이는 어느 정도 유전적인 영향을 받기 때문에 골다공증 가족력이 있는 사람에게서 골다공증 발병률이 높다. 노화에 따른 뼈 손실은 체격이 작은 사람이 체격이 큰 사람보다 커서 체격이 작은 사람에게서 골다공증이 생기기 쉽다. 또한, 인종 간에도 골밀도의 차이가 나타나 흑인보다는 동양인이, 동양인보다는 백인에게서 골다공증 발병률이 높다.

• 연령 및 성별

골질량은 사춘기와 청장년기에 급격히 증가하여, 20대 후반에서 30대 초반 사이에서 최대 골질량이 되고, 40세까지 유지되다가 그 이후부터는 연령 증가에 따라 골손실이 진행된다. 골다공증의 발병률은 여성이 남성보다 높은데, 이는 여성의 최대 골질량이 남성보다 낮기 때문이다. 또한, 여성은 40세 정도에 골질량이 감소되기 시작하여 10년 동안에 약 3%가 손실되고, 폐경 후 10년 동안에 약 9%의 뼈가 손실된다. 특히 60세 이후 여성은 엉덩이뼈와 허리뼈의 골밀도가 50% 이하로 감소되어서 그 부위에 골절이 흔하게 나타난다. 이는 뼈의 칼슘 용출을 감소시키고 뼈를 보호하는 역할을 하는 에스트로젠의 생성이 폐경 후에 저하됨에 따라 골다공증의 위험률이 높아지기 때문이다. 이외에도 무월경, 생리불순, 조기폐경, 난소절제, 출산 무경험 등으로 여성 호르몬의 분비가 불균형인 여성에게서도 골다공증의 발생 빈도가 높아진다.

• 운동 및 흡연

규칙적인 운동은 뼈에 물리적인 자극을 주어 조골세포를 자극하여 뼈대사를 활성화시킨다. 특히 걷기나 자전거타기 등의 체중부하운동은 뼈, 관절에 중력을 가하여 근육의 힘을 증가시키고 골손실을 감소시키며, 골질량을 증가시킨다. 따라서 운동량이 적을수록 뼈 손실량은 증가하기 때문에 노령화에 따른 활동량 감소, 노년기의 질병이나 입원 등으로 장기간 움직이지 못하는 경우가 골다공증 유발요인이 될 수 있다. 또한, 흡연은 니코틴 성분이 내분비 신경계에 영향을 주어 에스트로젠 분비를 감소시켜 칼슘의 이용률을 떨어뜨린다.

• 식사요인

골다공증을 유발하는 식사요인으로는 칼슘과 칼슘의 흡수에 영향을 끼치는 영양소가 있다. 체내 칼슘의 결핍은 칼슘 섭취가 필요량보다 부족하거나 칼슘의 체내 이용률의 저하로 나타나게 된다. 소장에서의 칼슘 흡수와 신장에서의 칼슘 재흡수를 촉진하는 비타민 D도 칼슘흡수에 필수적인 조절물질이므로 결핍 시 골다공증을 유발할 수 있다. 적당량의 인(칼슘 : 인 = 1 : 1)은 골밀도를 증가시키지만, 과량의 인 섭취는 칼슘의 흡수율을 감소시키고 배설을 촉진하여 골밀도를 감소시킨다. 동물성단백질은 고칼슘뇨증의 원인이 되나, 이소플라본을 함유한 식물성 단백질인 대두단백질은 뼈의 칼슘용출을 저해하여 골밀도를 향상시킨다. 나트륨의 과잉섭취와 카페인은 소변량을 증가시켜 칼슘의 배설을 증가시키고, 과량의 식이섬유소는 칼슘의 체내 흡수를 저하시킨다. 또한 알코올은 조골세포의 활성을 저하시킴으로써 골세포 형성에 나쁜 영향을 끼친다.

라) 진단

골밀도 측정을 통하여 골다공증을 조기에 발견할 수 있다. 골밀도 측정은 방사선을 이용하여 우리 몸 특정 부위의 골 밀도를 측정한 후 결과를 수치화하여 T-score로 나타낸다. T-score가 -1.0 이상이면 정상, -1~-2.5이면 골감소증, -2.5 이하이면 골다공증으로 진단한다.

마) 식사요법

손실된 뼈의 양을 완전히 회복시켜 골다공증을 치료할 수 있는 방법이 없으므로 최대 골질량 형성시기에 골밀도를 높이는 것이 골다공증을 예방하는 가장 좋은 방법이다. 이를 위해 칼슘을 적절히 섭취하고 영양적으로 균형 잡힌 식사를 하는 것이 좋다.

• 충분한 칼슘

노년기의 골격질환을 예방하기 위한 1일 칼슘 섭취량은 19~49세 성인의 경우 남자 800 mg, 여자 700 mg이다. 남성의 경우 나이가 증가함에 따라 50~64세에서는 750 mg, 65세 이상에서는 700 mg으로 섭취량이 감소하지만, 여성의 경우 폐경 이후인 50세 이상에서 800 mg으로 성인 여성보다 많은 칼슘 섭취량을 권장하고 있다. 칼슘의 급원식품 중 우유 및 유제품은 체내 칼슘 흡수율이 25~35%로 다른 식품에 비해 높으므로, 우유와 유제품은 칼슘의 좋은 급원식품이라고 할 수 있다. 우유 1컵에는 약 200 mg의 칼슘이 함유되어 있고, 고칼슘우유의 경우는 1컵에 약 600 mg의 칼슘이 함유되어 있다. 유당불내증이나 우유 섭취 시 복부팽만, 복부경련, 설사 등의 증상이 있는 경우는 우유 대신 다른 칼슘 급원식품을 섭취하는 것이 좋다. 우유 외에 칼슘의 급원식품에는 뼈째 먹는 생선과 진한 녹색잎 채소, 도정이 덜 된 전곡류가 있다. 그러나, 채소나 전곡류의 경우에는 섬유소와 수산염, 피트산 등의 함량이 높아서 체내 칼슘 흡수율은 낮다.

식사로부터 충분한 양의 칼슘 섭취가 어려운 경우에는 칼슘보충제를 복용한다. 그러나 장기간 칼슘 보충제를 복용할 경우에 고칼슘혈증, 고칼슘뇨증, 위산분비 증가 등의 부작용이 나타날 수 있으므로 주의하여야 한다.

- 기타 영양소

칼슘의 흡수와 이용에 영향을 주는 영양소에는 인, 단백질, 비타민 D 등이 있다. 인의 섭취량과 칼슘 섭취량의 비율이 1:1일 때 칼슘의 흡수율이 가장 좋으므로, 인이 다량 함유된 청량음료 및 가공식품 등의 잦은 섭취는 피하는 것이 좋다. 단백질의 섭취가 적절할 경우 골격형성을 돕지만 동물성 단백질을 과잉섭취하게 되면 칼슘 배설량이 증가하므로 과잉섭취는 피하는 것이 좋다. 비타민 D는 칼슘의 흡수와 골밀도 증가에 도움이 되므로 체내에서 비타민 D를 합성할 수 있도록 충분한 햇볕을 쪼이는 것이 좋다. 비타민 D의 급원식품에는 간, 난황, 표고버섯, 등푸른생선 등이 있다. 이소플라본은 에스트로젠과 유사한 구조를 하고 있어 이소플라본을 함유한 대두단백질은 폐경 후 골다공증 예방을 위해 좋은 식품이다.

② 골연화증

비타민 D 결핍으로 인해 어른들에게 나타나는 질환으로 뼈의 총량은 정상이나 비타민 D 부족 시 뼈의 무기질화 과정에 이상을 초래하여 뼈가 얇아지고 쉽게 구부러지며 골밀도가 감소한다.

가) 원인

골연화증의 원인은 비타민 D 섭취량의 부족, 자외선 노출 차단, 비타민 D 대사의 유전적 결함 등 다양하다. 햇볕에 노출되는 정도가 매우 적거나 저에너지 섭취, 임신과 수유를 자주하는 여성에게서 자주 나타나고, 채식주의자, 장절제 환자, 거동이 불편한 노인에게서도 골연화증의 빈도가 높다.

나) 증상

증상으로 뼈의 통증이 있고, 척추가 체중을 지탱하지 못하여 신체가 구부러질 수도 있다. 또한 근육 약화 및 식욕 부진, 체중 감소 등의 증상이 나타난다.

다) 식사요법

골연화증의 경우 충분한 햇볕을 쬐는 것이 중요하다. 동물성 급원식품으로는 꽁치, 고등어, 연어, 대구간유, 강화우유 등이 있고, 식물성 급원식품에는 버섯이 대표적이다. 질 좋은 단백질과 우유 등의 칼슘 식품은 뼈의 무기질화에 도움이 된다.

2) 관절질환

① 류머티즘 관절염

류머티즘 관절염은 관절 활액막의 지속적인 염증이 다른 관절, 골, 연골조직에까지 감염이 확대되어 손상을 일으키는 만성적 자가면역성질환이다. 여자가 남자보다 3배 정도 많이 발생하고, 대부분 35세 이상에서 나타나며 나이가 증가할수록 발병률이 증가한다.

가) 원인

류머티즘 관절염은 유전, 환경 등이 복합적으로 작용하여 발생하나 아직 정확한 원인은 알려져 있지 않고 있으며, 일부 자가면역이 원인이라고 밝혀져 있다.

나) 증상

류머티즘 관절염은 손이나 발 등의 마디에 대칭적으로 나타나기 쉽고, 세 개 이상의 관절을 침범하는 다발성 관절염의 형태를 나타낸다. 특징적인 증상으로 관절이 뻣뻣해지는데, 특히 아침에 강직현상을 느끼며, 증상이 30분 이상 지속되기도 한다. 이러한 경직 정도는 질병의 진행정도를 판별하는 중요한 지표가 된다. 발병초기에는 피로, 식욕부진 등이 나타나고 이로 인하여 점차로 체중 감소가 나타나며 때로 고열과 오한이 동반된다. 이외에도 활액막의 감염은 부종과 압통을 유발하여 정상적인 행동에 제약을 주기도 한다. 류머티즘 관절염은 증상의 완화와 악화가 반복되면서 2~3년 사이에 급격히 변형되어 심한 경우에는 골의 강직현상과 함께 불구가 되는 경우도 있다.

다) 식사요법

류머티즘 관절염은 감염에 의해 주로 발생하므로, 환자의 영양상태와 신체 면역반응에 영향을 끼친다. 만성질환으로 질병이 지속되면 약물치료에 의해 위점막이 손상되고, 영양불량으로 진행되는 경우가 많다. 이럴 경우에는 영양상태 증진을 위한 영양관리가 요구된다. 관절에 무리가 가지 않도록 이상체중을 유지할 수 있도록 하며, 과체중인 경우에는 적절한 에너지 섭취 제한이 요구된다. 염증반응을 억제하기 위하여 등푸른 생선과 같은 오메가-3 지방산과 항산화 영양소, 류마티스성 관절염의 합병증인 골다공증과 골연화증 방지를 위해 비타민 D와 칼슘, 관절의 기질인 콜라젠 합성을 위해 비타민 C를 충분히 섭취하는 것이 좋다. 또한 뼈의 통증은 주로 식품 알레르기에 의해 나타나는 경우가 많으므로, 알레르기 유발식품을 제한하는 것이 좋다.

② 골관절염

골관절염(osteoarthritis)은 노령에 따라 나타나 퇴행성관절염이라고도 하는데, 여자들이 남자들보다 더 빠른 나이에 발병한다.

가) 원인

골관절염은 나이가 증가함에 따라 염증 없이 연골이 소실되고 인대 등에 손상이 일어나서 나타나는 관절질환이다. 모든 관절에서 발견되나 특히 체중을 지탱하거나 사용빈도가 높은 관절인 무릎, 고관절, 팔꿈치 등에서 자주 발생하며 과체중 및 비만인에게서 잘 나타난다.

나) 증상

골관절염의 증상은 관절염이 발생한 관절 부위가 뻣뻣해지는 통증이 국소적으로 나타나는데, 골관절염 환자는 관절을 과다하게 사용한 저녁과 잠자기 전에 심한 통증을 느끼게 된다. 질환이 진행되면 통증이 심해지고, 심지어는 관절에 변형이 일어나 관절운동에 제한이 생기기도 한다.

다) 식사요법

골관절염은 주로 체중 과다 현상이 나타나므로 질병의 진행을 억제하고 관절을 보호하기 위해서는 적정 체중을 유지하는 것이 필요하다. 운동을 위한 체중 감량은 관절에 더 무리를 줄 수 있으므로, 식사관리를 통한 체중 감량을 시행하되, 건강을 유지할 수 있도록 균형 잡힌 식사를 하는 것이 좋다. 또한 골다공증의 예방과 관리를 위하여 칼슘 및 비타민 D가 풍부한 식품을 섭취한다.

③ 통풍

통풍(gout)은 퓨린의 대사이상으로 퓨린의 최종 대사산물인 요산의 혈중 농도가 증가하여 관절과 조직에 요산이 축적되어 발병하는 질환이다. 여성이 남성보다 발병율이 낮으나, 폐경 이후 여성에게서는 발병 가능성이 증가한다.

가) 원인

혈중 요산은 음식물로부터 섭취되어 체내에 들어올 수 있고, 체내 세포의 핵에 있는 핵산의 구성성분인 퓨린이 분해되어 생길 수도 있다. 혈중 요산은 세포의 동화와 이화, 요산의 배설과정을 통해 조절되는데, 체내에서 요산이 과잉 생산되거나 소변으로의 배설이 저하되어 혈중 요산이 증가함으로써 통풍이 발생한다. 요산의 과잉생성 원인은 고퓨린 식품의 섭취, 과음, 비만, 선천적 퓨린 대사이상, 심한 운동 등이 있고, 요산 배설의 저하 원인에는 콩팥질환, 음주, 고혈압, 약물(아스피린, 이뇨제 등) 등이 있다.

나) 증상

통풍의 증상은 대개 고요산혈증이 오랫동안 지속되면 나타나는데, 성인의 혈중 요산 정상치는 3~6 mg/dℓ이고, 고요산혈증은 7 mg/dℓ 이상이다. 통풍의 증상은 급성 통풍발작으로 주로 밤에 발생하며, 매우 심한 통증을 유발하지만 몇 시간에서 며칠 후에 증상이 저절로 완전히 사라진다. 첫 통증 후 수개월 혹은 수년간 통증이 재발하지 않게 되는 경우가 많아 치료 시기가 늦어져 질병이 만성으로 진행될 수 있다. 엄지발가락이나 손가락 관절 등에 통풍결절이 생성되며, 통증부위가 빨갛게 부어오르고 국부발열이 나타난다. 질병이 악화되면서 통증의 주기가 빨라지고, 기간도 길어지고, 엄지발가락 외에 발목부분, 무릎 등에서도 증상이 나타나게 된다. 만성적으로 과잉의 요산이 요산염(요산나트륨) 결정이 되어 관절의 연골이나 관절 주위의 연조직에 침착하여서 생성하는 흰 결석을 통풍결절이라고 한다. 통풍결절은 관절조직을 파괴시키고 변형시켜 만성관절염을 유발하여 관절기능장애를 초래한다. 과잉의 요산이 신장에 축적되면 신우염, 신결석 등을 유발하여 신장의 세뇨관 등에 손상을 입히기도 한다.

다) 식사요법

- 퓨린 제한

생체 내에서 만들어지는 요산이 요산염의 약 85%를 차지하기 때문에, 퓨린 제한식으로 통풍환자의 요산수치를 완전하게 조절하기는 어렵다. 따라서 통풍의 치료는 약물치료가 우선이지만, 약물사용을 줄이기 위해서 보조적으로 퓨린 함량이 낮은 식품을 섭취하는 것이 필요하다. 퓨린 함량이 많은 식품을 제한하면〈표 10-4〉 요산의 생성을 약 15~20%가량 낮출 수 있기 때문이다. 일반적으로 건강한 성인의 경우 하루 평균 600~1,000 mg 정도의 퓨린이 함유된 식사를 하지만 통풍환자는 식사 중 퓨린 함량을 100~150 mg 정도로 제한하는 것이 좋다.

| 표 10-4 | 퓨린 함량에 따른 식품군 분류

많은 식품(150~800 mg)	중간 식품(50~150 mg)	적은 식품(0~15 mg)
내장부위(심장, 간, 지라, 신장, 뇌, 혀), 육즙, 거위, 생선류(정어리, 청어, 멸치, 고등어, 가리비조개)	고기류, 가금류, 생선류, 조개류, 콩류(강낭콩, 잠두류, 완두콩, 편두류), 채소류(시금치, 버섯, 아스파라거스)	달걀, 치즈, 우유, 곡류(오트밀, 전곡제외), 빵, 채소류(나머지), 과일류, 설탕
급성기인 경우, 증세가 심할 때 섭취할 수 없음	회복정도에 따라 소량 섭취할 수 있음	제한없이 섭취할 수 있음

출처: 대한영양사협회(2013). 임상영양관리 지침서.

• 에너지 및 열량 영양소

통풍환자는 이상체중 유지 또는 10% 가량의 체중 감소가 효과적이지만, 이를 위해 체중 감량을 갑작스럽게 진행하게 되면, 통풍 환자에게 급격한 발작이나 케톤증을 일으킬 수 있으므로 서서히 체중 감량을 하는 것이 좋다.

탄수화물을 설탕, 사탕 등의 단당으로 섭취하면 중성지방 증가와 관련되어 비만을 조장하는 요인이 되므로 탄수화물은 전분류 형태의 당질로 공급하는 것이 바람직하다.

단백질은 인체에 필수적인 영양소이지만, 요산 생성에 관여하므로 퓨린 함량이 낮은 단백질 식품 중에서 다양하게 선택하여야 한다. 그러나, 통풍환자는 장기간의 치료가 요구되므로 지나친 단백질 제한은 필수아미노산의 결핍을 초래할 수 있기 때문에, 단백질은 1~1.2 g/kg으로 1일 60~75 g 정도를 공급하는 것이 좋다. 우유와 달걀은 고단백질 식품이면서 퓨림의 함량이 적어 좋은 단백질 급원식품이며, 콩은 콩 자체보다 두부로 섭취하면 퓨린 함량이 적다.

고지방식사는 요산의 정상적인 배설을 방해하고 통풍의 합병증인 고혈압, 심장병, 고지혈증, 비만 등과도 관련되므로 과량의 지방섭취는 피하는 것이 좋다. 통풍환자는 하루에 50 g 이하의 지방을 섭취하는 것이 바람직하며 포화지방산보다는 불포화지방산의 섭취비율을 증가시키는 것이 좋다. 등푸른 생선의 섭취를 제한하는 경우 오메가-3 지방산의 섭취도 낮아질 수 있으므로, 개인의 상황에 맞게 조절하는 것이 필요하다. 퓨린은 수용성이므로 조리 시 굽는 것보다는 삶아서 조리하고, 그 국물은 섭취하지 않는 것이 좋다.

• 기타 영양소

콩팥질환이나 심장병이 없으면 통풍환자는 약물 복용으로 인한 탈수현상을 방지하고 혈중 요산 농도 희석과 요산 배설 촉진을 위하여 1일 3ℓ 가량의 수분을 섭취하는 것이 바람직하다. 알코올은 요산의 배설을 방해하고 생합성을 촉진하므로 알코올의 섭취를 제한한다. 특히 맥주는 퓨린을 함유하고 있어 요산을 증가시킬 수 있으므로 더욱 조심한다.

비타민 C는 소변으로 요산의 배설을 증가시켜 혈청 요산농도를 감소시킬 수 있으므로 충분히 섭취한다. 소변의 알칼리성(pH 6.2~6.8) 정도는 식품에 따라 쉽게 변하는 것은 아니지만, 가능한 한 채소, 과일 등 알칼리성 식품을 적극적으로 섭취하는 것이 도움이 될 수 있다.

염분은 고혈압, 고지혈증, 당뇨 등의 합병증 우려가 있으므로 가급적 하루 10 g 이내로 제한하고, 이를 위해 염장가공품은 피하는 것이 좋다.

CHAPTER 11

선천성대사이상

1. 페닐케톤뇨증

1) 원인과 진단

페닐케톤뇨증(Phenylketonuria, PKU)은 아미노산 대사장애로 페닐알라닌을 티로신으로 변화시키는 페닐알라닌 수산화효소(phenylaranine hydroxylase)의 유전적 결핍 또는 불활성화로 인하여 발생하는 질환이다〈표 11-1〉. 한국인은 7만 명의 신생아당 1명 정도 발생하며 치료하지 않으면 30세 미만에서 75% 정도 사망한다. 식사 후 혈중 페닐알라닌의 농도가 16~20 mg/dℓ 이상(정상치: 3~8 mg/dℓ)으로 유지되고, 티로신은 약 3 mg/dℓ 이하이며, 페닐피루브산과 히드록시페닐아세트산이 요로 배설되면 PKU라고 진단된다.

| 표 11-1 | 주요 선천성 대사이상의 종류와 특징

영양소	종류	결손효소·단백질	결손 결과 체내 축적물질	식사요법의 핵심
아미노산	페닐케톤뇨증	페닐알라닌 수산화효소	페닐알라닌, 페닐케톤	페닐알라닌 제한 티로신 보충
	단풍시럽뇨증	곁가지-케토산 탈수소 효소 복합체	α-케토산	곁가지 아미노산의 제한
	호모시스틴뇨증	주로 시스타티오닌 β-합성효소	호모시스테인	메티오닌 제한 시스테인 보충
	요소회로대사이상증	요소회로의 일부 효소들	암모니아	양질의 단백질 공급 에너지 공급
탄수화물	갈락토스혈증	주로 갈락토스 1-인산 유리딘 전이효소	갈락토스 1-인산	갈락토스 제한
	당원병	주로 글루코스 6-인산분해효소	글리코젠	혈당 정상화
무기질	윌슨병	ATP7B(윌슨병 단백질)	구리	구리 제한 아연 보충

2) 증상

페닐케톤뇨증의 임상적 증상은 페닐케톤체들(페닐피루브산, 페닐아세트산 및 페닐아세틸글루타민)의 과잉 생성과 티로신의 부족으로 인한 갑상샘 호르몬, 멜라닌 색소, 신경전달 물질 및 아세토아세테이트(acetoacetate)와 옥살로아세테이트(oxaloacetate)의 생성 부족으로 나타난다[그림 11-1]. 페닐케톤뇨증 어린이의 지적 기능 및 지능지수는 PKU 진단 시 연령과 영양치료의 시작 시기, 생화학적인 조절 및 진행과정 중 가족의 협력에 따라 다르게 나타난다. 따라서 생후 1년까지도 식사 치료를 시작하지 않으면 뇌가 심하게 손상을 입어 지능지수가 평균 50 정도로 낮아지지만, 생후 1개월 이내에 식사치료를 시작하면 정상적인 지능지수를 가지게 된다.

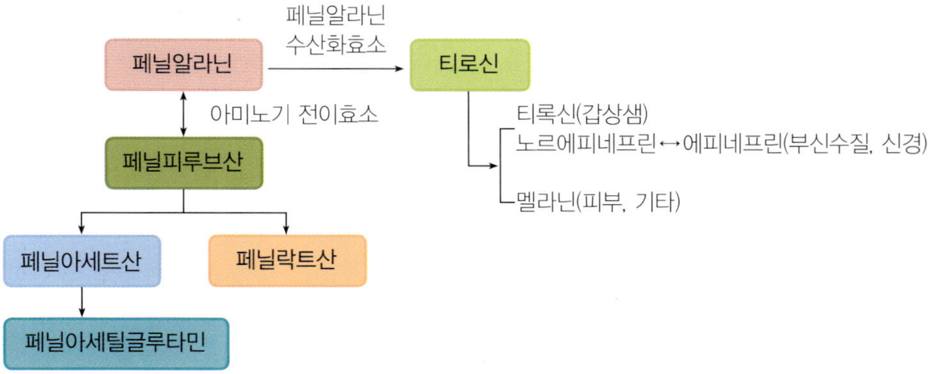

| 그림 11-1 | **페닐알라닌 대사**

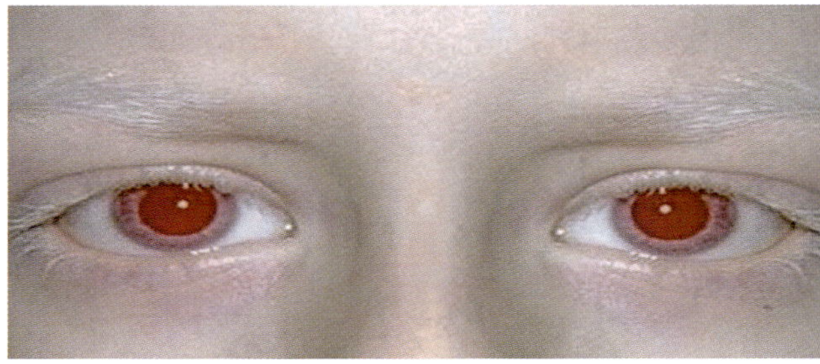

| 그림 11-2 | 페닐케톤뇨증 환자의 피부와 안구

출처: 권종숙 외(2012). 사례와 함께하는 임상영양학.

3) 식사요법

(1) 혈중 페닐알라닌 농도 유지

혈청 중에 비정상적으로 축적되어 있는 페닐알라닌을 정상 수준(2~4 mg/dℓ)으로 유지하도록 음식 섭취를 제한해야 한다. 혈청 페닐알라닌의 농도가 상승하는 식품을 통한 페닐알라닌의 과잉섭취 및 지나치게 적은 에너지 섭취로 체조직의 분해로 인해 영아와 소아는 정상적인 성장발달과 영양 상태를 유지할 수 없으므로, 정신지체를 예방할 수 있도록 적절한 체중유지와 골감소증을 방지하는 것을 목표로 한다.

단백질 식품은 약 5%의 페닐알라닌을 함유하고 있으며 단백질을 생리적 필요량만큼 섭취할 때 페닐알라닌 제한이 어려우므로 페닐알라닌을 제거한 특수 분유를 사용한다. 특수 분유에는 칼슘, 철 등의 무기질 및 다양한 비타민이 포함되어 있다. 이유식으로 육류, 어류, 난류, 유제품 및 콩류 등 고단백식품은 피하고, 단백질 함량이 적은 채소와 과일을 주로 이용한다.

PKU 여성은 모체의 높은 혈중 페닐알라닌이 태아에게 발육장애, 지능장애, 소두증 심장기형 등 모성페닐케톤뇨증의 태아장애를 보여 준다. 따라서 임신 이전부터 혈중 페닐알라닌의 농도를 낮게(8 mg/dℓ) 조정하고, 아스파탐 같은 감미료를 금지하는 등 페닐알라닌 제한식사를 시작하는 것이 중요하다〈표 11-2〉, 〈표 11-3〉, 〈표 11-4〉.

| 표 11-2 | 페닐케톤뇨증 영아, 소아, 성인의 영양 권장량

연령	영양소			
	페닐알라닌	티로신	단백질	열량
영아	(mg/kg)	(mg/kg)	(g/kg)	(kcal/kg)
0~3개월 미만	25~70	300~350	3.0~3.5	120(95~145)
3~6개월 미만	20~45	300~350	3.0~3.5	120(95~145)
6~9개월 미만	15~35	250~300	2.5~3.0	110(80~135)
9~12개월 미만	10~35	250~300	2.5~3.0	105(80~135)
소아	(mg/일)	(g/일)	(g/일)	(kcal/kg)
1~4세 미만	200~400	1.72~3.00	≥30	1,300(900~1,800)
4~7세 미만	210~450	2.25~3.50	≥35	1,700(1,300~2,300)
7~11세 미만	220~500	2.55~4.00	≥40	2,400(1,650~3,300)
여아	(mg/일)	(g/일)	(g/일)	(kcal/kg)
11~15세 미만	250~750	3.45~5.00	≥50	2,200(1,500~3,000)
15~19세 미만	230~700	3.45~5.00	≥55	2,100(1,200~3,000)
19세 이상	220~700	3.75~5.00	≥60	2,100(1,400~3,000)
남아	(mg/일)	(g/일)	(g/일)	(kcal/kg)
11~15세 미만	225~900	3.38~5.50	≥55	2,700(2,000~3,700)
15~19세 미만	295~1,100	4.42~6.50	≥65	2,800(2,100~3,900)
19세 이상	290~1,200	4.35~6.65	≥70	2,900(2,000~3,300)

출처: 대한영양사협회(2008). 임상영양관리 지침서.

| 표 11-3 | 페닐케톤뇨증 식품교환표의 식품군별 영양함량

식품목록	1교환단위당 영양함량			
	페닐알라닌(mg)	티로신(mg)	단백질(g)	열량(kcal)
곡류·빵류	30	20	0.6	30
유지	5	4	0.1	60
과일	15	10	0.5	60
채소	15	10	0.5	10
자유식품 A	5	4	0.1	65
자유식품 B	0	0	0	55
매일분유(100 ml)	4.8	4.9	0.8	67
전유(100 ml)	164	164	3.4	62

출처: 대한영양사협회(2008). 임상영양관리 지침서.

| 표 11-4 | 시판되는 선천성대사질환용 조제식의 아미노산 조성

아미노산	제품 100 g 중의 함량(g)				
	PKU-1 formula[1]	PKU-2 formula[1]	BCAA-Free formula[2]	Methi-onine-Free formula[3]	UCD -Free formula[4]
L-Phenylala-nine	0	0	0.88	0.88	0.75
L-Isoleucine	1.08	2.16	0	1.08	1.29
L-Leucine	1.68	3.36	0	1.68	2.17
L-Lysine	1.00	2.00	1.0	1.00	1.11
L-Methionine	0.30	0.60	0.30	0	0.34
L-Threonine	0.70	1.40	0.70	0.70	0.75
L-Trypto-phan	0.17	0.34	0.17	0.17	0.28
L-Valine	1.22	2.44	0	1.22	1.43
L-Histidine	0.42	0.84	0.43	0.42	0.34
L-Arginine	1.06	2.12	1.41	1.04	0
L-Aspartic acid	1.50	1.53	1.60	1.50	0

아미노산	제품 100 g 중의 함량(g)				
	PKU-1 formula[1)]	PKU-2 formula[1)]	BCAA-Free formula[2)]	Methi-onine-Free formula[3)]	UCD -Free formula[4)]
L-Cystine	0.15	0.30	0.15	0.45	0.30
L-Glutamic acid	2.45	2.25	2.50	2.45	0
Glycine	1.00	3.36	1.00	1.00	0
L-Proline	1.44	2.88	1.80	1.44	0
L-Tyrosine	1.50	3.00	0.89	0.89	0.88
L-Serine	0.76	1.52	0.89	0.75	0
L-Alanine	1.01	2.99	2.55	1.00	0
Taurine	0.06	0.085	0.06	0.06	0.06

1), 2), 3), 4) 각각 페닐케톤뇨증, 단풍시럽뇨증, 호모시스틴뇨증 및 요소회로대사이상증을 위한 조제식

2. 단풍당뇨증

1) 원인

단풍당뇨증은 루신, 이소루신, 발린 같은 곁사슬이 가지 친 모양의 탄화수소로 이루어진 곁가지아미노산이 대사과정 첫 단계에서 아미노기 전이효소에 의한 아미노기 제거 반응으로 α-케토산이 생성된다. 이 곁가지 아미노산이 탈아미노화된 α-케토산의 산화적 탈탄산화반응을 촉매하는 효소가 유전적으로 결핍되면 단풍당뇨증이 나타난다.

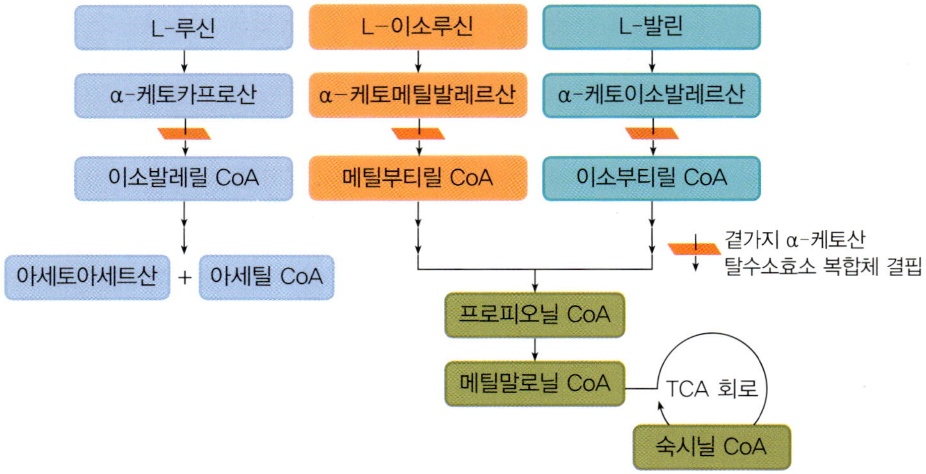

| 그림 11-3 | 단풍당뇨증의 대사이상

2) 증상

신생아 1/225,000명의 비율로 발생하는 선천성질환으로 출생 시에는 정상으로 보이나 4~5일이 지나면 포유곤란, 식욕감퇴, 구토, 주기적인 긴장항진이 초래되며 출생 후 일주일쯤 되면 요와 땀, 타액에서 특유의 맥아당 단내(단풍시럽 냄새)가 나고, 이러한 증상들이 치료되지 않으면 산독증과 감염, 신경악화, 발작, 혼수 등으로 결국은 사망하게 된다.

3) 치료 및 식사요법

급성질환 시 복막투석과 수분보충이 필요하며 곁가지아미노산의 섭취를 제한하는 것이 기본이다. PKU와 같이, 각 개인의 허용능력에 차이가 많으므로 혈중 농도의 정기적 검사결과에 따라 곁가지 아미노산의 섭취량을 조정하는데, 특히 루신의 농도를 지표로 사용한다. 곁가지 아미노산은 필수아미노산이므로 필요량이 공급되어야 하며 혈중 곁가지아미노산 각각 2~5 mg/dℓ 범위에 속하도록 섭취량을 조정한다.

| 표 11-5 | 단풍당뇨증 영아, 소아, 성인의 영양 권장량

연령	영양소				
	이소루신	루신	발린	단백질	열량
영아	(mg/kg)	(mg/kg)	(mg/kg)	(g/kg)	(kcal/kg)
0~3개월 미만	36~60	60~100	42~70	3.0~3.5	120(95~145)
3~6개월 미만	30~50	50~85	35~60	3.0~3.5	115(95~145)
6~9개월 미만	25~40	40~70	28~50	2.5~3.0	110(80~135)
9~12개월 미만	18~33	30~55	21~38	2.5~3.0	105(80~135)
소아	(mg/일)	(mg/일)	(mg/일)	(g/일)	(kcal/kg)
1~4세 미만	165~325	275~535	190~400	≥30	1,300(900~1,800)
4~7세 미만	215~420	360~695	250~490	≥35	1,700(1,300~2,300)
7~11세 미만	245~470	410~785	285~550	≥40	2,400(1,650~3,300)
여아	(mg/일)	(mg/일)	(mg/일)	(g/일)	(kcal/kg)
11~15세 미만	330~445	550~740	385~520	≥50	2,200(1,500~3,000)
15~19세 미만	330~445	550~740	385~520	≥55	2,100(1,200~3,000)
19세 이상	330~445	400~620	420~650	≥60	2,100(1,400~3,000)
남아	(mg/일)	(mg/일)	(mg/일)	(g/일)	(kcal/kg)
11~15세 미만	325~435	540~720	375~505	≥55	2,700(2,000~3,700)
15~19세 미만	425~570	705~945	495~665	≥65	2,800(2,100~3,900)
19세 이상	575~700	800~1,100	560~800	≥70	2,900(2,000~3,300)

출처: 대한영양사협회(2008). 임상영양관리 지침서.

| 표 11-6 | 단풍당뇨증 식품교환표의 평균 영양조성

식품군	이소루신(mg)	루신(mg)	발린(mg)	단백질(g)	열량(kcal)
곡류	18	35	25	0.4	25
지방	7	10	7	0.4	70
과일	17	25	22	0.6	75
채소	22	30	24	0.6	15
자유식품 A	3	5	4	0.1	50
자유식품 B	0	0	0	0	55
우유(ml)	203	329	224	3.4	62

출처: 대한영양사협회(2008). 임상영양관리 지침서.

3. 호모시스틴뇨증

1) 원인과 증상

호모시스틴뇨증은 메티오닌으로부터 시스테인을 합성하는 데 필요한 시스타티온 합성효소가 유전적으로 결핍되어 혈액과 요 중에 호모시스테인의 농도가 높게 나타나는 질환으로 발생 현황은 200,000~300,000명 중 한 명 정도로 발견된다. 결핍된 효소의 종류에 따라 세 가지 형태 중 시스타티오닌 합성효소가 결핍된 제1형이 가장 흔하게 나타나며 시스타티오닌 합성효소가 결핍되면 혈액 중에 메티오닌과 호모시스테인이 축적되고 시스테인과 시스틴이 결핍된다. 호모시스틴뇨증 환자에게 다량의 비타민 B_6를 투여하면 대사이상을 시정할 수 있다. 증상으로 지능저하, 경련, 수정체 탈구, 척추기형, 발육장애, 골다공증, 안면홍조, 심혈관계 장애가 발생된다.

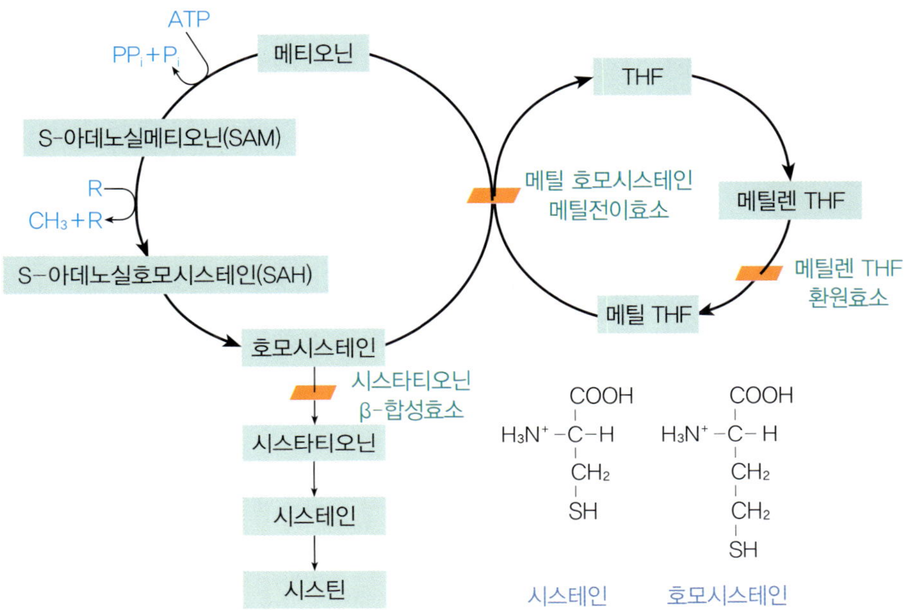

| 그림 11-4 | **호모시스틴뇨증의 대사이상**

2) 치료와 식사요법

호모시스틴뇨증 환자는 10일 동안 비타민 B_6를 400 mg/kg/일 정도 대량 투여함으로써 혈중 호모시스테인과 메티오닌의 농도에 반응 여부를 확인하는 과정이 필요하다. 시스타티온 합성효소의 결함에 의한 호모시스테인뇨증 식사요법은, 메티오닌을 제거하고 시스테인을 강화시킨 특수분유 사용과 성장발달에 필요한 양의 메티오닌을 식품을 통해 섭취한다. 혈중 메티오닌 농도는 공복 시 1.0 mg/dℓ 이하로 유지하도록 메티오닌의 섭취량을 조절하며 임상 증상, 체중, 혈장 단백질 및 헤모글로빈 농도를 관찰한다. 베타인은 호모시스테인을 메티오닌으로 변환시키는 반응에 필요한 물질로 보충제로 섭취한다.

4. 요소회로대사이상

1) 원인

요소회로대사장애는 단백질 및 펩티드, 아미노산, 핵산 등 모든 요소회로 결손으로 혈액에 암모니아가 축적된다. 암모니아는 독성이 강한 물질로 간에서 무독성의 요소로 전환되어 신장으로 배설된다. 요소회로는 간에서 암모니아로부터 요소를 합성하는 경로로 요소와 아미노산인 아르지닌(arginine)을 합성한다. 요소회로대사장애는 이 회로의 일부 효소가 선천적으로 결핍되어 체내에 암모니아가 축적되는 질환으로 [그림 11-5]는 요소회로대사결함의 원인이 되는 효소들을 나타내었다.

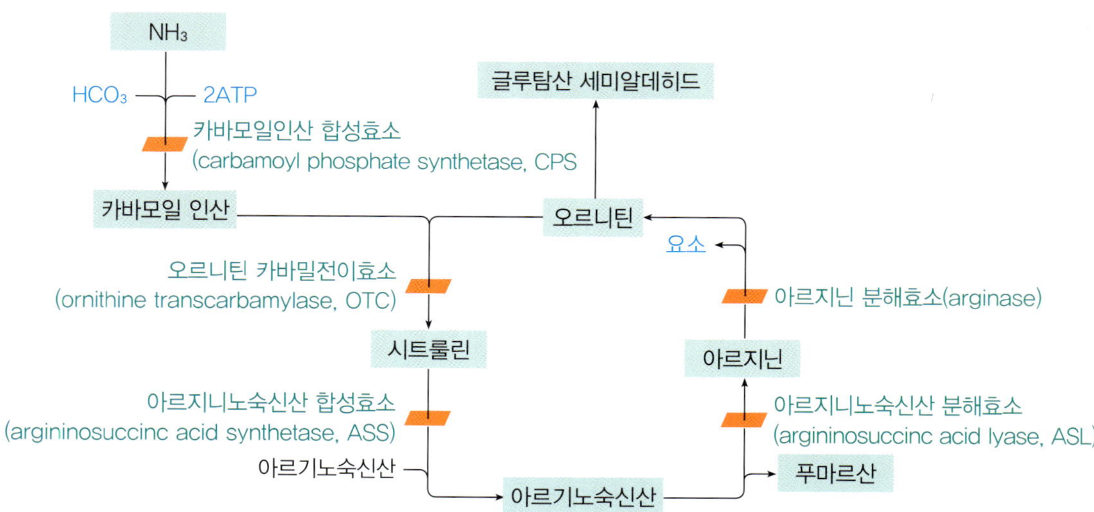

| 그림 11-5 | 요소회로 대사이상의 생화학적 결함

2) 증상

신생아는 혈청 암모니아가 150 mmol/ℓ 이상 올라가면서 유즙 섭취량이 줄고 임상증상인 구토, 기면상태, 저혈압, 경련, 근육 위축, 무호흡증, 혼수로 진행되어 사망한다. 유아는 고암모니아혈증이 빈번하고 지능저하, 발달지연, 신경학적 손상이 일어나며 단백질식품에 대한 혐오감을 나타낼 수도 있다. 효소의 결핍이나 결함으로 요소회로의 기질이 되는 세린, 글라이신, 글루탐산, 아스파르트산은 대사되지 않아서 혈청 농도가 상승하지만 회로의 중간생성물인 시트룰린과 아르지닌은 부족할 수 있어서 심각한 정신지체와 뇌성마비까지 나타날 수 있다.

3) 치료와 식사요법

요소회로대사장애 환자의 치료는 단백질을 포함하여 질소함유물질을 제한하는 것이 가장 중요하며 체내 합성이 제한된 아르지닌과 회로 중간대사물들을 공급을 해야 한다. 시판되고 있는 UCD 특수분유는 감소된 단백질 함량 대신 탄수화물의 함량을 높여 에너지 함량을 권장섭취량에 맞추었다. 아미노산 조성은 〈표 11-4〉에 제시하였다. 체단백질 이화를 막기 위해 에너지를 충분히 섭취하고 사탕, 단백질제거분유, 과일, 시판 저단백질 식품을 이용한다. 혈중 암모니아를 감소시키는 약물을 사용하여 고암모니아혈증을 감소시키고, 바이러스나 세균 감염으로 인한 경미한 감염도 병을 악화시킬 수 있으므로 예방접종을 철저히 한다, 고암모니아혈증을 일으킬 수 있는 일부 해열제나 항생제의 복용도 주의해서 섭취한다.

5. 갈락토스혈증

1) 원인

갈락토스혈증은 유전적 대사장애인 갈락토키나제결핍과 갈락토스 1-인산 유리딘 전이효소의 부족으로 혈중 갈락토스가 증가하는 열성 유전성 대사질환이다. 발생 빈도는 50,000~60,000명 중 한 명으로 간에서 갈락토스가 포도당으로 전환되는 데 필요한 효소의 결핍으로 나타난다. 결핍된 효소의 종류에 따라 세 가지 형태가 있는데[그림 11-6], 제1형 갈락토스 1-인산 유리딘 전이효소의 결핍으로 간에 축적되어 있는 갈락토스 1-인산과 대사산물인 갈락티톨이 순환혈중으로 나와 각 기관으로 이동되어 나타난다.

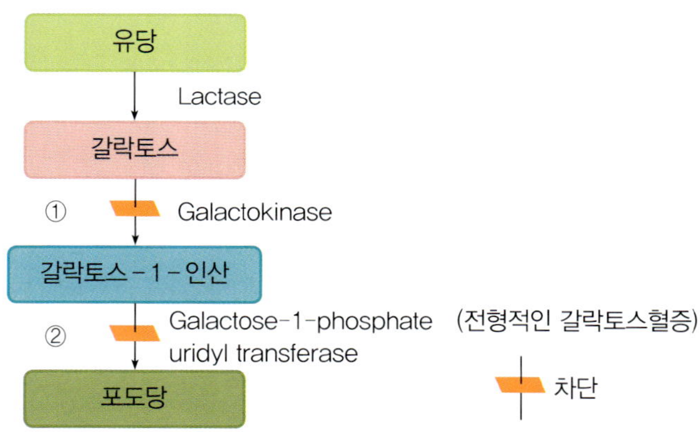

| 그림 11-6 | 갈락토스의 대사

2) 증상

증상으로 식욕부진, 체중저하, 안면 창백, 무기력, 발육지연, 황달, 복수, 말초부종, 출혈 등의 간 기능 저하가 나타나며 구토, 복부팽만, 설사 등의 위장질환과 백내장, 단백뇨와 같은 콩팥질환 및 중추신경장애로 인한 지능저하 증상이 나타난다. 또한 저혈당증과 감염이 쉬워져 계속 치료받지 못하면 패혈증으로 인하여 사망하게 된다. 갈락토키네이스 결핍에 의한 제2형에서는 다량의 갈락토스와 갈락티톨이 축적되어 백내장으로 시력을 잃어버릴 수도 있다.

3) 식사요법

갈락토스 제한식사는 평생 동안 지속해야 하며, 유당 함유식품인 우유 및 모든 유제품도 제거해야 하므로 유아는 우유의 대체처방으로 카세인 가수분해물이나 두유를 사용한다. 성장하면서 고형식을 먹기 시작하면 유당이 함유된 식품인지 확인하고 내장육인 간, 췌장, 쇠 머리고기와 화학조미료 등도 갈락토스를 함유하므로 식사에서 제외한다. 극소량이라도 장기간 섭취하면 백내장이 재발되므로 1년에 2회 정도 안과 검진을 받는다. 갈락토스 제한 시 허용되는 식품과 금지식품은 〈표 11-7〉과 같다. 갈락토스는 팽창제, 희석제 또는 부형제(채움제)로 사용되므로 알약이나 영양보충제는 갈락토스가 함유되었는지 잘 살펴보고 복용한다. 갈락토스를 제한하려면 제품의 영양표시를 주의 깊게 살펴본다.

| 표 11-7 | 갈락토스 제한 시 허용되는 식품

	허용식품	금지식품
우유대체품	• 두유를 기초로 한 조제유 • 육류를 기초로 한 조제유	• 모유 및 모든 동물의 유즙, 모든 우유, 크림, 각종 치즈, 요구르트, 아이스크림, 아이스밀크, 셔벗
과일류	• 허용되지 않는 식품을 제외한 모든 생과일 및 가공품	• 대추야자, 파파야, 파프리카, 감, 토마토, 수박(갈락토스 10mg//g 정도 함유) • 유당을 함유한 과일 가공품
채소류	• 허용되지 않는 식품을 제외한 모든 생채소 및 가공품	• 제한된 첨가물로 가공 처리했거나 버터, 빵, 또는 크림과 함께 양념한 채소 • 유당 및 제한된 첨가물을 함유한 인스턴트 감자 요리
육류, 어류 및 알류	• 쇠고기, 양고기, 돼지고기, 햄, 어류, 칠면조, 닭고기 • 우유, 크림, 버터를 넣지 않고 요리한 알류	• 크림, 버터 또는 빵가루를 입힌 육·어·유·알 류 및 가금류 • 우유 또는 유당을 넣어 만든 프랑크소시지
견과류	• 땅콩버터, 견과류	
빵류 및 곡류	• 우유나 유당이 첨가되지 않은 빵, 과자, 마카로니, 스파게티, 국수류, 시리얼	• 우유, 유제품, 유당이 첨가된 빵, 시리얼, 크래커 • 팬케이크, 와플, 프렌치토스트, 달걀빵 • 버터가 함유된 빵
유지류	• 모든 식물성 유지 • 안전한 첨가물을 함유한 모든 쇼트닝, 라드, 마가린, 베이컨, 마요네즈, 샐러드드레싱	• 버터, 크림, 치즈 • 버터, 우유 혹은 유당을 함유한 마가린이나 샐러드드레싱

6. 당원병

1) 증상

간에서 글리코겐 대사과정 중의 일부 효소에 유전적 결함이 있는 질환으로 전체 당원병의 25%를 차지하는데, 흔한 형태는 포도당 1,6-인산분해효소(glucose-1- 6-phosphatase)의 결함으로 간에서 당신생과 글리코겐이 포도당으로 분해되지 못하여 당신생과 글리코젠 분해과정이 손상된다. 따라서 성장불량, 저혈당증, 간비대, 고지혈증의 증상이 나타나며 6만 명당 1명의 비율로 발생된다〈표 11-8〉.

| 표 11-8 | 당원병의 분류

분류	손상부위	이상증상	영양관리
I	glucose-6 phosphatase 결핍 및 이동 저하	저혈당, 이상지질혈증, 간비대, 성장지연, 골다공증, 대사성산증	• 취침 전 생옥수수전분 섭취 또는 취침 시 경관급식 • 과당 및 유당 제한
II b	α-1,4 glucosidase(GAA)	근육약화, 근력저하	• 단백질 섭취 증가
III	amylo-1,6 glucosidase 활성 결핍	간비대, 성장부전, 이상지질혈증, 공복저혈당	• 고단백 저당질 식사 • 소량씩 자주 식사 • 단순 당질 제한 • 취침 전 생옥수수전분 섭취 또는 취침 시 경관급식
VI	phosphorylase 활성 감소		
IV	α-1,4-glycan-6-glycosyl transferase 활성 결함	성장부전, 간경변, 문맥고혈압, 복수, 식도정맥류	• 취침 전 생옥수수전분 섭취 또는 취침 시 경관급식

2) 치료

당원병 치료는 심각한 저혈당증 후유증을 예방하기 위해 포도당을 계속 공급하여 혈장 포도당 농도를 유지한다. 4~6시간 규칙적으로 옥수수전분을 섭취하며 고당질 저지방 식사를 권고하고 유아는 밤 동안에 저혈당을 막기 위해 포도당 중합체를 투여하기도 한다. 또한, 옥수수전분은 철분 흡수를 방해하므로 적당한 철분 보충을 실시한다.

7. 윌슨병

1) 원인

윌슨병은 ATP7B(윌슨병단백질) 유전자의 돌연변이에 의해 발생한다. ATP7B는 간 세포 안으로 운반된 구리를 세룰로플라스민과 결합시켜 구리를 운반하는데 필요한 단백질이다. 윌슨병은 이 염색체의 돌연변이로 구리가 담즙으로 배설되지 못하고 간에 축적되는 질환이다. 백인보다 아시아인에서 30/1,000,000명으로 발병되며 평균 11.4세이고 6세 이전 혹은 40세 이후에는 발병이 드물다. 간이 구리 축적한계를 초과하면 뇌, 각막, 신장, 적혈구 등에 축적되며, 식사에서 평균 4 mg을 섭취하면 2 mg이 흡수되어 담즙으로 배설되나, 윌슨병에서는 0.2~0.4 mg만이 담즙으로 되고 1 mg이 소변으로 배설된다.

2) 증상

유아기에는 주로 간질환으로 발현되며, 늦게 발병되면 신경학적 이상이 주된 증상으로 초기에는 간 효소 활성이 약간 증가되며 증상이 없는 간 비대로 시작하여 만성활동성간염, 간경화, 전격성간염으로 발생된다. 신경학적 증상은 15세 이후 청소년기에 시작되고 초기에는 손 떨림이 오고, 발음이 불분명해지며, 침 흘림 및 특징적인 표정이 나타날 수 있다. 진행되면 근육 긴장 이상으로 보행장애, 정서장애, 행동장애 및 치매가 나타나고 용혈성 빈혈, 신세뇨관 장애, 골격 관절이상, 부갑상샘저하증이 나타나며 각막에 구리가 침착된다.

3) 진단

혈정 세룰로플라스민, 간 내 구리 양, 24시간 소변 구리배출량, 간 조직 생검을 통해 진단한다.

4) 치료와 식사요법

윌슨병 치료는 페니실라민이 구리 배설을 촉진하고 항피리독신 작용이 있으므로 피리독신을 보충한다. 10%의 환자에서 페니실아민 부작용이 발생하는데 이 경우 트리엔틴을 투여하기도 하며, 고용량의 아연을 복용함으로써 구리의 흡수를 낮출 수 있다. 식사치료는 구리 제한식으로 갑각류, 육류 및 어류의 간에 구리함량이 많으므로 피해야 한다.

| 표 11-9 | 구리 함량에 따른 식품 분류

식품군	높은 식품 (0.2 mg 이상)	중 정도인 식품 (0.1~0.2 mg)	낮은 식품 (0.1 mg 이하)
육류 및 어류제품	돼지, 오리, 양고기, 꿩, 거위, 연어, 기타 생선, 내장(간, 심장, 콩팥, 뇌 등), 해산물(굴, 조개, 새우), 육류, 젤라틴, 대두육(콩단백 식품)	닭고기, 칠면조	쇠고기, 치즈, 달걀
지질과 기름	아보카도	땅콩버터	기타 모두
우유	초콜릿 우유, 코코아	올리브	기타 모든 유제품
곡류	말린 콩류, 콩가루, 기장, 보리, 맥아, 호밀, 고구마	통밀빵, 감자, 통밀크래커, 완두, 인스턴트 오트밀, 말린 곡식(즉석식품)	기타 모두
채소	양송이버섯, 브로콜리, 채소주스	근대, 시금치, 호박, 아스파라거스, 토마토(주스 및 가공품)	신선한 토마토를 포함한 기타 모든 채소
과일	천도복숭아, 마른 과일(건포도, 건대추 등)	망고, 배, 파인애플, 파파야, 오렌지주스, 포도주스	신선한 토마토를 포함한 기타 모든 채소
설탕과 감미료	초콜릿, 코코아, 감초시럽	잼, 젤리 등 기타 모두	
기타	맥주효모	토마토케첩	
음료	인스턴트 음료, 술, 미네랄 워터	탄산음료, 기타 곡류 음료	과일향 음료 모두, 레모네이드

출처: 한국만성질환관리협회(www.acdm.or.kr).

CHAPTER 12

면역 및 식품알레르기

1. 면역과 식품 알레르기

1) 면역세포와 면역반응

(1) 면역세포

면역세포는 흉선, 비장, 림프샘 및 림프조직과 같은 림프계에 존재하며 생성, 분화, 성숙되어 면역 기능을 수행한다. 이러한 림프계에서 순환하는 면역세포들은 이물질(병원체)이나 비정상적인 세포를 인식(recognition)하고 이를 제거하기 위한 일련의 반응을 보인다. 백혈구는 과립 백혈구와 무과립 백혈구로 나뉠 수 있는데 과립구는 다른 백혈구와 달리 세포질에 과립을 많이 갖고 있는 특징이 있으며 세포의 형태와 세포질의 염색 특성에 따라 호중구, 호염구, 호산구로 나뉘며 각각의 역할은 다르다. 호중구는 백혈구의 대부분을 차지하며 염증 초기에 증가하여 식균작용을 한다. 호염구는 비만세포와 함께 히스타민을 분비한다. 무과립 백혈구인 림프구는 B림프구, T림프구가 있으며 각각의 기능은 〈표 12-1〉에 나타내었다. 대식세포는 단핵구 형태로 존재하다 조직 내 분화되어 이물질이나 세균 등을 제거하기 위한 식작용(phagocytosis)을 하고 염증을 유도한다. 각각의 조직 내 성숙한 대식세포는 달리 명명한다. 그 예로 간은 쿠퍼세포(Kupffer cell), 뼈는 파골세포(osteoclast), 중추신경계는 미세아교세포(microglial cell) 등으로 불린다. 자연살해세포는 바이러스에 감염된 세포와 종양세포를 인식하여 세포를 죽인다.

| 표 12-1 | 면역세포의 종류 및 기능

<table>
<tr><th colspan="2">세포</th><th>종류</th><th>기능</th></tr>
<tr><td rowspan="9">백혈구</td><td rowspan="3">과립구
(granulocyte)</td><td>호중구(neutrophil)</td><td>식작용</td></tr>
<tr><td>호염구(basophil)</td><td>염증 및 알레르기 반응에 관여, 히스타민 분비</td></tr>
<tr><td>호산구(eosinophil)</td><td>기생충 제거</td></tr>
<tr><td>단핵구*
(monocyte)</td><td colspan="2">대식세포*의 전구세포, 식작용</td></tr>
<tr><td rowspan="4">림프구
(lymphocyte)</td><td>B림프구</td><td>항체 분비, 항원 제시, 항원 기억</td></tr>
<tr><td>세포독성T림프구</td><td>감염세포와 암세포 죽임, 항원 기억</td></tr>
<tr><td>보조T림프구</td><td>대식세포, B세포, 세포독성T림프구, 자연살해세포 활성화</td></tr>
<tr><td>자연살해세포
(Natural killer cell)</td><td>감염세포와 암세포 파괴</td></tr>
<tr><td colspan="2">대식세포(macrophage)*</td><td colspan="2">죽은 세포, 감염 세포 등에 대한 식작용,
독성물질 분비, T세포에 항원 제시</td></tr>
<tr><td colspan="2">수지상세포(dendritic cell)</td><td colspan="2">T세포에 항원 제시</td></tr>
<tr><td colspan="2">형질세포(plasma cell)</td><td colspan="2">성숙한 B세포로 항체 분비</td></tr>
<tr><td colspan="2">비만세포(mast cell)</td><td colspan="2">히스타민, 염증 및 알레르기에 관여하는 화학물질 분비</td></tr>
</table>

(2) 면역반응(선천성 면역과 후천성 면역)

면역반응은 외부조직, 독소 또는 신체에 유해한 병원체, 세포 등으로부터 신체를 보호하기 위한 모든 방어적 반응으로 선천성 면역(비특이적 반응)과 후천성 면역(특이적 반응)으로 나뉜다.

선천성 면역은 선천적으로 태어나면서 갖는 면역반응으로 외인성 물질에 대한 비특이적 반응이다. 선천성 면역반응은 물리적·화학적 장벽으로 작용하는 피부와 점막, 염증반응을 조절하는 보체계(complement system), 호중구와 대식세포와 같은 식균세포, 락토페린, 리소자임 등이 있다.

후천성 면역은 획득면역으로 특정 항원에 대해 특이적으로 일어나는 면역반응으로서 이전 이물질에 대한 기억작용으로 특이적 작용 단백질을 생성하여 이물질을 제거한다. 이 반응은 특정 항원에 반응하는 림프구인 T림프구와 B림프구가 관여하며 각각 세포성 면역과 체액성 면역반응을 한다.

2) 면역과 식품알레르기

(1) 식품알레르기의 정의 및 원인물질

식품 알레르기는 어떤 식품에 의해 유발되는 체내 면역체계의 과도한 면역반응을 의미한다.

위험요인은 유전적 요인과 식품 내 알레르기를 일으키는 항원인 알레르겐(allergen), 위장관 투과성, 노출되는 양 등의 환경적 요인이 작용하며 성인보다는 유아에서 심한 특징이 있다. 식품 알레르겐은 알레르기를 일으키는 물질로 우유, 달걀, 땅콩, 대두, 밀 등을 포함하여 약 160여 종이 있으며 식품별 알레르겐은 다음과 같다. 우유에는 카세인(casein), 락트알부민(lactalbumin), 락토글로불린(lactoglobulin)이, 달걀은 흰자 내 알부민(albumin)과 오보뮤코이드(ovomucoid)가 원인 물질로 작용한다. 이외에도 식품에 첨가되는 착색제, 발색제, 감미료나 알코올도 그 원인이 될 수 있다.

현재 식품의약품안전처 고시(2018. 8. 2., 일부개정])에 따르면 '식품 등 표시기준'에 소비자 안전을 위한 주의사항에 알레르기 유발물질이 함유된 양과 관계없이 원재료명을 표시하도록 하고 있다. 표시대상은 22가지로 다음과 같다. 알류(가금류에 한한다), 우유, 메밀, 땅콩, 대두, 밀, 고등어, 게, 새우, 돼지고기, 복숭아, 토마토, 아황산류(이를 첨가하여 최종제품에 이산화황으로 10 mg/kg 이상 함유한 경우에 한한다), 호두, 닭고기, 쇠고기, 오징어, 조개류(굴, 전복, 홍합 포함), 잣을 원재료로 사용하거나 추출한 경우, 이를 함유한 식품이나 식품첨가물을 원재료를 사용하는 경우이다.

(2) 식품 알레르기 발병 기전 및 증상

면역이란 자기(Self)와 비자기(non-self)를 구별함으로써 비자기에 대한 방어 기작이다. 단백질 급원 식품인 쇠고기나 달걀, 우유 등을 섭취하였을 때 알레르기 반응이 나타나지 않는 것은 이를 억제하는 면역 관용(immune tolerance)이 일어나기 때문이다. 그러나 식품 알레르기는 이러한 면역 관용에 이상이 나타난 상태이며 이때 장내 면역 시스템의 변화를 보인다.

식품 알레르겐은 항원으로 단백질 소화효소(펩신)에 의해 소화되지 않은 상태에서 소장 점막에 노출되고 점막을 통과하여 면역계 반응을 일으킨다. 소화 장기는 체내 주요 면역 기관으로 역할을 수행하고 다양한 면역세포가 있어 반응하며 그로 인해 알레르기 증상을 보인다. 10세 미만 특히 영유아는 장관 면역기능이 발달되지 않아 식품 알레르겐에 의한 증상이 나타날 수 있다.

알레르기의 증상은 소화불량, 메스꺼움, 설사, 구토, 복통과 같은 위장관 증상, 홍반, 가려움증, 두드러기, 습진 등의 피부 증상, 기침, 재채기, 호흡곤란, 코막힘과 같은 호흡기계 증상, 전신성 알레르기 반응인 아나필락시스 상태(혈압 저하에 따른 쇼크 증상)로 나타난다. 아나필락시스 상태에서는 사망까지 이를 수 있기 때문에 즉각적인 의료적 처치가 필요하다.

(3) 식품 알레르기 진단

식품 알레르기 진단은 환자의 병력, 신체검사, 식품 및 증상 일기, 생화학, 면역 검사, 식품 제거, 이중맹검 식품 챌린지 등이 있다.

① 환자의 병력

원인 식품을 추정하기 위해 문진을 통해 환자의 임상적 양상, 증상 발현 시간, 중증도, 섭취한 음식의 종류, 섭취량, 조리 상태, 약물(아스피린, 비스테로이드성 항염증제 등) 또는 기타 관련 인자와의 관련성을 확인하고 식품 및 증상

일기를 통해 추가적인 정보를 얻을 수 있다. 그러나 병력만으로는 진단하기 충분하지 않기 때문에 검사를 통해 확진한다.

② 피부시험

IgE-매개성 알레르기를 알아보는 검사방법으로 알레르겐 일부를 피부에 주입하였을 때 해당 부위의 발적 상태를 수 분 내 확인하는 방법으로 간단한 방법이지만 실제 식품 섭취에 의한 반응과는 차이가 있을 수 있으며 비IgE-매개성 알레르기는 검출할 수 없다.

③ 혈액검사

피부시험과 마찬가지로 특정 식품에 반응하는 IgE-매개성 알레르기를 알아보는 검사방법이다. 특정 알레르겐 섭취에 따라 혈청 항체수준의 양을 측정하여 수치가 높으면 알레르기 반응 가능성이 높은 것으로 여기나 즉시 확인할 수 없고 비IgE-매개성 알레르기를 검출할 수 없다. 또한 혈청 항체수준이 낮음에도 불구하고 알레르기 반응이 나타날 수 있기 때문에 다른 검사방법과 병행 사용하는 것이 바람직하다.

④ 제거검사

알레르겐으로 의심되는 식품을 식사에서 제한하고 알레르기 증상이 멈추면 다시 한 가지씩 섭취하여 증상이 유발되는지 확인하는 검사방법이다. 이 검사방법은 혈액 및 피부검사와 달리 IgE-매개성 알레르기 이외의 원인에 의한 것을 진단 할 수 있으나 제한 기간이 지속될 경우 비타민이나 무기질 공급이 필요하며 아나필락시스의 위험성 있다.

(4) 식품 알레르기 치료 및 영양치료

식품 알레르기 치료는 회피요법, 식사요법, 약물요법, 면역요법 등이 있으며 일차적으로 식사에서 항원(알레르겐)을 포함하는 식품을 제외시키는 회피요법이 바람직하다.

① 회피요법

회피요법은 식품 알레르기의 원인이 되는 알레르겐이 포함된 음식을 섭취하지 않고 6개월 정도 회피함으로써 알레르기 반응을 제거하는 것이다. 그러나 일반적으로 식재료를 한 가지 형태로 섭취하기보다는 혼합된 상태 또는 가공식품으로 섭취하고 조리 과정 중 교차 오염 등이 있을 수 있기 때문에 음식 제거 시 고려하여야 한다. 그 예로 우유와 달걀은 가공식품에 사용되는 경우가 많으며 조리방법에도 이용되는 재료이기 때문에 주의하여야 한다. 그러나 단백질을 비롯하여 칼슘과 비타민 D의 주요 급원 식품인 우유를 제외할 경우 이들 영양소의 부족을 초래할 수 있기 때문에 두유, 두부 등으로 대체하거나 보충제를 섭취하여 영양필요량을 충족할 수 있도록 하여야 한다. 달걀 역시 완전 단백질 식품으로 이를 제한할 경우 단백질 섭취 부족이 나타날 수 있기 때문에 다른 단백질로 대체할 수 있도록 하여야 한다. 또 다른 예로 밀을 제외한 경우 비타민 B군 섭취를 위해 쌀, 보리, 옥수수 등 다른 식품으로 대체하도록 한다.

② 식사요법

가열은 단백질의 변성을 유도하고 항원을 제거하는 것 등이 가능할 수 있기 때문에 날것으로 섭취하기보다는 삶거나 튀겨 먹는 등 조리하여 익혀 섭취하도록 한다.

③ 약물요법

일반적으로 항히스타민제가 사용되며, 피부, 위장관계, 호흡계에 전신성 반응이 동반되는 등 응급 시 에피네프린이 처치되며 이후 항히스타민제와 스테로이드제제가 증상 완화 및 재발 예방을 위해 사용될 수 있다.

2. 면역과 영양

영양과 면역은 상호 관련성을 갖는다. 영양소는 면역세포에 영향을 주어 면역반응 조절이나 상처 회복, 염증 반응의 완화, 정상적인 세포의 기능유지에 관여하며 섭취 부족에 따른 영양불량은 면역세포의 기능 저하를 초래한다.

1) 아미노산(글루타민, 아르지닌)

글루타민(glutamine)은 아미노산의 일종으로 육류나 콩류, 채소 등에 포함되어 있으며 면역세포인 T림프구, 대식세포와 장관 상피세포의 주 에너지원으로 세포의 기능을 유지시키고 보호하여 감염의 위험성을 낮춘다. 또한 염증 반응 시 활성산소를 제거하는 글루타티온(glutathione)의 전구체로 작용하기 때문에 산화적 손상에 대한 방어 효과를 갖는다.

아르지닌(arginine)은 혈류 조절에 관여하는 산화질소(Nitric Oxide, NO)의 전구체로 작용하고 글루타민과 마찬가지로 활성산소를 감소시키는 항산화작용을 하고 T림프구의 활성화와 증식을 통한 면역 증진 효과를 갖는다. 그러나 아미노산의 공급은 아직 연구가 진행중이며 이점과 부작용에 관한 보고들이 있어 추가적인 연구가 필요한 실정이다.

2) 필수지방산(오메가-3 지방산)

필수지방산은 면역 시스템에서 중요한 역할을 하며 이중 결합의 위치에 따라 오메가-6계와 오메가-3계 지방산이 있다. 오메가-6 지방산인 아라키돈산은 대사산물로 프로스타글란딘(prostaglandin)을 생성하여 염증 반응을 유도하는 반면 오메가-3계 지방산은 아라키돈산(arachidonic acid)을 저해하여 염증 억제 효과를 갖는다. 오메가-3계 지방산은 도코사헥사엔산(Docosahexaenoic Acid, DHA)과 에이코사펜타엔산(Eicosapentaenoic Acid, EPA)이 있다. 오메가-6 지방산과 3 지방산은 둘다 체내에 필요한 영양소로 적절한 비율 섭취가 필요하다.

3) 비타민(비타민 A·C·E·D)

항산화 영양소는 염증 반응에 따른 산화적 스트레스에서 산화적 손상과 지질 과산화를 막고 면역 기능 조절에 영향을 미친다. 비타민 A·C·E는 항산화 영양소로 A와 C는 세포 내 산화적 손상을, 비타민 E는 세포막 손상을 방어하며 프로스타글란딘의 합성을 저해한다. 비타민 D는면역 조절과 관련하여 과도한 면역 반응을 조절하여 염증 완화를 돕는다.

4) 무기질(아연, 구리, 셀레늄)

아연은 면역 기능의 유지와 T림프구의 성숙에 관여하며 구리는 항산화계 효소의 조효소(Superoxide Dismutase, SOD)의 구성성분으로 산화적 손상을 막는다. 셀레늄은 미량무기질로 항산화 비타민처럼 활성산소종의 작용을 억제하고 손상을 막는다. 그러나 비타민이나 무기질의 고용량 보충에 따른 효과는 불확실하다.

3. 면역관련 질환

면역계 질환에는 후천성 면역 결핍증, 자가면역질환(류마티즘관절염), 면역 결핍증, 알레르기 등이 있다. 이 중 대표적인 면역 결핍 질환인 후천성 면역 결핍증에 대해 알아보자.

1) 후천성 면역 결핍증

후천성 면역 결핍증(Acquired Immune Deficiency Syndrome, AIDS)은 인간 면역결핍 바이러스(Human Immunodeficiency Virus, HIV)라는 바이러스에 의해 체내 면역세포의 일종인 T세포가 지속적으로 파괴되고 감소되어 면역기능의 저하로 인해 결국 감염이나 암으로 인해 사망에 이르게 한다.

HIV 감염 경로는 다음과 같다. 혈액, 정액, 질액, 모유 등의 체액을 매개로 하며 감염 경로는 주로 감염자와의 성적 접촉, 감염된 혈액의 수혈이나 혈액제제에 의하며 감염된 산모의 출산이나 감염된 주사기 등에 기인할 수 있다.

후천성 면역 결핍증은 급성 감염기(급성 HIV 증후군), 임상적 잠복기, 증상기로 구분한다. 급성 감염기는 감염 후 3~6주째 발생하며 감기 증상과 유사한 증상을 보이고 전염력이 높은 시기임에도 불구하고 검사 시 혈중 항체가 검출되지 않을 수 있다. 이후 장기간의 무증상 잠복기에 들어가며 혈중 면역세포는 감소되어 지속적인 면역 저하가 나타난다. 면역력이 일정 수준 이하로 저하되면 AIDS로 이행되어 감염, 종양 등으로 결국 사망하게 된다.

| 표 12-2 | 후천성 면역결핍증의 단계별 증상

단계	증상
급성 감염기	특징적 증상 없으나 감기와 유사한 증상이 나타남
임상적 잠복기	특정 증상은 없으나 면역력 저하로 인한 감염성질환 발생 가능
증상기	악성종양(카포시육종, 악성림프종)* 의 발생 증가

*카포시육종: 혈관 벽에 나타나는 악성종양의 일종
*악성림프종: 림프계에 발생하는 혈액암의 일종

2) 후천성 면역결핍증의 진단

HIV 진단은 선별 검사(ELISA)와 확진 검사(western blot)로 이루어져 있으며 조기 발견, 진단 및 치료와 전파 방지를 위해 중요하다.

(1) HIV 선별검사

HIV 선별검사에는 효소결합면역흡착검사(Enzyme-Linked Immunosorbent Assay, ELISA)가 주로 이용되며 HIV에 대한 체내 항체가 생성되어야 검출되어 감염으로 판단한다. 그러나 항체 미검출 기간에 검출되지 않을 가능성이 있다는 단점이 있다. 현재는 항체가 생성되기 전이라도 항원만 양성이어도 분석 가능한 항원검사가 있다.

(2) HIV 확진 검사

HIV 확진검사에는 웨스턴블롯(western blot)이 주로 이용되며 전기영동기술로 여러 항원들을 분리배열하여 항체 반응을 확인하는 특이도가 매우 높은 검사방법이다. 그러나 비용이 많이 들고 동시에 많은 검사를 하기 어렵다는 단점이 있다.

3) 후천성면역결핍증 환자 영양관리

후천성면역결핍증은 식욕 부진, 체중 감소, 메스꺼움, 구토, 복통, 설사 등의 유발로 체내 영양 결핍 상태를 초래할 수 있고 면역 기능이 저하된 상태이기 때문에 균형 잡힌 영양 섭취를 하여야 한다.

- 영양소가 골고루 포함된 균형 잡힌 식사를 하도록 한다.
- 소량씩 자주 섭취하며 영양밀도가 높은 식품을 섭취하도록 한다.
- 단백질은 충분히 섭취하되 감염의 가능성이 있기 때문에, 날것의 식품(날달걀, 생선)은 피하고 익힌 음식을 섭취하도록 한다.
- 탈수가 발생하지 않도록 주의하며 충분한 수분 섭취를 하되 끓여 먹도록 한다.
- 구강 섭취가 어려운 경우 경장 또는 정맥영양으로 영양소를 공급하도록 한다.

CHAPTER 13

호흡기질환

1. 호흡기계의 구조와 기능

1) 호흡기의 구조

사람의 호흡기는 전도구역과 호흡구역으로 구분된다. 전도구역은 체외에서 폐포까지 공기의 흐름이 일어나는 통로가 되는 비강, 인두, 후두, 기관, 기관지, 세기관지, 종말세기관지까지이다. 호흡구역은 가스교환이 이루어지는 곳으로 호흡세기관지, 폐포낭을 거쳐서 폐포에 이른다.

외부 공기 중의 산소는 코의 비강을 통해 인두로 들어간다. 인두는 입과 연결된 목구멍으로 음식물과 공기가 통과하고, 통과한 음식물은 식도로, 공기는 후두로 들어간다. 후두에 이물질이 들어오면 반사적으로 기침이 일어나 폐로 이물질이 들어가는 것을 막는다. 후두는 인두 하부에 위치하며 기관과 연결되며, 기관의 도입부는 좌우 2개의 기관지로 나뉘어 폐로 연결된다. 각 기관지는 점점 더 작은 세기관지로 연결되며, 세기관지는 호흡기관과 폐포를 연결한다. 폐는 심장과 함께 흉강 안에 있고, 3~10억 개의 폐포로 이루어져 있어 다량의 가스를 보유하고 교환할 수 있다. 폐포 주위에는 모세혈관이 그물처럼 둘러싸여 있고, 그 사이가 매우 밀접하여 기체교환이 신속하게 이루어진다[그림 13-1].

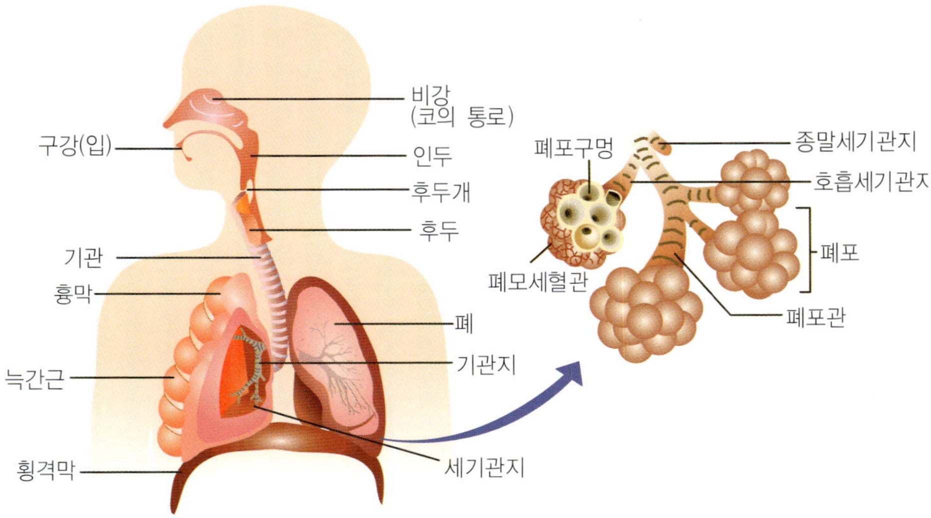

| 그림 13-1 | **호흡기계 구조**

출처: 김미자 외(2018). 식사요법.

2) 호흡기의 기능

(1) 산소 공급과 이산화탄소 배출

호흡기관을 거쳐 폐로 들어온 산소는 폐모세혈관의 혈액 속으로 들어가 심장을 거쳐 체순환을 통하여 각 조직세포로 이동되어, 체세포로 하여금 산소를 이용하여 영양소 대사과정을 통해 에너지를 생성할 수 있게 한다. 또한 영양소 대사 과정 중에서 발생하는 이산화탄소는 혈액으로 방출되어 폐를 거쳐 운반되어 체외로 배출된다.

(2) 체액의 산염기 평형

호흡은 체내에서 끊임없이 생산되는 탄산을 배출하여 체액의 pH를 7.1~7.4로 유지시키는 역할을 한다.

(3) 수분 방출

호흡에 의한 성인의 수분 배설량은 1일 250~500㎖로 그 양이 감지되지 않을 만큼 작아 피부를 통한 수분손실과 함께 불감수분손실량(insensible water loss)이라고 한다. 호흡과 피부를 통한 지속적인 수분 손실은 체온을 조절하는 중요한 방법으로, 열이 심하게 날 때 호흡수가 많아지고 땀 배출량이 많아지는 것도 이러한 이유이다.

(4) 발성

후두의 점막 벽에는 성대주름이 있어서 공기가 상부 기도인 성대를 지나면서 진동되어 소리를 만든다.

2. 호흡기질환의 종류

1) 유행성 감기

(1) 원인과 증상

유행성 감기(influenza)의 원인은 바이러스에 의한 1차 감염과 세균의 의한 2차 감염으로 상부 기도에 염증을 일으켜서 유발된다. 찬바람이 기도 점막을 자극하면 혈관이 수축되어 산소와 영양소 및 면역물질 운반에 이상이 생기면서 면역력이 저하되고, 이때 공기 중의 바이러스 침입으로 세포가 파괴되면 2차적인 세균감염이 되어 감기에 걸리게 된다. 감기에 걸리면 세균을 제거하기 위해 면역세포가 활성산소를 발생하게 되어 정상세포도 파괴되어 전신증상이 나타나면서, 저항력이 약해지게 되어 다른 병에 걸리기 쉬워지므로 주의해야 한다. 전신증상으로 발열, 두통, 콧물, 인후통, 전신권태, 근육통, 관절통 등이 있다. 상기도에 염증이 생겨서 기관지염(bronchitis)을 일으키기도 하며, 때때로 식욕부진, 구토, 설사 등의 소화기계 장애로 영양공급에 장애를 일으켜 영양부족이 되기도 한다. 감기는 노령이나 저항력이 약한 사람에게는 폐렴 같은 합병증을 일으킬 수 있으며 다른 질병과 함께 나타나는 경우도 있다.

(2) 식사요법

발열로 대사가 항진되므로 고에너지, 고단백, 고비타민식을 공급해야 한다. 식욕부진일 때는 따뜻하면서 소화가 되기 쉬운 유동식 또는 반유동식으로 수분을 충분히 섭취하도록 한다. 식욕부진으로 섭취량이 부족해지면 에너지를 충당하기 위해 체조직 단백질이 소모될 위험이 있으므로 환자의 식욕 회복을 위해 환자의 기호에 맞는 식품을 사용하여 다양한 조리법으로 열량과 영양소를 제공하도록 한다.

2) 천식

(1) 원인과 증상

천식(asthma)은 기도에 공기 흐름이 차단되어 생기는 만성염증성질환으로 먼지, 곰팡이, 꽃가루 등의 항원 흡입에 의한 알레르기성과 스트레스, 운동, 차고 건조한 공기, 흡연, 바이러스 등에 의한 비알레르기성으로 분류한다. 알레르기를 일으키는 사람은 IgE 항체를 형성하는데 이 항체가 과민성 물질인 히스타민을 생성한다. 천식이 발생하면 과민성 물질이 점막을 붓게 하고, 점액을 증가시켜 기도가 좁아지게 되어 공기의 소통이 잘 되지 않게 된다. 초기 증상은 기침, 호흡곤란, 가슴이 조이는 느낌 등이며, 이런 증상 외에 숨가쁨, 심장박동수 증가, 저산소혈증 등의 증상이 나타날 수도 있다.

(2) 식사요법

천식의 치료를 위해서는 우선 천식의 원인을 제거하는 것이 중요하다. 비만인 경우 체중을 감소시키면 천식 증상이 개선되고, 코르티코스테로이드(corticosteroid) 치료 효과가 좋아지는 것으로 나타났다. 모유수유는 어린이의 천식과 알레르기 증상을 개선시키는 효과가 있다. 항산화 비타민 특히 비타민 C는 흡입된 감염성 물질에 의한 산화적 손상에 대한 보호효과로 천식에 효과적이라는 보고가 있다. 과민증은 건강상태가 나쁠 때 나타나므로 평소 건강상태를 최상으로 유지하도록 하는 생활습관이 중요하다. 오메가-6 지방산인 아라키돈산에서 생성되는 루코트리엔(leukotriene)은 염증반응을 매개하여 천식을 유발시키는 물질로 알려져 있다.

3) 폐렴

(1) 원인과 증상

폐렴(pneumonia)은 감염으로 인하여 폐의 말단조직인 폐포, 폐포낭, 폐포관, 호흡세기관지의 폐실질에 염증이 생긴 것을 말한다. 폐렴에 걸리면 폐포가 충혈되고, 심장에 부담을 주게 되므로 혈액순환 장애가 일어나 사망에 이를 수가 있다. 폐렴의 원인은 일반적으로 급성 감염성 병원체에 의한 것으로, 폐렴구균이나 바이러스로 폐포가 감염되면 폐동맥 세포막이 감염되어 세포막에 구멍이 뚫려서 액체와 적혈구, 백혈구 세포가 혈액에서 폐포로 흘러들어가 폐포가 점차 액체와 혈구로 차게 되어 상피세포 변성을 일으킨다. 폐포의 상피세포 변성으로 가스교환에 이상이 생겨 산소부족을 일으켜 숨가쁨, 호흡곤란, 빈번한 흉통 등의 증상이 나타난다. 또한, 염증에 의해 분비된 삼출액으로 인하여 고열과 객담이 생기고 심한 기침, 오한, 고혈, 식욕부진 등이 나타난다. 신진대사가 정상일 때보다 20~50%나 상승되지만, 식욕부진으로 체단백질이 분해되어 체중 감소가 심하게 나타난다.

(2) 식사요법

폐렴의 식사요법은 폐조직의 복원과 대사항진으로 인한 단백질과 영양소의 소모를 보충해 주는 동시에, 발열에 의한 수분과 나트륨 손실을 보충해 주는 것에 유의하여야 한다. 고에너지, 고단백, 고비타민, 고무기질 등 고영양식 공급을 환자에게 부담되지 않는 범위에서 2~3시간 간격으로 소량씩 자주 공급하는 것이 좋다. 급성기에는 호흡곤란과 식욕부진으로 음식섭취가 어려우므로 정맥주사로 영양을 공급하다가 증세가 완화되면 유동식을 공급하고, 가능한 한 빨리 연식, 회복식, 일반식으로 이행한다. 아이스크림이나 요구르트, 우유가 섞인 미음, 또는 삶은 달걀, 과즙 등을 환자의 상태와 기호에 맞추어 공급한다.

4) 폐결핵

(1) 원인과 증상

폐결핵(tuberculosis)은 결핵균(Mycobacterium tuberculosis)이 호흡기를 통해 폐를 감염시켜 염증이 생긴 질병으로 과로, 영양실조, 매연, 비위생적인 환경에서 발생률이 증가한다. 초기에는 증상이 거의 나타나지 않아 진단과 치료가 어렵다. 미열이 동반되고, 피로감, 식욕부진, 체중 감소 등의 전신증상이 나타나기도 한다. 만성감염성질환인 폐결핵은 수개월 내지 여러 해 동안 장기간 앓기 때문에 에너지 및 체단백질의 손실이 장기화되어 각종 영양결핍 증세가 나타나기 쉽다.

(2) 식사요법

결핵의 식사요법은 체조직 소모방지, 손실된 체단백질 보충, 탈수방지 및 합병증 예방을 목표로 한다. 일반적으로 식욕이 없고 영양소 결핍이 쉬우므로 개인의 기호에 맞추면서 균형 잡힌 식사를 제공한다. 급성폐결핵인 경우 고에너지, 고단백질의 유동식 식사요법을 시행하고 병의 회복에 따라 점차 일반식으로 이행한다. 활동성결핵인 경우는 체단백질의 소모로 인하여 질소 배설량이 현저히 증가되므로, 이를 보충하고 조직을 재생하기 위하여 1.5 g/kg 이상인 고단백질 식사를 하는 것이 좋다. 일일 단백질 섭취의 1/3~1/2을 양질의 단백질로 섭취하도록 한다. 또한, 각혈이 있을 경우 혈액 손실로 인하여 빈혈이 발생할 수 있으므로 조혈기능이 있는 철과 구리 및 철의 흡수를 돕는 비타민 C를 식품형태로 충분히 공급한다.

5) 폐기종

(1) 원인과 증상

폐기종(emphysema)은 폐 조직 사이에 가스가 차서 폐포가 비정상적으로 증가하여 풍선처럼 늘어나 폐의 탄력성이 감소하여 영구적으로 호흡곤란이 일어나는 질환으로, 주로 흡연에 의하여 발생한다. 이외에 대기오염, 유전, 노화, 감염, 만성호흡기질환에 의해서도 나타난다. 폐의 확산능력이 감소하여 혈액의 산소공급과 탄산가스 제거능력이 감소되면 폐 일부의 공기유통이 단절되어 조직이 파괴되고, 청색증이 나타날 수 있다. 증상으로는 호흡곤란에 의해 숨이 차고 음식물을 씹고 삼키는 것이 어려워 생기는 체중 감소, 근육조직 감소, 영양상태 불량, 위궤양, 복부 통증 등이 있고, 그 외 만성기침과 가래 등이 있다.

(2) 식사요법

폐조직의 보수와 재생을 위하여 고열량, 고단백질 식사를 연식으로 소량씩 자주 공급한다. 섬유질이 많거나 질긴 음식은 피하고, 부드럽게 조리하여 공급한다.

6) 만성폐쇄성폐질환

(1) 원인과 증상

만성폐쇄성폐질환(Chronic Obstuctive Pulmonary Disease, COPD)은 폐기종, 폐질환, 만성기관지염 등의 병력이 있었던 사람에게서 자주 볼 수 있는 질환으로, 3개월 이상 지속되는 기침과 호흡곤란이 연속해서 2년 이상 지속될 때로 정의한다. 흡연, 대기오염, 오염물질, 유전 등이 원인이 된다. 주요 증상은 호흡곤란, 빈번한 저산소증, 폐포 모세혈관의 파괴 등이 있다. 또한 만성폐쇄성폐질환은 호흡곤란으로 조금만 먹어도 숨이 차서 충분한 식사를 할 수 없기 때문에 식욕부진 등으로 인한 심각한 체중 감소도 흔한 증상에 속한다.

(2) 식사요법

만성폐쇄성폐질환의 치료는 금연, 견딜 수 있는 정도의 적당한 운동과 좋은 영양공급으로 병의 진행을 막고 호흡곤란과 기침을 감소시켜서 합병증을 예방하는 것이 목적이다. 식사요법의 목표는 호흡작용을 유지하기 위하여 폐기능 회복에 도움을 주고, 감염에 대한 저항력을 높이기 위한 적당한 영양을 공급하는 것이다. 만성적인 영양불량을 해소하기 위하여 고열량, 고단백질 식사를 원칙으로 한다. 단백질은 1.2~1.5 g/kg 정도를 제공하고, 탄수화물은 이산화탄소의 생성이 많기 때문에 열량보충을 위해 지방을 부드러운 형태로 제공한다. 가스가 많이 생기는 음식은 복부팽만감을 증가시켜 음식 섭취를 방해할 수 있으므로 섬유소가 많이 들어 있는 음식은 피한다. 식사는 위의 확장이나 횡격막 압력 증가로 인한 불편함을 감소시키기 위하여 부드러운 형태로 소량씩 자주 제공하는 것이 좋다. 에너지 부족을 예방하기 위하여 농축된 음료형태의 간식을 주는 것도 도움이 된다.

CHAPTER 14

수술 및 화상

1. 대사적 스트레스

수술 및 외상 환자는 손상으로 인해 체내 항상성이 깨지면서 과대사 상태(hypermetabolism)가 된다. 또한 수술 전 섭취 제한이나 약물 등으로 인해 영양불량의 가능성이 크다. 이러한 영양불량은 합병증의 증가나 재원 기간의 연장과 같은 예후와 관련이 있기 때문에 손상을 회복시키기 위한 적절한 영양관리가 필요하다.

수술이나 화상에 따른 손상으로 인한 대사적 반응은 신경계, 내분비계, 면역계 등의 복합적 상호작용에 의한다. 손상 및 염증으로 인해 혈중 스트레스 호르몬인 카테콜아민과 당질 코르티코이드(코르티솔) 농도가 증가하고 이로 인해 심박 수 증가, 심박출량 증가, 혈관 수축이 나타난다. 또한 이러한 호르몬들은 근육, 지방조직, 간 조직에서의 영양소 이화작용을 일으켜 글리코겐(glycogen)의 분해, 아미노산으로부터의 포도당 신생합성, 유리지방산의 이동 증가를 보인다. 이외에 손상 부위에서는 활성화된 면역세포가 염증성 사이토카인을 분비하여 면역반응을 일으킨다.

2. 수술과 영양

1) 수술 전후 환자의 영양

수술 전 환자는 질병, 진단 과정, 검사 등으로 인해 충분한 식사나 영양소 섭취가 어려울 수 있다. 수술 전의 영양 상태는 수술 후 회복과정에서 단백질 균형, 제지방량 및 근력의 유지, 재원일수의 감소에 영향을 미치며 합병증을 완화시키는 데 도움을 주기 때문에 수술 전 적절한 영양관리가 필요하다. 그러나 위 내용물 역류로 인한 흡인성 폐렴과 같은 합병증을 예방하기 위해 수술 전 금식이 필요하다. 수술 6시간 전에는 고형음식을 제한하며 2시간 전부터는 맑은 음료도 금식하도록 한다.

수술 중 혈액, 수분, 전해질의 손실이 크고 수술 후에는 발열이나 상처 등으로 인해 수분과 전해질의 손실되기 때문에 이들에 대한 공급이 필요하다. 수술 후에는 장 운동, 장음(bowol sound) 회복 이후 경구섭취를 하도록 한다. 수술 후 조기 경구섭취는 수술 전 영양관리와 마찬가지로 환자의 영양관리에서 합병증을 감소시키고 회복하기 위한 중요한 인자이며 감염이나 사망에 영향을 미칠 수 있기 때문에 고려하여야 한다.

2) 수술 전후 영양 조성

(1) 에너지 필요량

에너지 요구량은 대사 항진으로 인한 필요량이 증가되기 때문에 고에너지를 공급하여 일반적으로 25~30 kcal/kg(이상체중)이며 스트레스가 심한 환자의 경우 30 kcal/kg이 요구된다. Long의 변형된 Harris-Benedict의 공식에 의한 에너지 필요량은 다음과 같다.

※Long의 변형된 Harris-Benedict 공식을 이용한 1일 에너지 필요량

스트레스가 없는 환자: 기초소비열량×활동지수
스트레스가 있는 환자: 기초소비열량×활동지수×상해지수

〈기초소비열량〉
남성: 66.47+13.75×실제 체중(kg)+5×신장(cm)−6.76×연령(세)
여성: 655.1+9.56×실제 체중(kg)+1.85×신장(cm)−4.68×연령(세)
*체중: 비만도가 높은 환자의 경우 조정 체중 사용

〈활동지수〉
거의 누워 있는 정도: 1.2 / 낮은 활동:1.3 / 보통 활동: 1.5-1.75 / 많은 활동: 2.0

〈상해지수〉
가벼운 수술: 1.0-1.1 / 큰 수술: 1.1-1.3

(2) 단백질

단백질은 수술 과정중의 혈액 손실과 이후 체단백의 분해, 그리고 수술 후 상처부위의 회복과 감염으로 인한 합병증을 예방하기 위하여 충분히 섭취하도록 한다. 에너지 필요량과 마찬가지로 평상시 고단백질을 공급하며 전체 열량의 20%(스트레스 정도에 따라 1.5~2 g/kg)를 제공한다. 그러나 신부전이나 간경변 환자 등은 주의가 요구된다.

(3) 비타민과 무기질

수술로 인해 대사 항진 상태이기 때문에 탄수화물과 단백질 대사에 필요한 비타민 B 복합체(티아민, 리보플래빈, 니아신, 피리독신), 상처 회복을 위한 결체조직 형성에 필수적인 비타민 C, 상피세포 형성을 위해 비타민 A, 혈액응고 과정에 필요한 비타민 K, 수분 및 전해질 균형을 위한 칼륨, 나트륨, 염소 등을 보충하여야 한다.

(4) 수분

수술과정 중 혈액, 수분, 전해질이 손실되고 수술 후에는 발열, 상처로 인한 체액손실, 구토, 설사로 인해 수분과 전해질 평형 유지를 위해 먼저 정맥으로 공급하고 가능한 빨리 경구로 공급하도록 한다. 일반적으로 1일 2~3ℓ 정도 공급한다.

3. 화상과 영양

1) 화상

화상(burn injuries)은 열, 화학물질, 전기, 방사능 등에 노출됨으로써 피부와 조직의 손상을 입는 질환이다. 따라서 화상은 수술과 마찬가지로 호르몬과 대사의 변화, 감염 등의 과대사 상태가 되기 때문에 적절한 영양관리를 통해 상처의 회복을 돕고, 감염의 위험성을 낮추고, 체단백 분해를 최소화하며 영양 결핍을 개선하도록 하여야 한다.

2) 피부와 화상의 분류

피부는 표피와 진피로 나뉘며 외부 자극으로부터 신체를 보호하고 체온조절, 비타민 D 합성 등에 중요한 장기이다. 피부의 구조는 [그림 14-1]과 같다. 화상은 손상 깊이에 따라 1도, 2도, 3도 화상으로 분류되며 다음과 같은 특징이 있다 〈표 14-1〉

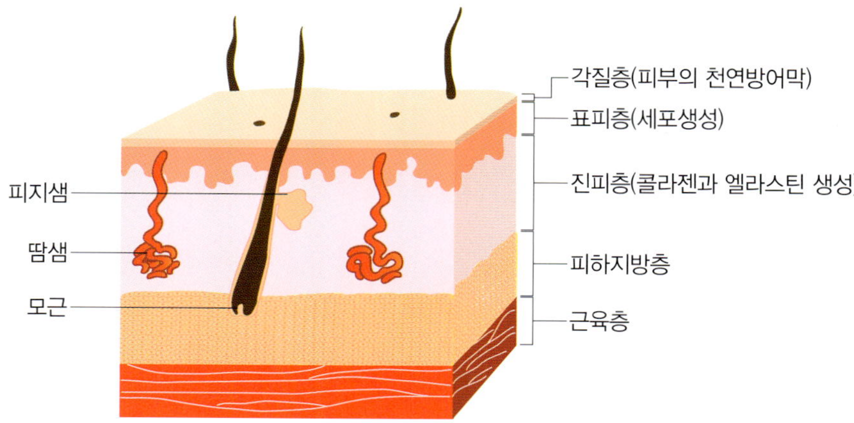

| 그림 14-1 | 피부의 구조

| 표 14-1 | 화상의 분류

구분	특징		원인(예)
	손상 위치	증상	
1도	표피층 손상	홍반, 약한 통증 유발, 부종, 회복 용이	직사광선, 순간 고온 노출 등
2도	표피, 진피층 손상	개방성 상처 포함하는 통증 심함, 물집, 부종	끓는 물, 기름, 화염 등
3도	표피, 진피, 피하조직까지 손상	조직괴사로 심한 부종, 신경말단파괴 시 통증 없음	화염, 기름, 화학물질, 고압 전기 등

3) 화상에 의한 체내 대사 변화

화상에 의한 체내 대사 변화는 감퇴기, 유출기, 적응기로 나뉠 수 있다.

① 감퇴기(ebb phase)는 화상 초기 반응으로 대사율의 감소, 상처로부터의 수분 손실, 혈액량 감소, 혈압 및 체온 저하를 보인다. 이에 수분 보충이 필요하다.

② 유출기(급성기, flow phase)는 대사적 이화 단계로 카테콜아민, 글루카곤,

당질 코르티코이드와 같은 스트레스 호르몬의 상승으로 인해 대사 항진 상태가 된다. 따라서 체내 탄수화물, 단백질, 지방의 분해가 증가되기 때문에 충분히 공급하도록 한다.

③ 적응기(회복기, anabolic phase) 단계는 피부조직이 재합성되어 정상화되어 가고 스트레스 호르몬 반응 감소로 인해 체내 이화작용 감소로 동화작용이 우세한 상태이다.

4) 화상 환자의 영양관리

화상 환자의 치료는 먼저 괴사 조직 자체를 제거하고 감염방지를 위해 외용제 사용, 붕대처치를 한다. 심한 화상으로 회복에 필요한 피부가 불충분한 경우 피부이식을 한다. 영양관리는 화상에 의한 대사 반응이 최소화되는 것이 바람직하고 신속한 회복이 필요하기 때문에 대사항진에 의한 이화작용과 체중 감소를 예방하고 감염의 위험성을 낮추기 위한 영양관리가 필요하다.

환자의 상태에 따라 경구섭취, 경장영양, 정맥영양을 공급하여야 한다. 경구섭취가 어려운 경우 경장이나 정맥영양이 필요하며 소화기능 저하나 장폐색 등으로 경장영양 공급이 충분하지 않거나 어려운 경우 정맥영양을 공급한다.

(1) 에너지 필요량

화상환자는 대사율의 증가로 인해 일반적으로 고에너지가 필요하다. 에너지 필요량은 연령, 체중, 기초대사량, 화상의 정도, 화상의 부위 등에 따라 다르며 화상의 면적이 넓을수록 증가한다. 연령에 따른 에너지 필요량은 〈표 14-2〉에 나타내었다. 총신체면적에 대해 화상 면적은 머리와 얼굴, 목 9%, 몸통(등과 배) 18%, 팔 한쪽 9%, 다리 한쪽 18%, 생식 부위 1%로 한다. 에너지 필요량은 쿠레리(Curreri) 공식(〈표 14-2〉 참조) 이외에 Harris-Benedict 공식이나 Ireton-Jones 공식을 이용하여 산출할 수 있다. 하지만 쿠레리 공식을 이용할 경우 필요량이 과잉 산정되지 않도록 주의하여야 한다.

| 표 14-2 | 쿠레리 공식에 따른 연령별 에너지 필요량

연령(세)	에너지필요량
<1	기초량+(15X%화상부위 체표면적)
1~3	기초량+(25X%화상부위 체표면적)
4~15	기초량+(40X%화상부위 체표면적)
16~59	25 kcal×평상시 체중(kg)+40 kcal×%화상부위 체표면적
>60	기초량+(65×%화상부위 체표면적)
*기초에너지양=연령별 체중 kg당 열량 권장량×화상 전 체중(kg)	

※ Ireton-Jones 공식

에너지 필요량=1784-11(A)+5(w)+244(G)+239(T)+804(B)
A: 나이(세)
W: 체중(kg)
G: 성별(남자=1, 여자=0)
T: 외상진단(있음=1, 없음=0)
B: 화상진단(있음=1, 없음=0)

*발열, 패혈증, 외상, 수술 스트레스 등의 경우 추가 열량 필요.

(2) 탄수화물

탄수화물은 화상환자의 주 에너지원으로 50~60% 정도를 제공한다. 과다한 탄수화물의 섭취는 대사적 스트레스를 유발하며 그로 인해 고혈당 악화, 탈수, 이뇨, 호흡 곤란 등을 유발할 수 있기 때문에 주의하여야 한다.

(3) 단백질

화상환자는 상처로 인한 손실이나 조직 재생을 위한 단백질 필요량의 증가로 총 에너지 필요량의 20~25% 또는 2.5~3 g/kg로 충분히 공급하여야 한다. 단백질 필요량은 에너지와 마찬가지로 화상 면적이 넓어지면 증가하여 체표면적의 30% 이상 화상인 환자는 더 많은 질 좋은 단백질을 섭취할 수 있도록 하며 에너지:질소를 100:1 정도가 되도록 한다.

단백질 필요량={1 g×화상 전 체중(kg)}+{3 g×화상 체표면적 비율(%)}

(4) 비타민과 무기질

화상 환자는 정상적인 에너지 대사, 상처의 회복, 면역 기능의 유지를 위해 요구량이 증가된 경우 비타민과 무기질의 보충이 필요하다. 탄수화물과 단백질의 대사를 위해 비타민 B군을, 세포의 정상적 기능유지와 면역 기능 향상, 콜라젠 합성을 위해 비타민 A와 C를 공급하도록 한다. 전해질 균형을 위해 나트륨과 칼륨을 적절히 섭취하고 이외 칼슘, 인, 마그네슘, 철, 아연의 보충이 필요하다.

(5) 수분

화상은 특히 손상 부위에 다량의 수분과 전해질이 감소되기 때문에 우선적으로 수분과 전해질을 함께 공급하는 것이 중요하다. 나이, 체중, 화상 정도에 따라 수분의 필요량이 달라지는데 화상 면적을 이용하여 수분량을 산출할 수 있다.

CHAPTER 15

암

암(cancer)은 유전자변이에 의해 세포의 변화로 과다 증식 또는 불완전 성숙하여 주변 조직을 비롯하여 혈액, 림프관을 통해 다른 부위 조직까지 전이될 수 있는 악성신생물(malignant neoplasm) 또는 악성종양(malignant tumor)이라고 한다. 체내 발병 부위에 따라 다양한 암이 있으며 암의 종류에 따라 그 특성 및 암화 과정(carcinogenesis)이 다르게 나타난다.

1. 암 사망률의 변화

2018년 통계청의 [사망원인통계] 발표 자료에 의하면 암으로 인한 사망자는 전체 사망자의 26.5%로 가장 많았으며 지속적 증가 추세이다〈표 15-1〉. 질환별 암 사망률은 인구 10만 명당 154.3명으로 폐암(34.8명), 간암(20.7명), 대장암(17.1명), 위암(15.1명), 췌장암(11.8명) 순으로 높은 것으로 조사되었다.

| 표 15-1 | 사망원인 순위 추이(2008, 2018년)

(단위: 인구 10만 명당 명)

순위	사망원인	2008년	2018년
1	악성신생물	139.5	154.3
2	심장질환	43.4	62.4
3	폐렴	11.1	45.4
4	뇌혈관질환	56.5	44.7
5	고의적 자해(자살)	26.0	26.6
6	당뇨병	20.7	17.1
7	간질환	14.5	13.4
8	만성하기도질환	14.9	12.9
9	알츠하이머병	3.8	12.0
10	고혈압성질환	9.6	11.8

출처: 통계청(2018). 2018년 사망원인통계.

남자의 암 사망률은 여자보다 1.6배 높았다(각각 191명, 117.7명). 남자는 폐암, 간암, 위암 순으로 사망률이 높은 반면 여자의 경우 폐암, 대장암, 췌장암 순으로 높게 나타났다〈표 15-2〉. 연령별로는 10대와 20대에서는 백혈병, 30대는 위암, 40대와 50대에서는 간암, 60대 이상에서는 폐암이 높았다.

| 표 15-2 | 악성신생물의 성별 사망률

(단위: 인구 10만 명당 명, %)

구분	식도암	위암	대장암	간암	췌장암	폐암	유방암	자궁암	전립샘암	뇌암	백혈병	계
남	5.1	19.9	19.2	30.4	12.5	51.5	0.1	-	7.8	2.8	4.2	191.0
여	0.5	10.4	15.0	11.0	11.1	18.1	9.6	4.9	-	2.4	3.0	117.7

출처: 통계청(2018). 2018년 사망원인통계.

2. 암의 발생, 분류, 진단

1) 암의 특징과 발생과정

암은 유전이나 환경 등 다양한 요인으로 인해 세포가 비정상적으로 과다 증식하며 그 성장속도가 조절되지 않을 뿐 아니라 정상적인 세포의 활동을 방해한다. 또한 혈액이나 림프관을 따라 다른 곳으로 퍼져나가는 전이 특징이 있다.

종양은 양성종양과 악성종양으로 분류되며 성장속도, 양식, 전이나 재발 여부 등에 차이가 있다. 양성종양은 성장속도가 비교적 느리며, 분화가 잘되어 성숙한 세포를 특징으로 하며 재발율이 낮고 전이가 일어나지 않아 인체에 거의 해가 없다. 이에 반해 악성종양은 급속도로 성장할 뿐만 아니라 주변 조직으로 침윤되며 성장하며 미분화나 미성숙한 세포의 특징을 갖는다. 또한 재발과 전이가 흔하게 나타난다[그림 15-1].

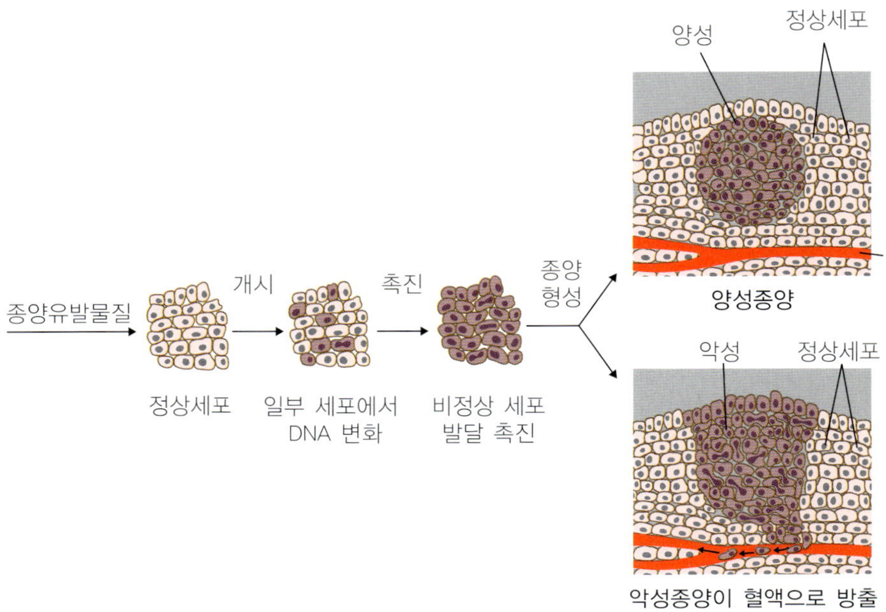

| 그림 15-1 | **양성종양과 악성종양**

출처: 김미자 외(2018). 식사요법.

정상세포가 암세포화되는 과정은 다음과 같다.

① 암유발 개시 단계(initiation): 발암원(화학물질, 방사선, 바이러스 등)에 의해 일부 정상적인 세포의 DNA 구조 변화로 돌연변이를 유발하는 과정이다.

② 암유발 촉진 단계(promotion): 발암과정을 촉진하고 유지하는 단계로 DNA의 손상이 증가되면서 비정상세포의 복제 및 증식이 되는 시기이다.

③ 암 진행 단계(progression): 악성종양을 형성하는 단계로 암세포의 성장이 우세하여 세포군을 형성하는 특징이 있다.

전이(metastasis)는 림프나 혈액을 통해 암세포가 발생한 지점에서 이동하는 것으로 전신 순환하며 정상조직에 침윤(invasion)하게 된다. 간과 폐는 많은 양의 혈액이 통과하기 때문에 전이 확률이 높은 편이다.

2) 암의 분류

암은 발생 위치의 조직이나 세포별로 분류될 수 있으며 위암, 대장암, 폐암, 갑상샘암, 유방암, 간암, 전립샘암, 췌장암, 담낭·담도암, 신장암 등이 있다.

암의 진행에 따른 분류의 방법 중 TNM 분류(TNM staging system)는 국제암연합(Union for International Cancer Control, UICC)에서 제시한 악성종양의 병기분류에 이용되는 지표이다. T는 종양의 크기, 국소적 침윤 정도로 T0~T4로, N은 암이 퍼진 주변 림프샘(node)의 수와 범위를 의미하여 전이 정도를 N0~N3으로 나타내며, M은 혈관 또는 림프관을 통한 전이(metastasis) 여부, 전이된 장기수에 따라 M0이나 M1 등으로 표시한다. 이들 T, N, M의 조합에 의해 암의 병기가 단계별로 결정된다.

3) 암의 진단

암은 부위별 증상과 진단 방법이 다르다. 무증상이나 특이 증상이 없는 경우가 있기 때문에 검진하고 조기에 진단함으로써 초기 치료가 가능하도록 하는 것이 중요하다. 암의 진단은 일반적인 검사, 신체검사, 혈액이나 배설물 등에서 측정하는 종양표지자검사, 내시경검사, 초음파, 컴퓨터단층촬영(Computer Tomography, CT), 흉부 X-ray, 자기공명영상촬영(Magnetic Resonance Imaging, MRI) 등의 영상검사, 양전자 방출 단층 촬영술(Positron Emission Tomography, PET)과 같은 핵의학 검사, 신체 조직을 채취하여 검사하는 조직검사(biopsy), 혈중 세포검사 등이 있다. 암의 확진과 진행 정도를 결정하기 위해서는 여러 검사방법이 복합적으로 실시된다. 부위별 세부 증상과 진단 방법은 다음 〈표

15-3〉과 같다.

| 표 15-3 | 암의 증상 및 진단방법

구분	증상	진단방법
간암	상복부 통증, 덩어리가 만져지는 것, 복부 팽만감, 체중 감소, 심한 피로감, 소화불량	혈청 알파태아단백 측정(혈액검사), 초음파 검사, 전산화단층촬영(CT), 자기공명영상촬영(MRI)
갑상샘암	목에 덩어리가 만져질 수 있고 종양이 성대신경 침범으로 인한 목소리 변화, 종양이 커짐에 따라 삼키기가 어렵거나 숨이 참	초음파, 미세침흡인세포검사, 중심부바늘생검
담낭암	체중 감소, 피곤함, 식욕부진, 메스꺼움, 구토, 상복부나 명치 통증, 황달	초음파검사, 전산화단층촬영(CT), 자기공명영상(MRI), 내시경적 역행성 담췌관조영술(ERCP), 경피경간(經皮經肝) 담도조영술(PTC), 내시경 초음파검사(EUS), 양성자방출단층촬영(PET), 혈청 종양표지자검사
대장암	배변 습관의 변화, 설사, 변비, 잔변감, 혈변, 점액 변, 복통, 복부 팽만, 피로감, 식욕부진, 소화불량, 복부종물(배에서 덩어리가 만져지는 것)	직장수지(手指)검사, 대장조영술, 에스(S)결장경, 대장내시경
신장암	측복부(옆구리)의 통증, 혈뇨, 측복부 또는 상복부에서 종괴가 만져지는 경우, 전신 증상으로 피로감, 식욕부진, 체중 감소, 발열, 빈혈	초음파, 전산화단층촬영(CT), 자기공명영상(MRI), 복부 전산화 단층촬영
위암	속 쓰림, 메스꺼움, 구토, 복통, 어지러움, 연하곤란, 체중 감소, 피로, 흑색변	위내시경검사, 위장조영검사, 전산화단층촬영(CT)
유방암	유방에서 멍울이(즉 덩어리가) 만져짐	자가검진, 임상 진찰, 방사선 검사(유방촬영술, 유방초음파), 조직검사(생검)
전립샘암	소변이 잘 나오지 않고, 줄기도 가늘어지며, 다 보고 나서도 뭔가 남아 있는 듯한 느낌, 수신증(물콩팥증), 신부전 증상, 암이 전이된 뼈의 통증(요통이나 좌골신경통 포함)	직장수지검사, 혈중 전립샘특이항원검사, 직장을 통한 초음파검사, 전립샘 생검, 종양의 조직학적 분화도 확인, 영상진단, 골반림프샘 절제술(전이 여부를 알아보려 할 때), 분자생물학적인 방법

구분	증상	진단방법
췌장암	복통, 체중 감소, 황달, 소화장애, 당뇨 발생 또는 악화	초음파검사, 복부 전산화단층촬영(CT), 자기공명영상(MRI), 내시경적 역행성 담췌관 조영술(ERCP), 내시경 초음파 검사(EUS), 양성자방출단층촬영(PET), 혈청 종양표지자검사, 복강경검사, 조직검사
폐암	피 섞인 가래나 객혈, 호흡곤란, 흉부 통증, 쉰 목소리, 상대정맥증후군(신체 상반부 정맥들의 피를 모아 심장으로 보내는 상대정맥이 막혀서 생기는 여러 증상), 뼈의 통증과 골절, 두통, 오심, 구토	흉부 단순 X-선 촬영, 전산화단층촬영(CT), 객담검사, 기관지내시경검사, 경피적 미세침흡인세포검사(세침생검술)

출처: 국립암정보센터(https://www.cancer.go.kr).

3. 암 발생과 관련된 식생활 및 생활습관

암의 원인은 유전적 요인과 환경적 요인으로 분류할 수 있으며 유전보다는 발암성 식품, 음주, 흡연, 화학물질, 바이러스와 같은 환경적 인자에 의한 영향이 더 큰 것으로 보고되고 있다. 국제암연구소에서 발표한 세계 암 보고서에 의하면 암의 원인은 음식(30%) > 흡연(15~30%) > 만성감염(10~25%) > 직업, 유전, 생식(각각 5%) > 음주, 환경오염, 방사선(각각 3%)이었다. 미국 국립암협회지에서도 음식과 흡연의 영향이 각각 35%와 30%인 것으로 보고하고 있다. 담배의 연기, 알코올, 식품 내 발암원 등은 소화기와 호흡기로 체내 유입되어 세포의 변이를 일으키고 유전적 손상을 야기하는 주요 원인이다.

특히 식사요인은 암 발생과 밀접한 관련성을 가지며 물질에 따라 암발생 위험을 증가시키거나 감소시키는 상반된 기능을 갖는다. 예를 들어 쇠고기, 돼지고기 등 붉은색 육류, 햄, 베이컨 가공육, 고지방, 저섬유식은 대장암이나 췌장암의 발생을 촉진시킬 수 있는 인자이며 고염 식품은 위암, 알코올은 구강암, 식도암, 위암, 대장암, 직장암과 같은 소화기계뿐만 아니라 유방암이나 췌장암의 증가 요인이 될 수 있다. 이에 반해 항산화 영양소로 알려진 비타민 A(베타 카로틴)·C·E와 같은 비타민류와 셀레늄은 활성산소의 제거나 세포의 DNA 손상 예방에 효과가 있어 암 발생 위험도를 낮출 수 있기 때문에 신선한 과일이나 채소를 충분히 섭취하는 것이 바람직하다. 암발생과 관련된 인자는 다음 〈표 15-4〉에 제시하였다.

| 표 15-4 | 암 관련 요인

위험성 증가 요인	위험성 저하 요인
붉은색 육류, 가공어육	과일과 채소
염분 및 염장식품	식이섬유
흡연	카로티노이드, 베타카로틴, 비타민 C
알코올	엽산
과체중과 비만	칼슘, 셀레늄
신체활동의 감소	신체활동의 증가

※ 파이토케미컬(phytochemical)

식물을 뜻하는 '피토(phyto)'와 화학물질 '케미컬(chemical)'의 합성어로 영양소는 아니지만 채소와 과일에 들어 있는 식물성 생리활성을 보이는 화학물질이다. 페놀화합물(카테킨, 탄닌, 클로로겐산), 이소프레노이드(카로티노이드), 유기황화합물 등이 있으며 항산화작용, 세포의 손상 억제 및 면역 기능 향상에 도움을 준다.

4. 암 치료에 따른 영양문제

암 치료에는 화학요법, 방사선요법, 수술, 골수이식 등의 방법이 있으며 이는 단독 또는 병행 사용된다. 치료 과정 중 발생하는 체내 대사 변화와 암 악액질로 인해 나타나는 영양 문제는 치료 방법에 따라 다른 양상을 보인다. 따라서 치료에 따른 부작용을 낮추고 체력 회복을 위한 적절한 영양관리가 필요하다.

※ 암악액질(Cancer-cachexia)

- 암악액질은 정확한 기전이 밝혀지지 않았으나 종양, 대사이상, 치료로 인한 대사 항진, 섭취량 감소, 흡수 불량 등으로 인해 체중 및 근육량의 감소가 특징인 증상이다.
- 대사변화
  - 에너지 대사: 대사이상에 따른 에너지 필요량의 증가, 혐기적 에너지 대사에 따른 에너지 효율 감소
  - 당질 대사: 인슐린 저항성 증가, 포도당의 신생합성 증가, 코리회로의 활성 증가, 고혈당증
  - 지질 대사: 저장지질 분해 증가, 지방 합성 감소, 지단백질분해 효소 활성도 증가, 고지혈증
  - 단백질 대사: 단백질 전환 증가, 근단백질의 분해 증가

1) 화학요법

화학요법이란 항암제를 이용하여 암세포의 성장 조절 또는 파괴를 위한 목적으로 사용되는 전신요법이다. 항암제는 주로 DNA의 합성 및 종양세포 복제에 관여하여 암세포의 성장을 억제하고 사멸을 유도한다. 그러나 암세포처럼 성장과 분화가 빠른 정상 세포의 분열도 억제하여 정상세포의 기능 손상을 초래하는 부작용이 있을 수 있다. 그 예로 구강의 점막 세포가 손상될 경우 구내염으로 인해 섭취에 어려움이 있을 수 있으며 소장 점막 세포가 손상될 경우 영양소의 흡수 불량을 초래할 수 있다. 또한 모근세포에 영향을 미쳐 머리카락이 빠지는 현상이 나타난다. 이외에도 미각변화, 식욕부진, 메스꺼움, 구토, 설사, 입마름 등의 부작용이 있을 수 있다. 이러한 부작용의 양상은 항암제제에 따라 다르며 증상 완화를 위한 약제가 사용되기도 한다.

2) 방사선요법

방사선요법은 표적 종양조직에 X-선, γ-선, 중성자선, 양성자선 등의 고에너지의 방사선을 조사하여 암세포의 성장 억제 및 제거하는 치료방법이다. 그러나 화학요법과 마찬가지로 조사부위의 세포손상으로 인해 불량을 초래할 수 있다. 경두부암, 위암, 장암 치료 시 상피세포의 손상으로 염증을 유발하여 섭취량 감소 및 영양소의 흡수 불량이 된다. 이외에 정신적 스트레스, 현기증, 식욕 부진과 같은 증상이 있다.

3) 수술요법

수술요법은 종양을 제거하거나 감소시키는 것을 목적으로 하며 발병 초기에 고형암을 제거할 경우 증상 완화를 돕는다. 암의 전이를 막고 치료 및 호전의 목적으로 화학요법이나 방사선요법과 병행할 수 있다. 다른 요법과 마찬가지로 종양의 부위나 크기 등에 따라 다음과 같은 부작용이 나타날 수 있다. 수술은 절제 부위와 절제 정도에 따라 식품의 섭취량 감소 및 영양소의 요구량이 증가된다. 이외에 연하곤란, 영양소 흡수불량, 덤핑증후군(dumping syndrome)과 같은 부작용이 나타날 수 있다. 위 절제는 운동성 저하, 위산 생성의 감소 등으로 인해 음식물의 소화 흡수에 어려움이 있어 소량씩 자주 섭취하여야 하며 소장 절제는 영양소의 흡수불량, 췌장 절제는 췌장액 및 인슐린 분비 문제로 인해 흡수불량 및 당대사이상, 대장이나 직장은 설사·탈수·전해질 이상 등이 발생할 수 있다.

5. 암 환자의 영양관리

암환자는 암의 발생에 따른 질병의 진행과정과 치료과정에서 저작 및 연하곤란, 미각 변화, 식욕 부진, 소화불량, 영양소의 흡수 및 이용률 저하 등으로 인해 영양불량이 나타날 수 있다. 영양불량은 조직의 기능 저하와 감염의 위험성을 증가시킬 수 있으며 이로 인해 감염, 사망에 이를 수 있다. 따라서 적절한 영양관리는 환자의 회복에 도움을 주며 치료의 부작용을 낮추고, 재원 일수의 감소, 합병증을 낮추는 데 기여할 수 있다.

1) 영양 요구량

(1) 에너지

에너지 필요량은 환자의 영양상태, 암의 종류나 암의 진행 단계에 따라 대사항진을 고려하여 공급한다. 일반적으로 영양상태가 양호한 경우 약 25~30 kcal/kg 정도의 열량이 필요하며 영양상태가 불량한 경우 30~35 kcal/kg까지 공급한다〈표 15-5〉.

| 표 15-5 | 에너지 요구량

기준	에너지 요구량(kcal/kg)
움직임이 거의 없는 암환자	25~30
과대사나 스트레스 상태의 암환자	35
패혈증	25~30
골수이식	30~35

(2) 단백질

단백질 필요량은 에너지 필요량과 마찬가지로 암의 진행 단계와 스트레스의 정도에 따라 다르나, 체단백질의 이화작용의 증가와 근단백질의 합성 저하로 음의 질소 평형을 유지하고 있는 경우가 많아 필요량이 증가한다. 따라서 체내 단백질은 조직의 합성, 회복, 면역 기능을 위해 암 환자에게 충분히 공급하도록 한다. 암환자의 단백질 요구량은 〈표 15-6〉에 제시하였다.

| 표 15-6 | 단백질 요구량

기준	단백질 요구량(g/kg)
정상 상태 유지	0.8~1
스트레스가 없는 암환자	1~1.2
과대사 상태의 암환자	1.2~1.6
심한 스트레스 상태의 암환자	1.5~2.5
골수이식	1.5~2

(3) 비타민과 무기질

비타민과 무기질의 필요량은 권장섭취량에 준하여 제공하나 환자의 상태에 따라 비타민과 무기질의 흡수와 이용이 달라 보충을 고려하여야 한다. 체내 전해질 손실(구토, 설사 등)이 있을 경우 이에 대한 보충도 필요하다.

(4) 수분

암 치료 중 탈수, 감염, 발열 등으로 인해 수분이 손실되는 경우 수분 상태를 확인하고 충분히 보충하여야 한다. 적절한 수분 보충은 결핍을 막고 체내 불필요한 분해산물의 배출이나 기타 배설을 위해 필요하다. 반면 정맥이나 경구로 영양지원을 받는 환자는 수분이 과다 공급되는지 확인하여야 한다.

2) 암환자의 증상별 영양관리

(1) 체중 감소

암 환자에게는 다양한 영양문제가 발생하며 체중 감소는 대표적인 증상이다. 그 원인으로 대사 항진, 식욕 저하, 메스꺼움, 구토, 탈수, 설사 등이 있다. 따라서 다음과 같은 식사 관리를 통해 완화시키도록 하여야 한다.

- 영양 밀도가 높은 식품을 섭취한다.
- 다양한 조리법으로 식욕을 자극한다.
- 식사 시간 이외에도 간식을 섭취한다.

(2) 식욕부진

암 자체, 치료, 공포나 우울감 같은 심리적인 요인 등은 식욕 부진에 의한 영양 불량을 초래한다. 따라서 다음과 같은 식사 관리가 필요하다.

- 식사는 소량씩 자주 섭취한다.
- 영양 밀도가 높은 고열량, 고단백 식품을 이용한다.
- 식사량이 부족한 경우 식사 이외에 간식 및 야식을 섭취한다.
- 식사시간은 자유롭게 한다.
- 식욕 증진을 위해 가벼운 산책이나 식욕이 자극될 수 있는 채소, 과일 등의 식품을 선택한다.
- 식사 중 수분 섭취는 피한다.

(3) 메스꺼움과 구토

메스꺼움과 구토와 같은 영양문제 발생 시 다음과 같은 식사 관리가 도움이 될 수 있다.

- 식사는 소량씩 자주 섭취한다.
- 향이 강하거나 기름진 음식 등 자극적인 음식은 피한다.
- 식사 중 수분 섭취는 피한다.
- 음식은 상온 또는 차게 섭취한다.
- 쾌적한 장소에서 식사한다.
- 입안을 자주 헹구어 청결한 상태를 유지하도록 한다.
- 식사 후 휴식을 취한다.
- 치료받기 1~2시간 전에는 음식을 먹지 않도록 한다.

(4) 입맛의 변화

암 치료 시 미각이나 후각의 변화로 입맛이 변할 수 있으며 그 예로 고기나 생선을 먹고 금속 맛이나 쓴맛을 느끼는 경우가 있으며 이를 완화시키기 위해 다음과 같이 관리하여야 한다.

- 보기와 냄새가 좋은 음식을 준비한다.
- 고기 맛에 민감할 수 있기 때문에 고기 섭취가 어려운 경우 두부, 달걀, 유제품 등으로 대체한다.
- 입맛을 돋우기 위해 드레싱, 탄산음료나 차, 레몬 등의 신 음식을 이용한다.
- 음식은 상온 또는 차게 섭취한다.

(5) 면역기능의 저하

- 조리 전과 식사 전에 반드시 손을 씻는다.
- 조리기구, 식기, 수저는 소독하여 사용한다.
- 익히지 않은 육류나 생선은 제한하고 완전히 익혀 먹는다.
- 조리된 음식은 가능한 한 빨리 먹는다. 남은 음식은 밀봉하여 냉동 및 냉장 보관하되 되도록 빨리 소비한다.

6. 암의 예방

1) 대한암협회 한국인의 암 예방 식생활 가이드

- 표준체중을 유지하며 과식하지 않고 지방분을 적게 먹는다.
- 황록색 채소와 과일, 섬유질을 많이 섭취한다.
- 편식하지 않고 영양분을 골고루 섭취한다.
- 너무 짠 음식이나 매운 음식과 뜨거운 음식을 피한다.
- 우유와 된장을 섭취한다.
- 비타민 A·C·E를 적당량 섭취한다.
- 불에 직접 태우거나 훈제한 생선이나 고기는 피한다.
- 과음하지 않는다.
- 금연한다.
- 곰팡이가 생기거나 부패한 음식은 먹지 않는다.
- 태양광선의 자외선 노출을 피한다.
- 적당한 운동을 하되 과로하지 않는다.
- 목욕이나 샤워 등을 통해 몸을 청결히 관리한다.
- 스트레스를 받지 않는다.

2) 세계암연구재단과 미국암연구협회

- 적정 체중 범위 안에서 최대한 체지방을 적게 유지하도록 노력한다.
- 일상생활에서 신체 활동을 가능한 한 많이 하도록 한다.
- 열량 밀도가 높은 음식과 당이 많이 첨가된 음료를 피한다.
- 식물성 식품을 가능한 한 많이 섭취한다.
- 붉은색 육류를 제한하고 가공육의 섭취를 피한다.
- 알코올 섭취를 제한한다.
- 소금 섭취량을 제한하고 곰팡이가 생긴 곡류나 콩류의 섭취를 피한다.
- 가급적 모유수유를 한다.
- 암 생존자는 암 예방을 위한 생활습관을 따른다.

7. 암 영양관리과정(nutrition care process) 사례

이○○는 64세 여성으로 3개월 전 왼쪽 유방암 진단을 받고(T1N0M0), 항암제로 치료하던 중 최근 식욕부진, 체중 감소 등을 호소하여 임상영양사에게 영양관리 의뢰되었다.

이○○의 키는 160 cm이며 평소 체중은 56 kg이나 최근 3개월 동안 6 kg이 감소하여 현재 체중은 50 kg이다. 다른 질병에 대한 이력은 없으며, 식사 시 문제점으로 소화불량, 메스꺼움 등을 호소하였다.

생화학적 검사결과 Albumin 2.8 g/dℓ(▼), Total lymphocyte count 640/mm^3(▼), Hemoglobin 10.4 g/dℓ(▼)이다. 식품/영양소와 관련된 식사력으로 평소 하루 세 끼를 먹었으며, 한 끼 식사 시 밥 반 공기, 나물반찬 위주의 식사를 하였다. 간식으로 과일과 고구마를 소량씩 먹었으며, 하루에 커피를 크림과 설탕을 각각 2스푼씩 넣은 커피로 3~4잔 마셨다. 건강보조식품으로 루테인, 홍삼

끓인 물, 각종 채소(우엉, 무, 양배추 등)를 끓인 물을 마시고 있으며, 술과 담배, 외식은 거의 하지 않는다고 했다.

이OO의 영양관리과정을 작성하시오.

영양판정	
환자 과거력	
신체계측	
생화학적 자료	
식품/영양소와 관련된 식사력	
영양필요량	

영양진단		
문제	원인	징후/증상

<table>
<tr><th colspan="4">영양중재</th></tr>
<tr><td>영양처방</td><td colspan="3"></td></tr>
<tr><td rowspan="5">영양중재</td><td colspan="3">□ 식품/영양소 제공 □ 영양교육 □ 영양상담 □ 다분야협의</td></tr>
<tr><td>영양진단</td><td>중재내용</td><td>목표/기대효과</td></tr>
<tr><td></td><td></td><td></td></tr>
<tr><td></td><td></td><td></td></tr>
<tr><td></td><td></td><td></td></tr>
<tr><td>제공 교육자료</td><td colspan="3"></td></tr>
</table>

부록

1. 질병명의 의미

질병명(영어)	질병명(한글)	어근·어미의 의미
acromegaly	말단비대증	acr/o=extremities, -megaly=enlarged
anemia	빈혈	an-=without, -emia=blood condition
anemia, aplastic	재생불량성 빈혈	an-=without, -emia=blood condition, a-=without, plast/o=development, ic=pertaining to
anemia, hemolytic	용혈성 빈혈	an-=without, -emia=blood condition, hem/o=blood, -lytic=destruction
arthritis	관절염, 통풍	arthr/o=joint, -itis=inflammation
arthroplasty	관절 성형(술)	arthr/o=joint, -plasty=surgical repair
bronchitis	기관지염	bronch/o=bronchus, -itis=inflammation
cardiovascular disease	관상혈관질환	cardio=heart, vascular=blood vessel
cephalagia	두통	cephal/o=head, -algia=pain
cerebral palsy	뇌성마비	cerebr/o=brain, -al=pertaining to
cholelithiasis(gallstones)	담석증	chol/e=bile, lith/o=stone, -iasis=abnormal
cirrhosis	경변(증)	cirrh/o=hard, -osis=condition
colorectal cancer	직장결장의 암	col/o=colon, rect/o=rectum -al=pertaining to

질병명(영어)	질병명(한글)	어근·어미의 의미
coronary artery disease	관(상)동맥질환	coron/o=heart, arteri/o=artery
dermatitis	피부염	dermat/o=skin, -itis=inflammation
dysentery	이질	dys-=bad, painful, enter/o=small intestine, -y=noun ending
encephalitis	뇌염	encephal/o=brain, -itis=inflammation
endocarditis	심장내막염	endo-=within, cardi/o=heart, -itis=inflammation
glomerulonephritis	사구체신염	glomerul/o=glomerulus, nephr/o=kidney, -itis=inflammation
granulocytosis	과립구증가증	granul/o=granules, cyt/o=cell, -osis=condition
hemophilia	혈우병	hem/o=blood, phil/o=attraction to, -ia=condition
hepatitis	간염	hepat/o=liver, -itis=inflammation
hypoparathyroidism	부갑상샘 기능저하증	hypo-=less than normal, parathyroid/o=parathyroid gland, -ism=condition
hypothyroidism	갑상샘 기능저하증	hypo-=less than normal, thyroid/o=thyroid gland, -sm=condition
ileus	장폐색	ile/o=ileum, -us=noun ending
keloid	켈로이드(흉터)	kel/o=fibrous growth, -oid=pertaining to
keratitis	각막염	kerat/o=cornea, -itis=inflammation

질병명(영어)	질병명(한글)	어근·어미의 의미
leukemia	백혈병	leuk/o=white, -emia=blood condition
myocarditis	심근염	my/o=muscle, cardi/o=heart, -itis=inflammation
nyctalopia (night blindness)	야맹증	nyct/o=night, -opia=visual condition
osteoarthritis	골관절염	oste/o=bone, arthr/o=joint, -itis=inflammation
osteomalacia	골연화증	oste/o=bone, malac/o=softening, -ia=condition
osteoporosis	골다공증	oste/o=bone, por/o=cavity, passage, -osis=condition
pancreatitis	췌장염	pancreat/o=pancreas, -itis=inflammation
pneumonia	폐렴	pneumon/p=air, lung, -ia=condition
pulmonary embolism	폐(동맥)색전증	pulmon/o=lung, -ary=pertaining to, embol/i=to throw, -ism=condition of
rhinitis	비염	rhin/o=nose -itis=inflammation
thyroiditis	갑상샘염	thyroid/o=thyroid gland, -itis=inflammation
tonsillitis	편도염	tonsill/o=tonsils, -itis=inflammation

2. 한국인 영양소 섭취 기준(2015)

2015 한국인 영양소 섭취기준-에너지와 다량영양소

성별	연령	에너지(kcal/일)				탄수화물(g/일)				지방(g/일)				n-6계 지방산(g/일)			
		필요 추정량	권장 섭취량	충분 섭취량	상한 섭취량	평균 필요량	권장 섭취량	충분 섭취량	상한 섭취량	평균 필요량	권장 섭취량	충분 섭취량	상한 섭취량	평균 필요량	권장 섭취량	충분 섭취량	상한 섭취량
영아	0~5(개월)	550						60				25				2.0	
	6~11	700						90				25				4.5	
유아	1~2(세)	1,000															
	3~5	1,400															
남자	6~8(세)	1,700															
	9~11	2,100															
	12~14	2,500															
	15~18	2,700															
	19~29	2,600															
	30~49	2,400															
	50~64	2,200															
	65~74	2,000															
	75 이상	2,000															
여자	6~8(세)	1,500															
	9~11	1,800															
	12~14	2,000															
	15~18	2,000															
	19~29	2,100															
	30~49	1,900															
	50~64	1,800															
	65~74	1,600															
	75 이상	1,600															
임신부[1]		+0															
		+340															
		+450															
수유부		+340															

성별	연령	n-3계 지방산(g/일)				단백질(g/일)				식이섬유(g/일)				수분(mℓ/일)					
		평균 필요량	권장 섭취량	충분 섭취량	상한 섭취량	평균 필요량	권장 섭취량	충분 섭취량	상한 섭취량	평균 필요량	권장 섭취량	충분 섭취량	상한 섭취량	평균 필요량	권장 섭취량	충분 섭취량	상한섭취량		상한 섭취량
																	액체	총수분	
영아	0~5(개월)			0.3				10									700	700	
	6~11			0.8		10	15					10					500	800	
유아	1~2(세)					12	15					15					800	1,100	
	3~5					15	20					20					1,100	1,500	
남자	6~8(세)					25	30					20					900	1,800	
	9~11					35	40					25					1,000	2,100	
	12~14					45	55					25					1,000	2,300	
	15~18					50	65					25					1,200	2,600	
	19~29					50	65					25					1,200	2,600	

성별	연령	n-3계 지방산(g/일)				단백질(g/일)				식이섬유(g/일)				수분(mℓ/일)					
		평균 필요량	권장 섭취량	충분 섭취량	상한 섭취량	평균 필요량	권장 섭취량	충분 섭취량	상한 섭취량	평균 필요량	권장 섭취량	충분 섭취량	상한 섭취량	평균 필요량	권장 섭취량	충분 섭취량	상한섭취량		상한 섭취량
																	액체	총수분	
	30~49					50	60					25					1,200	2,500	
	50~64					50	60					25					1,000	2,200	
	65~74					45	55					25					1,000	2,100	
	75 이상					45	55					25					1,000	2,100	
여자	6~8(세)					20	25					20					900	1,700	
	9~11					30	40					20					900	1,900	
	12~14					40	50					20					900	2,000	
	15~18					40	50					20					900	2,000	
	19~29					45	55					20					1,000	2,100	
	30~49					40	50					20					1,000	2,000	
	50~64					40	50					20					900	1,900	
	65~74					40	45					20					900	1,800	
	75 이상					40	45					20					900	1,800	
임신부[1]						+12	+15					+5						+200	
						+25	+30					+5						+200	
수유부						+20	+25					+5					+500	+700	

1) 에너지 임산부 1,2,3 분기별 부가량, 단백질 임신부 2,3 분기별 부가량

성별	연령	메티오닌+시스테인(g/일)				류신(g/일)				이소류신(g/일)			
		평균 필요량	권장 섭취량	충분 섭취량	상한 섭취량	평균 필요량	권장 섭취량	충분 섭취량	상한 섭취량	평균 필요량	권장 섭취량	충분 섭취량	상한 섭취량
영아	0~5(개월)			0.4				1.0				0.6	
	6~11	0.3	0.4			0.6	0.8			0.3	0.4		
유아	1~2(세)	0.3	0.4			0.6	0.8			0.3	0.4		
	3~5	0.3	0.4			0.7	0.9			0.3	0.4		
남자	6~8(세)	0.5	0.6			1.1	1.3			0.5	0.6		
	9~11	0.7	0.8			1.5	1.9			0.7	0.8		
	12~14	1.0	1.2			2.1	2.6			1.0	1.2		
	15~18	1.1	1.3			2.4	3.0			1.1	1.3		
	19~29	1.0	1.3			2.3	3.0			1.0	1.3		
	30~49	1.0	1.3			2.3	2.9			1.0	1.3		
	50~64	1.0	1.2			2.2	2.7			1.0	1.2		
	65~74	0.9	1.1			2.1	2.6			0.9	1.2		
	75 이상	0.9	0.6			2.0	2.6			0.9	1.1		
여자	6~8(세)	0.5	0.7			1.0	1.2			0.5	0.8		
	9~11	0.6	1.0			1.4	1.7			0.6	0.7		
	12~14	0.8	1.0			1.8	2.3			0.8	1.0		
	15~18	0.8	1.1			1.9	2.3			0.8	1.0		
	19~29	0.8	1.0			1.9	2.4			0.8	1.1		
	30~49	0.8	1.0			1.8	2.3			0.8	1.0		
	50~64	0.8				1.8	2.2			0.8	1.0		
	65~74	0.7				1.7	2.1			0.8	0.9		
	75 이상	0.7				1.6	2.0			0.7	0.9		
임신부		+0.3	+0.3			+0.6	+0.7			+0.3	+0.3		
수유부		+0.3	+0.4			+0.9	+1.1			+0.5	+0.6		

성별	연령	발린(g/일)				라이신(g/일)				페닐알라닌+티로신(g/일)			
		평균 필요량	권장 섭취량	충분 섭취량	상한 섭취량	평균 필요량	권장 섭취량	충분 섭취량	상한 섭취량	평균 필요량	권장 섭취량	충분 섭취량	상한 섭취량
영아	0~5(개월)			0.6				0.7				0.9	
	6~11	0.3	0.5			0.6	0.8			0.5	0.7		
유아	1~2(세)	0.4	0.5			0.6	0.7			0.5	0.7		
	3~5	0.4	0.5			0.6	0.8			0.6	0.7		
남자	6~8(세)	0.6	0.7			1.0	1.2			0.9	1.1		
	9~11	0.9	1.1			1.4	1.5			1.3	1.6		
	12~14	1.2	1.5			2.0	2.4			1.7	2.2		
	15~18	1.4	1.7			2.2	2.7			2.0	2.4		
	19~29	1.3	1.6			2.4	3.0			2.7	3.4		
	30~49	1.3	1.6			2.3	2.9			2.7	3.3		
	50~64	1.2	1.5			2.2	2.8			2.6	3.2		
	65~74	1.2	1.5			2.1	2.7			2.4	3.1		
	75 이상	1.1	1.4			2.1	2.6			2.4	3.0		
여자	6~8(세)	0.6	0.7			0.9	1.2			0.8	1.0		
	9~11	0.8	1.0			1.2	1.5			1.1	1.4		
	12~14	1.1	1.3			1.7	2.1			1.5	1.8		
	15~18	1.1	1.3			1.7	2.1			1.5	1.9		
	19~29	1.1	1.3			2.0	2.5			2.2	2.8		
	30~49	1.0	1.3			1.9	2.4			2.2	2.7		
	50~64	1.0	1.0			1.8	2.3			2.1	2.6		
	65~74	0.9	1.0			1.7	2.2			2.0	2.5		
	75 이상	0.9	1.1			1.6	2.0			1.9	2.3		
임신부		+0.3	+0.4			+0.3	+0.4			+0.8	+1.0		
수유부		+0.5	+0.6			+0.4	+0.4			+1.5	+1.9		

성별	연령	트레오닌(g/일)				트립토판(g/일)				히스티딘(g/일)			
		평균 필요량	권장 섭취량	충분 섭취량	상한 섭취량	평균 필요량	권장 섭취량	충분 섭취량	상한 섭취량	평균 필요량	권장 섭취량	충분 섭취량	상한 섭취량
영아	0~5(개월)			0.5				0.2				0.1	
	6~11	0.3	0.4			0.1	0.1			0.2	0.3		
유아	1~2(세)	0.3	0.4			0.1	0.1			0.2	0.3		
	3~5	0.3	0.4			0.1	0.1			0.2	0.3		
남자	6~8(세)	0.5	0.6			0.1	0.2			0.3	0.4		
	9~11	0.7	0.9			0.2	0.2			0.5	0.6		
	12~14	1.0	1.3			0.3	0.3			0.7	0.9		
	15~18	1.1	1.4			0.3	0.4			0.8	0.9		
	19~29	1.1	1.4			0.3	0.3			0.8	1.0		
	30~49	1.1	1.3			0.3	0.3			0.7	0.9		
	50~64	1.0	1.3			0.3	0.3			0.7	0.9		
	65~74	1.0	1.2			0.2	0.3			0.7	0.9		
	75 이상	1.0	1.2			0.2	0.3			0.7	0.8		
여자	6~8(세)	0.5	0.6			0.1	0.2			0.3	0.4		
	9~11	0.6	0.8			0.2	0.2			0.4	0.5		
	12~14	0.9	1.1			0.2	0.3			0.6	0.7		

성별	연령	트레오닌(g/일) 평균 필요량	트레오닌(g/일) 권장 섭취량	트레오닌(g/일) 충분 섭취량	트레오닌(g/일) 상한 섭취량	트립토판(g/일) 평균 필요량	트립토판(g/일) 권장 섭취량	트립토판(g/일) 충분 섭취량	트립토판(g/일) 상한 섭취량	히스티딘(g/일) 평균 필요량	히스티딘(g/일) 권장 섭취량	히스티딘(g/일) 충분 섭취량	히스티딘(g/일) 상한 섭취량
	15~18	0.9	1.1			0.2	0.3			0.6	0.7		
	19~29	0.9	1.1			0.2	0.3			0.6	0.8		
	30~49	0.9	1.1			0.2	0.3			0.6	0.8		
	50~64	0.8	1.0			0.2	0.3			0.6	0.7		
	65~74	0.8	1.0			0.2	0.2			0.5	0.7		
	75 이상	0.7	0.9			0.2	0.2			0.5	0.7		
임신부		+0.3	+0.4			+0.1	+0.1			+0.2	+0.2		
수유부		+0.4	+0.6			+0.2	+0.2			+0.2	+0.3		

출처: 보건복지부(2015).

2015 한국인 영양소 섭취기준-지용성 비타민

성별	연령	비타민 A(μg RAE/일) 평균 필요량	비타민 A 권장 섭취량	비타민 A 충분 섭취량	비타민 A 상한 섭취량	비타민 D(μg/일) 평균 필요량	비타민 D 권장 섭취량	비타민 D 충분 섭취량	비타민 D 상한 섭취량	비타민 E(mg α-TE/일) 평균 필요량	비타민 E 권장 섭취량	비타민 E 충분 섭취량	비타민 E 상한 섭취량	비타민 K(μg/일) 평균 필요량	비타민 K 권장 섭취량	비타민 K 충분 섭취량	비타민 K 상한 섭취량
영아	0~5(개월)			350	600			5	25			3				4	
	6~11			450	600			5	25			4				7	
유아	1~2(세)	200	300		600			5	30			5	200			25	
	3~5	230	350		700			5	35			6	250			30	
남자	6~8(세)	320	450		1,000			5	40			7	300			45	
	9~11	420	600		1,500			5	60			9	400			56	
	12~14	540	750		2,100			10	100			10	400			70	
	15~18	620	850		2,300			10	100			11	500			80	
	19~29	570	800		3,000			10	100			12	540			75	
	30~49	550	750		3,000			10	100			12	540			75	
	50~64	530	50		3,000			10	100			12	540			75	
	65~74	500	700		3,000			15	100			12	540			75	
	75 이상	500	700		3,000			15	100			12	540			75	
여자	6~8(세)	290	400		1,000			5	40			7	300			45	
	9~11	380	550		1,500			5	60			9	400			55	
	12~14	470	650		2,100			10	100			10	400			65	
	15~18	440	600		2,300			10	100			11	500			65	
	19~29	460	650		3,000			10	100			12	540			65	
	30~49	450	650		3,000			10	100			12	540			65	
	50~64	430	600		3,000			10	100			12	540			65	
	65~74	410	550		3,000			15	100			12	540			65	
	75 이상	410	550		3,000			15	100			12	540			65	
임신부		+50	+70		3,000			+0	100			+0	540			+0	
수유부		+350	+490		3,000			+0	100			+3	540			+0	

출처: 보건복지부(2015).

2015 한국인 영양소 섭취기준-수용성 비타민

성별	연령	비타민 C(mg/일) 평균필요량	권장섭취량	충분섭취량	상한섭취량	티아민(mg/일) 평균필요량	권장섭취량	충분섭취량	상한섭취량	리보플래빈(mg/일) 평균필요량	권장섭취량	충분섭취량	상한섭취량	니아신(mg NE/일)[1] 평균필요량	권장섭취량	충분섭취량	상한섭취량[2]	상한섭취량[2]
영아	0~5(개월)			35				0.2				0.3				2		
	6~11			45				0.3				0.4				3		
유아	1~2(세)	30	35		350	0.4	0.5			0.5	0.5			4	6		10	180
	3~5	30	40		500	0.4	0.5			0.5	0.6			5	7		10	250
남자	6~8(세)	40	55		700	0.6	0.7			0.7	0.9			7	9		15	350
	9~11	55	70		1,000	0.7	0.9			1.0	1.2			9	12		20	500
	12~14	70	90		1,400	1.0	1.1			1.2	1.5			11	15		25	700
	15~18	80	105		1,500	1.1	1.3			1.4	1.7			13	17		30	800
	19~29	75	100		2,000	1.0	1.2			1.3	1.5			12	16		35	1,000
	30~49	75	100		2,000	1.0	1.2			1.3	1.5			12	16		35	1,000
	50~64	75	100		2,000	1.0	1.2			1.3	1.5			12	16		35	1,000
	65~74	75	100		2,000	1.0	1.2			1.3	1.5			12	16		35	1,000
	75 이상	75	100		2,000	1.0	1.2			1.3	1.5			12	16		35	1,000
여자	6~8(세)	45	60		700	0.6	0.7			0.6	0.8			7	9		15	350
	9~11	60	80		1,000	0.7	0.9			0.8	1.0			9	12		20	500
	12~14	75	100		1,400	0.9	1.1			1.0	1.2			11	15		25	700
	15~18	70	95		1,500	1.0	1.2			1.0	1.2			11	14		30	800
	19~29	75	100		2,000	0.9	1.1			1.0	1.2			11	14		35	1,000
	30~49	75	100		2,000	0.9	1.1			1.0	1.2			11	14		35	1,000
	50~64	75	100		2,000	0.9	1.1			1.0	1.2			11	14		35	1,000
	65~74	75	100		2,000	0.9	1.1			1.0	1.2			11	14		35	1,000
	75 이상	75	100		2,000	0.9	1.1			1.0	1.2			11	14		35	1,000
임신부		+10	+10		2,000	+0.4	+0.4			+0.3	+0.4			+3	+4		35	1,000
수유부		+35	+40		2,000	+0.3	+0.4			+0.4	+0.5			+2	+3		35	1,000

성별	연령	비타민 B6(mg/일) 평균필요량	권장섭취량	충분섭취량	상한섭취량	엽산(μg/일) 평균필요량	권장섭취량	충분섭취량	상한섭취량	비타민 B12(μg/일) 평균필요량	권장섭취량	충분섭취량	상한섭취량	판토텐산(mg/일) 평균필요량	권장섭취량	충분섭취량	상한섭취량	비오틴(μg/일) 평균필요량	권장섭취량	충분섭취량	상한섭취량
영아	0~5(개월)			0.1				65								1.7				5	
	6~11			0.3				80								1.9				7	
유아	1~2(세)	0.5	0.6		25	120	150		300	0.8	0.9					2				9	
	3~5	0.6	0.7		35	150	180		400	0.9	1.1					2				11	
남자	6~8(세)	0.7	0.9		45	180	220		500	1.1	1.3					3				15	
	9~11	0.9	1.1		55	250	300		600	1.5	1.7					4				20	
	12~14	1.3	1.5		60	300	360		800	1.9	2.3					5				25	
	15~18	1.3	1.5		65	320	400		900	2.2	2.7					5				30	
	19~29	1.3	1.5		100	320	400		1,000	2.0	2.4					5				30	
	30~49	1.3	1.5		100	320	400		1,000	2.0	2.4					5				30	
	50~64	1.3	1.5		100	320	400		1,000	2.0	2.4					5				30	
	65~74	1.3	1.5		100	320	400		1,000	2.0	2.4					5				30	
	75 이상	1.3	1.5		100	320	400		1,000	2.0	2.4					5				30	
여자	6~8(세)	0.7	0.9		45	180	220		500	1.1	1.3					3				15	
	9~11	0.9	1.1		55	250	300		600	1.5	1.7					4				20	
	12~14	1.2	1.4		60	300	360		800	1.9	2.3					5				25	

성별	연령	비타민 B6(mg/일)				엽산(μg/일)				비타민 B12(μg/일)				판토텐산(mg/일)				비오틴(μg/일)			
		평균 필요량	권장 섭취량	충분 섭취량	상한 섭취량	평균 필요량	권장 섭취량	충분 섭취량	상한 섭취량	평균 필요량	권장 섭취량	충분 섭취량	상한 섭취량	평균 필요량	권장 섭취량	충분 섭취량	상한 섭취량	평균 필요량	권장 섭취량	충분 섭취량	상한 섭취량
	15~18	1.2	1.4		65	320	400		900	2.0	2.4					5				30	
	19~29	1.2	1.4		100	320	400		1,000	2.0	2.4					5				30	
	30~49	1.2	1.4		100	320	400		1,000	2.0	2.4					5				30	
	50~64	1.2	1.4		100	320	400		1,000	2.0	2.4					5				30	
	65~74	1.2	1.4		100	320	400		1,000	2.0	2.4					5				30	
	75 이상	1.2	1.4		100	320	400		1,000	2.0	2.4					5				30	
임신부		+0.7	+0.8		100	+200	+220		1,000	+0.2	+0.2					+1				+0	
수유부		+0.7	+0.8		100	+130	+150		1,000	+0.3	+0.4					+2				+5	

1) 1 mg NE(니아신 당량)=1 mg 니아신=60 mg 트립토판
2) 니코틴산/니코틴아미드
3) Dietary Folate Equivalents, 가임기 여성의 경우 400 μg/일의 엽산보충제 섭취를 권장함, 엽산의 상한섭취량은 보충제 또는 강화식품의 형태로 섭취한 μg/일에 해당됨

2015 한국인 영양소 섭취기준-다량 무기질

성별	연령	칼슘(mg/일)				인(mg/일)				나트륨(mg/일)				
		평균 필요량	권장 섭취량	충분 섭취량	상한 섭취량	평균 필요량	권장 섭취량	충분 섭취량	상한 섭취량	평균 필요량	권장 섭취량	충분 섭취량	상한 섭취량	목표 섭취량
영아	0~5			210	1,000			100				120		
	6~11			300	1,500			300				370		
유아	1~2(세)	390	500		2,500	380	450		3,000			900		
	3~5	470	600		2,500	460	550		3,000			1,000		
남자	6~8(세)	580	700		2,500	490	600		3,000			1,200		
	9~11	650	800		3,000	1,000	1,200		3,500			1,400		2,000
	12~14	800	1,000		3,000	1,000	1,200		3,500			1,500		2,000
	15~18	720	900		3,000	1,000	1,200		3,500			1,500		2,000
	19~29	650	800		2,500	580	700		3,500			1,500		2,000
	30~49	630	800		2,500	580	700		3,500			1,500		2,000
	50~64	600	750		2,000	580	700		3,500			1,500		2,000
	65~74	570	700		2,000	580	700		3,500			1,300		2,000
	75 이상	570	700		2,000	580	700		3,000			1,100		2,000
여자	6~8(세)	580	700		2,500	450	550		3,000			1,200		2,000
	9~11	650	800		3,000	1,000	1,200		3,500			1,400		2,000
	12~14	740	900		3,000	1,000	1,200		3,500			1,500		2,000
	15~18	660	800		3,000	1,000	1,200		3,500			1,500		2,000
	19~29	530	700		2,500	580	700		3,500			1,500		2,000
	30~49	510	700		2,500	580	700		3,500			1,500		2,000
	50~64	580	800		2,000	580	700		3,500			1,500		2,000
	65~74	560	800		2,000	580	700		3,500			1,300		2,000
	75 이상	560	800		2,000	580	700		3,000			1,100		2,000
임신부		+0	+0		2,500	+0	+0		3,000			1,500		2,000
수유부		+0	+0		2,500	+0	+0		3,500			1,500		2,000

성별	연령	염소(mg/일) 평균필요량	염소 권장섭취량	염소 충분섭취량	염소 상한섭취량	칼륨(mg/일) 평균필요량	칼륨 권장섭취량	칼륨 충분섭취량	칼륨 상한섭취량	마그네슘(mg/일) 평균필요량	마그네슘 권장섭취량	마그네슘 충분섭취량	마그네슘 상한섭취량
영아	0~5(개월)			180				400				30	
	6~11			560				700				55	
유아	1~2(세)			1,300				2,000		65	80		65
	3~5			1,500				2,300		85	100		90
남자	6~8(세)			1,900				2,600		135	160		130
	9~11			2,100				3,000		190	230		180
	12~14			2,300				3,500		265	320		250
	15~18			2,300				3,500		335	400		350
	19~29			2,300				3,500		295	350		350
	30~49			2,300				3,500		305	370		350
	50~64			2,300				3,500		305	370		350
	65~74			2,000				3,500		305	370		350
	75 이상			1,700				3,500		305	370		350
여자	6~8(세)			1,900				2,600		125	150		130
	9~11			2,100				3,000		180	210		180
	12~14			2,300				3,500		245	290		250
	15~18			2,300				3,500		285	340		350
	19~29			2,300				3,500		235	280		350
	30~49			2,300				3,500		235	280		350
	50~64			2,300				3,500		235	280		350
	65~74			2,000				3,500		235	280		350
	75 이상			1,700				3,500		235	280		350
임신부				2,300				+0		+32	+40		350
수유부				2,300				+400		+0	+0		350

2015 한국인 영양소 섭취기준–미량 무기질

성별	연령	철(mg/일) 평균필요량	철 권장섭취량	철 충분섭취량	철 상한섭취량	아연(mg/일) 평균필요량	아연 권장섭취량	아연 충분섭취량	아연 상한섭취량	구리(μg/일) 평균필요량	구리 권장섭취량	구리 충분섭취량	구리 상한섭취량	불소(mg/일) 평균필요량	불소 권장섭취량	불소 충분섭취량	불소 상한섭취량
영아	0~5(개월)			0.3	40			2				240				0.01	0.6
	6~11	5	6		40	2	3					310				0.5	0.9
유아	1~2(세)	4	6		40	2	3		6	220	280		1,500			0.6	1.2
	3~5	5	6		40	3	4		9	250	320		2,000			0.8	1.7
남자	6~8(세)	7	9		40	5	6		13	340	440		3,000			1.0	2.5
	9~11	8	10		40	7	8		20	440	580		5,000			2.0	10.0
	12~14	11	14		40	7	8		30	570	740		7,000			2.5	10.0
	15~18	11	14		45	8	10		35	650	840		7,000			3.0	10.0
	19~29	8	10		45	8	10		35	600	800		1,0000			3.5	10.0
	30~49	8	10		45	8	10		35	600	800		1,0000			3.0	10.0
	50~64	7	10		45	8	9		35	600	800		1,0000			3.0	10.0
	65~74	7	9		45	7	9		35	600	800		1,0000			3.0	10.0

성별	연령	철(mg/일)				아연(mg/일)				구리(μg/일)				불소(mg/일)			
		평균 필요량	권장 섭취량	충분 섭취량	상한 섭취량	평균 필요량	권장 섭취량	충분 섭취량	상한 섭취량	평균 필요량	권장 섭취량	충분 섭취량	상한 섭취량	평균 필요량	권장 섭취량	충분 섭취량	상한 섭취량
	75 이상	7	9		45	7	9		35	600	800		1,0000			3.0	10.0
여자	6~8(세)	6	8		40	4	5		13	340	440		3,000			1.0	2.5
	9~11	7	10		40	6	8		20	440	580		5,000			2.0	10.0
	12~14	13	16		40	6	8		25	570	740		7,000			2.5	10.0
	15~18	11	14		45	7	9		30	650	840		7,000			2.5	10.0
	19~29	11	14		45	7	8		35	600	800		1,0000			3.0	10.0
	30~49	11	14		45	7	8		35	600	800		1,0000			2.5	10.0
	50~64	6	8		45	6	7		35	600	800		1,0000			2.5	10.0
	65~74	6	8		45	6	7		35	600	800		1,0000			2.5	10.0
	75 이상	5	7		45	6	7		35	600	800		1,0000			2.5	10.0
임신부		+8	+10		45	+2.0	+2.5		35	+100	+130		1,0000			+0	10.0
수유부		+0	+0		45	+4.0	+5.0		35	+370	+480		1,0000			+0	10.0

성별	연령	망간(mg/일)				요오드(μg/일)				셀레늄(μg/일)				몰리브덴(μg/일)				크롬(μg/일)			
		평균 필요량	권장 섭취량	충분 섭취량	상한 섭취량	평균 필요량	권장 섭취량	충분 섭취량	상한 섭취량	평균 필요량	권장 섭취량	충분 섭취량	상한 섭취량	평균 필요량	권장 섭취량	충분 섭취량	상한 섭취량	평균 필요량	권장 섭취량	충분 섭취량	상한 섭취량
영아	0~5(개월)			0.01				130	250			9	45							0.2	
	6~11			0.8				170	250			11	65							5.0	
유아	1~2(세)			1.5	2.0	55	80		300	19	23		75				100			12	
	3~5			2.0	3.0	65	90		300	22	25		100				100			12	
남자	6~8(세)			2.5	4.0	75	100		500	30	35		150				200			20	
	9~11			3.0	5.0	85	110		500	39	45		200				300			25	
	12~14			4.0	7.0	90	130		1,800	49	60		300				400			35	
	15~18			4.0	9.0	95	130		2,200	55	65		300				500			40	
	19~29			4.0	11.0	95	150		2,400	50	60		400	25	30		550			35	
	30~49			4.0	11.0	95	150		2,400	50	60		400	20	25		550			35	
	50~64			4.0	11.0	95	150		2,400	50	60		400	20	25		550			35	
	65~74			4.0	11.0	95	150		2,400	50	60		400	20	25		550			35	
	75 이상			4.0	11.0	95	150		2,400	50	60		400	20	25		550			35	
여자	6~8(세)			2.5	4.0	75	100		500	30	35		150				200			15	
	9~11			3.0	5.0	85	110		500	39	45		200				300			20	
	12~14			3.5	7.0	90	130		2,000	49	60		300				400			25	
	15~18			3.5	9.0	95	130		2,200	55	65		300				400			25	
	19~29			3.5	11.0	95	150		2,400	50	60		400	20	25		450			25	
	30~49			3.5	11.0	95	150		2,400	50	60		400	20	25		450			25	
	50~64			3.5	11.0	95	150		2,400	50	60		400	20	25		450			25	
	65~74			3.5	11.0	95	150		2,400	50	60		400	20	25		450			25	
	75 이상			3.5	11.0	95	150		2,400	50	60		400	20	25		450			25	
임신부				+0	11.0	+65	+90			+3	+4		400				450			+5	
수유부				+0	11.0	+130	+190			+9	+10		400				450			+20	

3. 식품교환표

각 식품군의 1교환단위당 영양가

식품		열량(kcal)	당질(g)	단백질(g)	지방(g)
곡류군		100	23	2	-
어육류군	저지방	50	-	8	2
	중지방	75	-	8	5
	고지방	100	-	8	8
채소군		20	3	2	-
지방군		45	-	-	5
우유군	일반우유	125	10	6	7
	저지방우유	80	10	6	2
과일군		50	12	-	-

곡류군의 식품과 1교환 단위량

구분	식품명	목측량	무게
밥	쌀밥	1/3공기(소)	70
	보리밥	1/3공기(소)	70
	현미밥	1/3공기(소)	70
	쌀죽	2/3공기(소)	140
알곡류 및 가루제품	기장		30
	녹두		70
	녹말가루	5큰술	30
	미숫가루	1/4컵(소)	30
	밀가루	5큰술	30
	백미	3큰술(=1/5쌀컵)	30
	보리(쌀보리)	3큰술	30
	완두콩	1/2컵(소)	70
	율무	3큰술	30
	차수수	3큰술	30
	차조	3큰술	30
	찹쌀	3큰술	30
	팥	3큰술	30
	현미	3큰술	30

구분	식품명	목측량	무게
떡류	가래떡	썬 것 11~12개	50
	백설기		50
	송편(깨)		50
	시루떡		50
	인절미	3개	50
	절편	1개(5.5X5X1.5cm)	50
	증편		50
빵류	식빵	1쪽(11X10X1.5cm)	35
	모닝빵	1개(중)	35
	바게트빵	2쪽(중)	35
국수류	냉면(건조)		30
	당면		30
	마른 국수		30
	메밀국수(건조)		30
	메밀국수(생것)		40
	삶은 국수	1/2공기	90
	스파게티(건조)		30
	스파게티(삶은 것)		90
	쌀국수(건조)		30
	쌀국수(조리된 것)		90
	우동(생면)		70
	쫄면(건조)		30
	칼국수류(건조)		30
감자류 및 전분류	감자	1개(중)	140
	고구마	1/2개(중)	70
	돼지감자		140
	찰옥수수(생것)	1/2개	70
	토란		140
묵류	도토리묵	1/2모(6X7X4.5cm)	200
	녹두묵		200
	메밀묵		200
기타	강냉이(옥수수)	1.5공기(소)	30
	누룽지(건조)	지름 11.5cm	30
	마		100
	밤	3개(대)	60
	오트밀		30
	은행	1/3컵(소)	60
	콘프레이크	3/4컵(소)	30
	크래커	5개	20

저지방 어육류군 식품과 1교환 단위량

구분	식품명	목측량	무게
고기류	닭고기 (껍질, 기름제거한 살코기)	1토막(소) (탁구공 크기)	40
	닭부산물(모래주머니)		40
	돼지고기 (기름기 전혀 없는 살코기)	로스용1장 (12X10.3cm)	40
	소간		40
	쇠고기(사태, 홍두깨 등)	로스용1장 (12X10.3cm)	40
	오리고기		40
	육포	1장(9X6cm)	15
	칠면조		40
생선류	가자미	1토막(소)	50
	광어	1토막(소)	50
	대구	1토막(소)	50
	동태	1토막(소)	50
	미꾸라지(생것)	1토막(소)	50
	병어	1토막(소)	50
	복어	1토막(소)	50
	아귀	1토막(소)	50
	연어	1토막(소)	50
	옥돔(반건조)	1토막(소)	50
	적어	1토막(소)	50
	조기	1토막(소)	50
	참도미	1토막(소)	50
	참치	1토막(소)	50
	코다리	1토막(소)	50
	한치	1토막(소)	50
	홍어	1토막(소)	50
건어물류 및 가공품	건오징어채		15
	게맛살	12/3개	50
	굴비	1/2토막	15
	멸치	잔 것 1/4컵(소)	15
	뱅어포	1장	15
	북어	1/2토막	15
	어묵(찐 것)	1/3개(5.5cm)	50
	쥐치포	1/2개(1.2X7cm)	15

구분	식품명	목측량	무게
젓갈류	명란젓		40
	어리굴젓		40
	창란젓		40
기타해산물	개불		70
	굴	1/3컵(소)	70
	꼬막조개		70
	꽃게	1마리(소)	70
	낙지	1/2컵(소)	100
	날치알		50
	대하(생것)		50
	멍게	1/3컵(소)	70
	문어	1/3컵(소)	70
	물오징어	몸통 1/3등분	50
	미더덕	3/4컵(소)	100
	새우(깐 새우)	1/4컵(소)	50
	새우(중하)	3마리	50
	전복	2개(소)	70
	조갯살	1/3컵(소)	70
	해삼	11/3컵(소)	200
	홍합	1/3컵(소)	70

중지방 어육류군 식품과 1교환 단위량

구분	식품명	목측량	무게
고기류	돼지고기(안심)		40
	샐러드햄		40
	소곱창		40
	쇠고기(등심, 안심)	로스용 1장 (12X10.3cm)	40
	쇠고기(양지)		40
	햄(로스)	2장(8X6X0.8cm)	40
콩류 및 가공품	검정콩	2큰술	20
	낫또	1개(작은 포장 단위)	40
	대두(노란콩)		20
	두부	1/5모(420g 포장두부)	80
	순두부	1/2봉(지름 5X10cm)	200
	연두부	1/2개	150
	콩비지	1/2봉, 2/3공기(소)	150
생선류	갈치	1토막(소)	50
	고등어	1토막(소)	50
	과메기(꽁치)		50
	꽁치	1토막(소)	50
	도루묵		50
	메로		50
	민어	1토막(소)	50
	삼치	1토막(소)	50
	임연수어	1토막(소)	50
	장어	1토막(소)	50
	전갱이	1토막(소)	50
	준치	1토막(소)	50
	청어	1토막(소)	50
	훈제연어		50
가공품	어묵(튀긴 것)	1장(15.5X10cm)	50
알류	달걀	1개(중)	55
	메추리알	5개	40

고지방 어육류군 식품과 1교환 단위량

구분	식품명	목측량	무게
고기류 및 가공품	개고기		40
	닭고기(껍질 포함)	닭다리 1개	40
	돼지갈비		40
	돼지족, 돼지머리		40
	런천미트	5.5X4X1.8cm	40
	베이컨	11/4장	40
	비엔나소시지	5대	40
	삼겹살		40
	소갈비	1토막(소)	40
	소꼬리		40
	프랑크소시지	11/3개	40
생선류 및 가공품	고등어조림	1/3컵(소)	50
	꽁치통조림	1/3컵(소)	50
	뱀장어	1토막(소)	50
	유부	5장(초밥용)	30
	참치통조림	1/3컵(소)	50
	치즈	1.5장	30

채소군의 식품과 1교환 단위량

구분	식품명	목측량	무게
채소류	가지	지름3cmX길이10cm	70
	고구마줄기	익혀서 1/3컵	70
	고비		70
	고사리(삶은 것)	1/3컵	70
	고춧잎		70
	곰취		70
	근대	익혀서 1/3컵	70
	깻잎	20장	40
	냉이		70
	늙은 호박(생것)	4X4X6cm	70
	늙은 호박 호박고지		7
	단무지		70
	단호박	1/10개(지름 10cm)	40
	달래		70
	당근	4X5cm 또는 1/3(대)	70
	대파		40
	더덕		40
	도라지		40
	돌나물		70
	돌미나리		70
	두릅		70
	마늘		7
	마늘쫑	3개(6.5~7cm)	40
	머위		70
	무	지름8cmX길이1.5cm	70
	무말랭이	불려서 1/3컵	70
	무청(삶은 것)		70
	미나리	익혀서 1/3컵	70

구분	식품명	목측량	무게
채소류	배추	알배기배추 15X6cm, 3잎(중)	70
	부추	익혀서 1/3컵	70
	붉은 양배추	1/5개(9X4X6cm)	70
	브로콜리		70
	상추	12장(소)	70
	샐러리	길이 6cmX6개	70
	숙주	익혀서 1/3컵	70
	시금치	익혀서 1/3컵	70
	쑥		40
	쑥갓	익혀서 1/3컵	70
	아욱	잎넓이 20cm 5장 (익혀서 1/3컵)	70
	애호박	지름 6.5cm X 두께 2.5cm, 1/3(중)	70
	양배추		70
	양상추		70
	양파		70
	연근	썬 것 5쪽	40
	열무		70
	오이	1/3개(중)	70
	우엉		70
	원추리		70
	자운영(싹)		70
	죽순(생것)		70
	죽순(통조림)		70
	참나물		70
	청경채		70
	취나물(건조)		7
	치커리		70
	케일	잎넓이 30cm 11/2장	70
	콜리플라워, 꽃양배추		70

구분	식품명	목측량	무게
채소류	콩나물	익혀서 2/5컵	70
	파프리카(녹색)	1개(대)	70
	파프리카(적색)		70
	파프리카(주황색)		70
	풋고추	7~8개(중)	70
	풋마늘		70
	피망	2개(중)	70
해조류	곤약		70
	김	1장	2
	매생이		20
	미역(생것)		70
	우수가사리, 우무		70
	톳(생것)		70
	파래(생것)		70
버섯류	느타리버섯(생것)	7개(8cm)	50
	만가닥버섯(건조)		50
	송이버섯(생것)	2개(소)	50
	양송이버섯(생것)	3개(지름4.5cm)	50
	팽이버섯(생것)		70
	표고버섯(건조)		7
	표고버섯(생것)	3개(대)	50
김치류	갓김치		50
	깍두기	사방 1.5cm, 크기 10개	50
	나박김치		70
	동치미		70
	배추김치	6-7개(4.5cm)	50
	총각김치	2개	50
채소주스	당근주스	1/4컵(소)	50

지방군의 식품과 1교환 단위량

구분	식품명	목측량	무게
견과류	검정깨(건조)		
	참깨(건조)	1큰술	
	땅콩	8개(1큰술)	
	아몬드	7개	
	잣	50알(1큰술)	
	캐슈너트(조미한 것)		
	피스타치오	10개	
	해바라기씨	1큰술	
	호두	1.5개(중)	
	호박씨(건조, 조미한 것)		
	흰깨(건조, 볶은 것)		
드레싱	마요네즈, 라이트마요네즈	1작은술	
	사우전드, 이탈리안 드레싱	2작은술	
	프렌치 드레싱	2작은술	
식물성 기름	들기름	1작은술	
	미강유	1작은술	
	옥수수기름	1작은술	
	올리브유		
	홍화씨기름	1작은술	
	참기름	1작은술	
	카놀라유	1작은술	
	콩기름	1작은술	
	포도씨유		
	해바라기유		
고체성 기름	땅콩버터		
	마가린	1작은술	
	버터	1작은술	
	쇼트닝	1작은술	

우유군의 식품과 1교환 단위량

구분	식품명	목측량	무게
일반우유	두유(무가당)	1컵(팩)	200
	락토우유	1컵(팩)	200
	일반우유	1컵(팩)	200
	전지분유	5큰술	25
	조제분유	5큰술	25
저지방우유	저지방우유(2%)	1컵(팩)	200

과일군의 식품과 1교환 단위량

구분	식품명	목측량	무게
감	단감	1/3개(중)	
	연시, 홍시	1개(중), 1/2개(대)	
	곶감	1/2개(소)	
감귤류	귤		
	금귤	7개	
	오렌지	1/2개(대)	
	유자		
	자몽	1/2개(소)	
	한라봉		
	귤(통조림)		
대추	대추(생것)		
	대추(건조)	5개	
두리안	두리안		
딸기	딸기	7개(중)	
	산딸기		
리치	리치		
망고	망고		
매실	매실		
무화과	무화과(생것)		
	무화과(건조)		

구분	식품명	목측량	무게
멜론	멜론(머스크)		
바나나	바나나(생것)	1/2개(중)	
	바나나(건조)		
배	배	1/4개(대)	
복숭아	복숭아(백도)	1개(소)	
	복숭아(천도)	2개(소)	
	복숭아(황도)	1/2개(중)	
	백도(통조림), 황도(통조림)	반절 1쪽	
사과	사과(후지)	1/3개(중)	
살구	살구		
석류	석류		
블루베리	블루베리		
	블루베리(통조림)		
수박	수박	1쪽(중)	
앵두	앵두		
올리브	올리브(생것)		
	올리브(건조)		
자두	자두	1개(특대)	
참외	참외	1/2개(중)	
체리	체리	1개(중)	
키위	키위		
토마토	방울토마토	2개(소)	
	토마토		
파인애플	파인애플		
	파인애플(통조림)		
파파야	파파야		
포도	청포도		
	포도	19알(소)	
	포도(거봉)	11개	
	포도(건조)		
프루트칵테일	프루트칵테일(통조림)		

구분	식품명	목측량	무게
주스	배주스		
	사과주스	1/2컵(소)	
	오렌지주스(무가당)	1/2컵(소)	
	토마토주스	1/2컵(소)	
	포도주스		
	파인애플주스	1/2컵(소)	

4. 영양학 연구에 유용한 웹사이트

기관명	주소
대한당뇨병학회	http://www.diabetes.or.kr
대한비만학회	http://www.kosso.or.kr
대한영양사협회	www.dietitian.or.kr
대한지역사회영양학회	http://www.koscom.or.kr
미국심장병협회	http://www.heart.org
미국암연구소	http://www.aicr.org
미국영양사협회(ADA)	http://www.eatright.org
미국영양학회	http://www.nutrition.org
미국임상영양학회	http://www.faseb.org/ajcn
미국질병관리본부	http://www.cdc.gov
보건복지부 국가건강정보포털	http://www.health.mw.go.kr
서울아산병원	http://www.amc.seoul.kr
세계보건기구	http://www.who.int
식량농업기구	http://www.fao.org
식품의약품안정청	http://www.kfda.go.kr
질병관리본부	http://www.cdc.go.kr
한국교육학술정보원	http://www.keris.or.kr
한국보건산업진흥원	http://www.khidi.or.kr
한국식품영양재단	http://www.nutritionkorea.com
한국영양학회	http://www.kns.or.kr
한국임상영양학회	http://www.korscn.or.kr
한국지질동맥경화학회	http://www.lipid.or.kr

찾아보기

참고문헌

강신숙 · 강은희 · 김은미 · 김은미 · 김지영 · 라미용 · 박미선 · 백희준 · 송승은 · 위경애 · 이연미 · 이호선 · 최경(2013). 임상영양관리지침서: 소아 및 청소년기. 대한영양사협회.

구재옥 · 이연숙 · 손숙미 · 서정숙 · 권종숙 · 김원경(2016). 식사요법 원리와 실습. 교문사.

구재옥 · 임현숙 · 윤진숙 · 이애랑 · 서정숙 · 이종현 · 손정민(2017). 고급영양학. 파워북.

국가건강정보포털. health.mw.go.kr.

국가암정보센터. www.cancer.go.kr.

국립암센터(2006). 암과 음식.

국민고혈압사업단 홈페이지.

권순형 · 김성환 · 윤옥현 · 이애랑 · 이정실 · 이혜숙 · 최경순 · 최향숙(2013). 생각이 필요한 임상영양학. 수학사.

권종숙 · 김경민 · 김혜경 · 장유경 · 조여원 · 한성림(2012). 사례와 함께 하는 임상영양학. 신광출판사.

김미자 · 김정연 · 김미옥 · 김지영 · 강은희 · 김지연 · 고영은(2018). 식사요법. 창지사.

김소영 · 김수민 · 김은미 · 박미선 · 백희준 · 손정민 · 송승은 · 위경애 · 이송미 · 이은 · 이호선 · 정혜경 · 조영아 · 주달래 · 최경(2013). 임상영양관리지침서: 성인기. 대한영양사협회.

김영혜 · 박춘식(2007). 의학영양 이론과 실제. 신광출판사.

김영혜 편집(2000). 보건의료인을 위한 임상영양가이드. 서울중앙병원.

김주희(2017). 식품알레르기-전문가 따라잡기. 2017년 대한내과학회 추계학술대회.

김화영 · 조미숙 · 장영애 · 원혜숙 · 이현숙(2001). 임상영양학. 신광출판사.

대한고혈압학회 진료지침제정위원회(2018). 2018년 고혈압 진료지침.

대한당뇨병학회(2018). 당뇨병 교육자가 알아야 할 핵심지식.

대한당뇨병학회(2019). 2019 당뇨병 진료지침(제6판). 대한당뇨병학회.

대한당뇨병학회. www.diabetes.or.kr.

대한비만학회(2018). 비만치료지침 2018. 대한비만학회 진료지침위원회.

대한신경과학회. http://www.neuro.or.kr.

대한에이즈예방협회. http://www.aids.or.kr.

대한영양사협회(2008). 임상영양관리지침(제3판). 대한영양사협회.

대한영양사협회(2013). 임상영양관리지침서(제3판).

대한영양사협회. 암과 영양. https://www.dietitian.or.kr.

대한영양사회(1999). 임상영양관리 지침서.

대한외과대사영양학회(2013). 외과대사영양지침서(제1판).

대한외과대사영양학회(한호성 · 류승완)(2016). 임상대사 영양학(제1판).

대한치매학회. http://www.thedementia.co.kr.

민혜선 · 장경자 · 권오란 · 이선영 · 이홍미 · 김현아(2013). 인체생리학. 양서원.

박영현 · 김미지 · 김정연 · 이승교 · 이승림 · 한인화(2017). 인체생리학. 창지사.

박지영 · 목혜숙 · 신현선 · 노순예 · 김애심 · 백금선 · 김도헌 · 허준 · 전욱(2003). 중증 화상 환자에서 영양지원. 대한화상학회지, vol 6(2).

변기원 · 이보경 · 권종숙 · 김경민 · 김숙희(2017). 영양소대사의 이해를 돕는 고급영양학(제2판). 교문사.

보건복지부 · 한국영양학회(2015). 2015 한국인영양소 섭취기준.

삼성서울병원 간질클리닉. http://epilepsy.samsunghospital.com.

서울삼성병원 건강정보-오메가3와 오메가6에 관한 진실. http://samsunghospital.com.

서울아산병원 건강정보-식사요법. http://amc.seoul.kr/asan/healthinfo/mealtherapy/mealTherapyList.do.

서울아산병원 암정보. cancer.amc.seoul.kr.

세포분자면역학 교재연구회 (2008). 세포분자면역학(제6판)

손숙미 · 임현숙 · 김정희 · 이종호 · 서정숙(2011). 임상영양학. 교문사.

손숙미 · 임현숙 · 김정희 · 이종호 · 서정숙 · 손정민(2006). 임상영양학. 교문사.

손숙미 · 임현숙 · 김정희 · 이종호 · 서정숙 · 손정민(2018). 임상영양학(제3판). 교문사.

송경희 · 손정민 · 김희선 · 한성림 · 이애랑 · 김순미 · 김현주 · 홍경희 · 라미용(2014). 식사요법. 파워북.

송경희 · 손정민 · 김희선 · 한성림 · 이애랑 · 김순미 · 김현주 · 홍경희 · 라미용 (2016). 식사요법. 파워북.

식품안전나라. www.foodsafetykorea.go.kr.

신동우(2016). 면역영양과 아미노산. *Surgical metabolism and nutrition*, *vol 7*(1).

싱겁게 먹기센터. www.saltdown.com.

위경애(2011). 암환자의 영양관리, *Hanyang Medical Reviews*, *Vol 31*(4).

유현희 · 최은선(2016). 임상영양학. 창지사.

이미숙 · 이선영 · 김현아 · 정상진 · 김원경(2010). 임상영양학. 파워북.

이미숙 · 이선영 · 김현아 · 정상진 · 김원경, 김현주(2015). 임상영양학. 파워북.

이미숙 · 이선영 · 김현아 · 정상진 · 김원경 · 김현주(2018). 임상영양학. 파워북.

이보경 · 변기원 · 이종현 · 이홍미 · 이유나(2016). 이해하기 쉬운 임상영양관리 및 실습. 파워북.

이선희(2016). HIV 감염 진단의 최신 지견. 대한내과학회지. *vol 90*(6).

이연숙 · 구재옥 · 임현숙 · 강영희 · 권종숙(2017). 이해하기 쉬운 인체 생리학. 파워북.

이인규 · 박준석 · 공성호 · 박지원 · 서경원 · 정미란 · 황대욱 · 허훈 · 이혁준(2014). 정규 수술 환자에서의 영양지원. *Surgical metabolism and nutrition*, *vol 5*(1).

이재길(2010). 면역 지원 영양소. *Surgical metabolism and nutrition*, *Vol 1*(1).

임경숙 · 허계영 · 김숙희 · 김형숙 · 박경애 · 심재은(2014). 임상영양학. 교문사.

장유경 · 권종숙 · 조여원 · 김영혜(2001). 임상영양학. 신광출판사.

장유경 · 이보경 · 변기원 · 이종현 · 이홍미 · 한영신 · 이유나(2016). 이해하기 쉬운 임상영양관리 및 실습. 파워북.

장유경 · 이보경 · 변기원 · 이홍미 · 이종현(2016). 이해하기 쉬운 임상영양관리 및 실습. 파워북.

장혜순 · 서광희 · 이병수 · 이해정 · 양수진 · 이승림 · 이순희 · 이정윤(2014). 질환에 따른 식사요법. 신광출판사.

정미란 · 박영규 · 공성호 · 박준석 · 박지원 · 서경원 · 이인규 · 황대욱 · 허훈 · 이혁준(2013). 외과 대사 및 영양의 특징. *Surgical Metabolism and Nutrition*, *Vol 4*(2).

조여원 · 정구명 역저(2001). 임상영양치료 사례 연구집. 라이프사이언스.

주은정 · 이경자 · 박은숙 · 유현희(2016). 질병관리를 위한 임상영양학(제2판). 교문사.

질병관리본부(2019). 2020년 HIV/AIDS 관리지침.

질병관리본부 국가건강정보포털. http://health.cdc.go.kr.

통계청(2018). 사망원인통계.

한국지질 · 동맥경화학회 진료지침위원회(2015). 이상지질혈증 치료지침. 이상지질혈증 치료지침 제정위원회.

한국지질·동맥경화학회 진료지침위원회(2018). 이상지질혈증 치료지침(제4판). 한국지질·동맥경화학회.

American Gastroenterological Association(2000). Clinical Nutrition Ⅰ: Specialized Nutrition Support. Clinical Teaching Project.

Amodio, P., Caregaro, L., Patteno, E., Marcon, M., Del Piccolo, F., & Gatta, A.(2001). Vegeterian diets in hepatic encephalopathy: facts or fantasies?. *Digestive and Liver Disease*, *33*(6), 492-500.

Andrews, P. J., Avenell, A., Noble, D. W., Campbell, M. K., Croal, B. L., Simpson, W.G., et al.(2011). Randomised trial of glutamine, selenium, or both, to supplement parenteral nutrition for critically ill patients. *BMJ*, *342*, d1542.

Awad, S., & Lobo, D. N.(2011). What's new in perioperative nutritional support?. *Curr Opin Anaesthesiol*, *24*, 339-48. 4. Lewis, S. J., Egger, M., Sylvester, P. A., Thomas, S.(2001). Early enteral feeding versus "nil by mouth" after gastrointestinal surgery: systematic review and meta-analysis of controlled trials. *BMJ*, *323*, 773-6.

Blackburn, G. L.(2011). Metabolic considerations in management of surgical patients. *Surg Clin N Am*, *91*, 467-80.

Braga, M., Ljungqvist, O., Soeters, P., Fearon, K., Weimann, A., & Bozzetti, F.(2009). ESPEN. ESPEN Guidelines on Parenteral Nutrition: surgery. *Clin Nutr*, *28*(4), 378-386.

Brandt, L. J., Chey, W. D., Foxx-Orenstein, A. E., Schiler, L. R., Spiegel, B. M., Talley, N., Quigley, E., & Moayyedi, P.(2009). An evidenced-based systematic review on the management of irritable bowel syndrome. *Am J Gastroenterology*, *104*, S1-35.

Burton, D., Nicholson, G., & Hall, G.(2004). Endocrine and metabolic response to surgery. *Contin Educ Anaesth Crit Care Pain*, *4*(5), 144-7.

Catapano, A. L., Graham, I., De Backer, G., et al.(2016). 2016 ESC/EAS Guidelines for the Management of Dyslipidaemias. *Eur Heart J*, *37*(39), 2999-3058.

Desborough, J. P.(2000). The stress response to trauma and surgery. *Br J Anaesth*, *85*, 109-17.

Doll, R., & Peto, R.(1981). The Cause of Cancer: Quantitative estimates of avoidable risk of cancer in the United Status today. *Journal of the National Cancer Institute*, 66, 1191-1308.

Ezaki, O.(2011). The optimal dietary fat to carbohydrate ratio to prevent obesity in the Japanese population: a review of the epidemiological, physiological and molecular evidence. *J Nutr Sci Vitaminol*, *57*(6), 383-393,

Fearon, K. C., Ljungqvist, O., Von Meyenfeldt, M., Revhaug, A., Dejong, C. H., Lassen, K., et al.(2005). Enhanced recovery after surgery: a consensus review of clinical care for patients undergoing colonic resection. *Clin Nutr*, *24*, 466-477.

Guarner, F., & Malagelada, J. R.(2003). Gut flora in health and disease. *Lancet 361*(9356), 512-519.

Gustafsson, U. O., & Ljungqvist, O.(2011). Perioperative nutritional management in digestive tract surgery. *Curr Opin Clin Nutr Metab Care*, *14*, 504-509.

Hasselgren, P. O., Hubbard, W. J., & Chaudry, I. H.(2007). Metabolic and inflam-matory responses to trauma and infection. In: Fischer, J. E. *Mastery of Surgery*, *vol 1*. 5th ed. Philiadelphia: Lippincott Williams & Wklkins, 2-22.

Hill, G. L., Dougla, R. G., & Schroeder, D.(1993). Metabolic basis for the manage-ment of patients undergoing major surgery. *World J Surg*, *17*, 146-153.

Hooper, L., Summerbell, C. D., Thompson, R., et al.(2012). Reduced or modified dietary fat for preventing cardiovascular disease. *Cochrane Database Syst Rev May*, *16*(5), CD002137. doi: 10.1002/14651858.CD002137.pub3.

Keramati, A. R., Fathzadeh, M., Go, G. W., et al.(2014). A form of the metabolic syndrome associated with mutations in DYRK1B. *N Engl J Med*, *370*(20), 1909-1919.

Lin, E., & Lowry, S. F.(2000). Substrate metabolism in surgery. In North, J. A. *Sur-gery: Scientific basis and clinical evidence*. New York: Springer-Verlag, 95-104.

Mahan, L. K., & Raymond, J. L.(2017). *Krause's Food & the Nutrition Care Process*(14th

Edition). Elsevier Science Health Science.

Mahan, L. K., & Escott-Stump, S.(eds.)(2000). *kranse's Food, Nutrition & diet therapy* 10th ed.

Matos, C., Porayko, M. K., Francisco-Ziller, N., & DiCecco, S.(2002). Nutrition and chronic liver disease. *J Clin. Gastroenterol. 35*, 391-97.

Mensink, R. P., Zock, P. L., Kester, A. D., & Katan, M. B.(2003). Effects of dietary fatty acids and carbohydrates on the ratio of serum total to HDL cholesterol and on serum lipids and apolipoproteins: a meta-analysis of 60 controlled trials. *Am J Clin Nutr, 77*(5), 1146-1155.

Nelms, M., & Sucher, K. P.(2019). *Nutrition Therapy and Pathophysiology*(4th Edition). Cengage.

Nelms, M., Sucher, K. P., Lacey, K., &, Roth, S. L.(2011). *Nutrition Therapy and Pathophysiology*.

Nelms, M., Sucher, K. P., Lacey, K., & Long Roth, S. 공저. Nutrition therapy and pathophysiology. 이명숙 외 역(2012). 임상영양사를 위한 영양치료 임상영양학. 양서원.

Ortega, R., Gines, P., Uriz, J., Cárdenas, A., Calahorra, B., De Las Heras, D., et al.(2002). Terlipressin therapy with and eithout albumin for patients with hepato-renal syndrome: results of a prospective, nonrandomized study. *Hepatology, 36*(4), 941-948.

Pauli-Magnus, C., Stieger, B., Meier, Y., Kullak-Ublick, G. A., & Meier, P. J.(2005). Enterohepatic transport of bile salts and genetics of cholestasis. *Journal of hepatology, 43*(2), 342-357.

Simrén, M.(2009). Bloating and abdominal distention: not so poorly understood any-more!. *Gastroenterology, 36*(5),1487-1490. doi: 10.1053/j.gastro.2009.03.023.

Tsiaousi, E. T., Hatzitolios, A. I., Trygonis, S. K., & Savopoulos, C. G.(2008). Mal-nutrition in End Stage Liver Disease; Recommendations and Nutritional Support. *J Gastroenterol Hepatol, 24*(4): 527-33.

Walsh, T. S.(2007). The metabolic response to injury. In Garden O. J. *Principles and prac-*

tice of surgery(5th ed.). Elsevier Health Science, 2-12.

Wanek, S., & Wolf, S. E.(2007). Metabolic response to injury and role of anabolic hormones. *Curr Opin Clin Nutr Metab Care*, 272-7, 10.

Watters, J. M., Kirkpatrick, S. M., Norris, S. B., Shamji, F. M., & Wells, G. A.(1997). Immediate postoperative enteral feeding results in impaired respiratory mechanics and decreased mobility. *Ann Surg, 226*, 369-77; discussion 377-80.

Whitney, E. N., Cataldo, C. B., & Rolfes, S. R.(1998). *Understanding Normal & Nutrition*.

WHO(2003). *International Agency for Research on Cancer*. World Cancer Report.

저자약력

김미자

충남대학교 식품영양학과 이학박사

대전과학기술대학교 식품영양학과 교수

강은희

충남대학교 식품영양학과 이학박사

서울아산병원 임상영양사

김지연

연세대학교 식품영양정보관리 이학석사

가톨릭대학교 은평성모병원 임상영양사

김지영

연세대학교 식품영양학과 이학박사

연세대학교 대학원 노화과학협동과정 객원교수

고영은

충남대학교 식품영양학과 이학박사

(전) 충남대학교 식품영양학과 초빙조교수

유경혜

충남대학교 식품영양학과 이학박사

대전보건대학교 식품영양과 교수

임상영양학

초판 1쇄 인쇄 2020년 9월 8일
초판 1쇄 발행 2020년 9월 10일

지 은 이 | 김미자 · 강은희 · 김지연 · 김지영 · 고영은 · 유경혜
펴 낸 이 | 김기섭
편 집 인 | 이초롱
펴 낸 곳 | 창지사 www.changJisa.com
08589 서울시 금천구 가산디지털 1로 83 파트너스타워 1차 9층
전화 (02)719-2211~3
팩스 (02)701-9386
등 록 | 1977년 4월 28일 · 제1-421호

ISBN 978-89-426-1280-2 (93590)

값 26,000원

이 도서의 국립중앙도서관 출판예정도서목록(CIP)은 서지정보유통 지원시스템 홈페이지(http://seoJi.nl.go.kr)와 국가자료공동목록시스템(http://www.nl.go.kr/kolisnet)에서 이용하실 수 있습니다(CIP제어번호: CIP2020038160).